华章IT

HZBOOKS | Information Technology

智能系统与技术丛书

深度学习实践

基于Caffe的解析

薛云峰 著

机械工业出版社
China Machine Press

图书在版编目（CIP）数据

深度学习实践：基于 Caffe 的解析 / 薛云峰著 . —北京：机械工业出版社，2018.10
（智能系统与技术丛书）

ISBN 978-7-111-61043-4

I. 深…　II. 薛…　III. 机器学习　IV. TP181

中国版本图书馆 CIP 数据核字（2018）第 226210 号

深度学习实践：基于 Caffe 的解析

出版发行：机械工业出版社（北京市西城区百万庄大街 22 号　邮政编码：100037）
责任编辑：陈佳媛　　　　责任校对：李秋荣
印　　刷：中国电影出版社印刷厂　　　　版　　次：2018 年 10 月第 1 版第 1 次印刷
开　　本：186mm×240mm　1/16　　　　印　　张：18.5
书　　号：ISBN 978-7-111-61043-4　　　　定　　价：69.00 元

凡购本书，如有缺页、倒页、脱页，由本社发行部调换
客服热线：（010）88379426　88361066　　　　投稿热线：（010）88379604
购书热线：（010）68326294　88379649　68995259　　　　读者信箱：hzit@hzbook.com

PREFACE

前　言

为什么要写这本书

2012年年中，我开始关注深度学习这一领域，当时正好是深度学习浪潮开始爆发的时间，我感到非常幸运的是能在一个对的时间进入该领域，当时的自己也是在不断的试错中学习这一领域的知识。一直以来我都非常希望人工智能能够得到真正的发展，希望技术能够辅助人类解决各种问题，而且人工智能同时又是一门非常有意思的学科，所以我选择了长期投入深度学习这一领域，希望自己也能有所成，但是真正进入这一领域学习的时候才发现想要学好并不是那么顺利。

我在学习深度学习技术的过程中经历了很多困难，遇到了很多“陷阱”，一路走来跌跌撞撞，当时就想如果深度学习领域也能有相关的入门书籍，讲解深度学习的基础知识就好了，这样新手们就能够快速入手，从主干入手，避开遮住主干的枝叶，从而更快速地进入这一领域。希望本书能够为初学深度学习的程序员提供一个科普入门的指引。在经历了各种繁杂的事情之后，本书的编写也给我带来了不少快乐，使得我有机会系统地总结自己在深度学习领域获得的一些经验和教训，希望这些能给大家带来帮助。本书总结了基础层的数学公式，以及其在Caffe中的写法，后续还列举了一些我在训练学习过程中遇到的实际问题，例如增加新的层、人脸识别、人物属性的识别等，以及对过去一些工作经验的总结。

每一种框架都有优有劣，框架不会影响最终的结果，希望大家尽量忽略框架的结构和实现，多多掌握理论部分，在实践中，不断提升自己在这一领域的实战经验和理论知识，框架只是末，理论才是本。

本书主要是针对初学者入门所编写的一本书，其实最初我也没有想过要写一本书，都是在网络上发表一些博客和文章，不断地对自己的技术和学习进行更新和总结。后来，因为一个偶然的机会，我遇到了本书的策划编辑杨绣国老师（lisa），在她的建议和鼓励下我决定写一本入门级的深度学习教程。本书以一个工程师的视角来观察深度学习技术带给我们的便利，同时我也希望更多的技术工程师能够投入这一领域，也许变革就在明天，纵观人工智能的发展历史，有高潮也有寒冬，很多技术都是经历了多次的起伏变化然后才逐渐趋于成熟，而如今人工智能正在经历第三次的高潮，也许寒冬将至，但是即便如此也并不会影响深度学习技术未来发展的大趋势，相信这一技术会变得像今天的软件开发技术一样成熟。

读者对象

根据深度学习的用户目标划分，可以总结出如下几类读者对象。

- 深度学习的爱好者和研究者。
- 深度学习实践应用工程师。
- 深度学习理论研究员。
- 对深度学习感兴趣的大学师生。
- 开设相关课程的大专院校。

如何阅读本书

建议读者在阅读本书时，首先对本书讲解的各个层做一个详细的了解，能够运用开源数据运行一些训练示例，学会如何使用现有的网络结构进行训练，等熟悉了训练步骤之后，再按照本书的内容自行调整网络结构。先使用一个网络，根据本书前 10 章的内容，分别修改和调整每一种网络层的参数，并学习相关的数学公式，本书第 5 章到第

10 章的内容可以不分先后顺序进行阅读，大家可以按照自己的喜好和需求随意选择阅读顺序。本书使用的 Caffe 框架是几个框架中最基础的一种，代码结构简单，很适合作为 C++ 工程师进行深度学习的入门参考。

第 11 章到第 14 章的内容比较适合入门后的读者在实践操作中理解和应用深度学习技术，每一个系统都是一个庞大的工程，本书只是简略地介绍了需要做的事情，与深度学习关联性不大的技术，本书没有做详细介绍，因此大家需要自行查找对应的内容以进行相应的阅读。第 12 章的多任务是目前深度学习领域进行创新的基石，希望本书的一些观点能够提供给大家一些指引，目标检测从 faster rcnn 到 ssd 都是多任务的处理方式，第 14 章的内容是我进行深度学习调参的一些经验总结，第一次训练之后，在进行准确度调整的时候大家可以将本章内容作为参考。

勘误和支持

由于作者的水平有限，编写的时间也很仓促，书中难免会出现一些错误或者不准确的地方，恳请读者批评指正。为此，我特意创建了一个 GitHub 的仓库，具体网址为：https://github.com/HolidayXue/DeepLearningInAction。大家可以将书中的错误发布在 Bug 勘误文件夹中，同时如果有遇到任何问题，就请在 issue 中留言，我将尽量在线上为大家提供最满意的解答。本书中的全部源文件都将发布在这个网站上，我也会将相应的功能更新及时发布出来。如果大家有更多的宝贵意见，也欢迎发送邮件至我的邮箱 362783516@qq.com，我很期待听到你们的真挚反馈。

致谢

首先，我要感谢中科院计算技术研究所的蒋树强老师，在他的引领下，我进入了深度学习技术这一领域，我对这一领域的很多概念和入门知识都是从他那里获得的；接下来，我要感谢浙江大学李玺教授，在实践过程中，需要进行理论突破的时候，他的指点总是令我犹如醍醐灌顶。

感谢捷尚视觉的余天明在cuda编程实践中给予我的帮助，感谢捷尚视觉的林国锡在人脸实践应用中对我的指点，感谢捷尚视觉的丁连涛在目标检测中给予我的指点。

感谢机械工业出版社华章公司的编辑杨绣国老师，感谢你的魄力和远见，在本书编写期间始终支持我的写作，正是你的鼓励和帮助引导我顺利完成全部书稿。

感谢每一位深度学习的开发者，大家的共同努力使得让人工智能能够应用在我们的未来生活中，从而使得我们的生活更加美好！

谨以此书，献给深度学习的从业者。

薛云峰（HolidayXue）

中国，杭州，2018年6月

CONTENTS

目　录

前言

第 1 章　深度学习简介 ··················1

1.1　深度学习的历史 ··················1

1.2　深度学习工具简介 ················4

1.3　深度学习的未来趋势 ············12

第 2 章　搭建你的 Caffe 武器库 ·····13

2.1　硬件选型 ··························13

2.2　Caffe 在 Windows 下的安装 ······14

2.3　Caffe 在 Linux 下的安装 ·········16

2.3.1　Linux 安装 ·················16

2.3.2　Nvidia CUDA Toolkit 的安装（*.deb 方法）·········17

2.3.3　Caffe 的安装和测试 ······20

2.4　OpenCV 的安装和编译 ···········23

2.4.1　OpenCV 的下载 ···········23

2.4.2　配置环境变量 ··············24

2.5　Boost 库的安装和编译 ···········27

2.6　Python 相关库的安装 ············31

2.7　MATLAB 接口的配置 ············33

2.8　其他库的安装 ·····················44

2.8.1　LMDB 的编译与安装 ·····44

2.8.2　LevelDB 的编译与安装 ·······················51

2.8.3　glog 的编译与安装 ·······57

2.8.4　安装 gflags ················63

第 3 章　Caffe 的简单训练 ···········69

3.1　Caffe 转化数据工具的使用介绍 ························69

3.1.1　命令参数介绍 ············69

3.1.2　生成文件列表 ············70

3.1.3　使用的 Linux 命令简介 ·······················70

3.1.4　生成文件结果 ············71

3.1.5　图片参数组详解 ··········71

3.2　Caffe 提取特征的工具使用说明 ························72

3.3　Caffe 训练需要的几个部件 ·······73

3.3.1　网络 proto 文件的编写 ························73

3.3.2 Solver 配置 ················74
3.3.3 训练脚本的编写 ··········76
3.3.4 训练 log 解析 ············76
3.4 Caffe 简单训练分类任务 ··········79
3.5 测试训练结果 ····················86
3.6 使用训练好的模型进行预测 ·························87

第 4 章 认识深度学习网络中的层 ··················97

4.1 卷积层的作用与类别 ············97
4.1.1 卷积层的作用 ···········97
4.1.2 卷积分类 ·················98
4.2 激活层的作用与类别 ············99
4.2.1 激活函数的定义及相关概念 ···············99
4.2.2 激活函数的类别 ········101
4.3 池化层的作用与类别 ············101
4.3.1 池化层的历史 ···········101
4.3.2 池化层的作用 ···········102
4.3.3 池化层分类 ··············103
4.4 全连接层的作用与类别 ··········105
4.5 dropout 层的作用 ················106
4.6 损失函数层 ·······················106

第 5 章 Caffe 的框架设计 ··········110

5.1 Caffe 中 CPU 和 GPU 结构的融合 ·····················110
5.1.1 SyncedMemory 函数及其功能 ················110
5.1.2 SyncedMemory 类的作用 ················112
5.2 Caffe 训练时层的各个成员函数的调用顺序 ············112
5.3 Caffe 网络构建函数的解析 ······115
5.4 Caffe 层如何使用 proto 文件实现反射机制 ··············116
5.4.1 工厂模式 ················116
5.4.2 层的创建 ················118
5.5 Caffe 的调用流程图及函数顺序导视 ··················122
5.6 Caffe 框架使用的编码思想 ······125
5.6.1 Caffe 的总体结构 ········125
5.6.2 Caffe 数据存储设计 ·····128

第 6 章 基础数学知识 ··············130

6.1 卷积层的数学公式及求导 ·······130
6.2 激活层的数学公式图像及求导 ······················132
6.3 三种池化层的数学公式及反向计算 ···················134
6.4 全连接层的数学公式及求导 ····135
6.4.1 全连接层的前向计算及公式推导 ········135
6.4.2 全连接层的反向传播及公式推导 ········136

6.5 反卷积层的数学公式及求导 ···· 137

第 7 章 卷积层和池化层的使用 ···· 139

7.1 卷积层参数初始化介绍 ········· 139
7.2 池化层的物理意义 ·············· 141
7.3 卷积层和池化层输出计算及参数说明 ··············· 141
7.4 实践：在 Caffe 框架下用 Prototxt 定义卷积层和池化层 ············ 142
7.4.1 卷积层参数的编写 ······· 142
7.4.2 必须设置的参数 ········· 143
7.4.3 其他可选的设置参数 ···· 143
7.4.4 卷积参数编写具体示例 ················ 144
7.4.5 卷积参数编写小建议 ···· 145

第 8 章 激活函数的介绍 ············ 146

8.1 用 ReLU 解决 sigmoid 的缺陷 ··· 146
8.2 ReLU 及其变种的对比 ·········· 148
8.3 实践：在 Caffe 框架下用 Prototxt 定义激活函数 ·········· 150
8.3.1 ReLU ····················· 150
8.3.2 PReLU ···················· 150
8.3.3 Sigmoid ·················· 151

第 9 章 损失函数 ···················· 152

9.1 contrastive_loss 函数和对应层的介绍和使用场景 ············· 152
9.2 multinomial_logistic_loss 函数和对应层的介绍和使用说明 ···· 154
9.3 sigmoid_cross_entropy 函数和对应层的介绍和使用说明 ······· 155
9.4 softmax_loss 函数和对应层的介绍和使用说明 ················ 158
9.5 euclidean_loss 函数和对应层的介绍和使用说明 ················ 161
9.6 hinge_loss 函数和对应层的介绍和使用说明 ················ 162
9.7 infogain_loss 函数和对应层的介绍和使用说明 ················ 163
9.8 TripletLoss 的添加及其使用 ····· 165
9.8.1 TripletLoss 的思想 ······· 165
9.8.2 TripletLoss 梯度推导 ····· 166
9.8.3 新增加 TripletLossLayer ········· 167
9.9 Coupled Cluster Loss 的添加及其使用 ························ 176
9.9.1 增加 loss 层 ············· 176
9.9.2 实现具体示例 ··········· 177

第 10 章 Batch Normalize 层的使用 ·················· 194

10.1 batch_normalize 层的原理和作用 ························ 194
10.2 batch_normalize 层的优势 ··························· 196

10.3 常见网络结构 batch_normalize 层的位置 ······ 197
10.4 proto 的具体写法 ······ 202
10.5 其他归一化层的介绍 ······ 204

第 11 章 回归网络的构建 ······ 205

11.1 如何生成回归网络训练数据 ······ 205
11.2 回归任务和分类任务的异同点 ······ 206
11.3 回归网络收敛性的判断 ······ 207
11.4 回归任务与级联模型 ······ 210

第 12 章 多任务网络的构建 ······ 214

12.1 多任务历史 ······ 214
12.2 多任务网络的数据生成 ······ 216
12.3 如何简单建立多任务 ······ 216
12.4 近年的多任务深度学习网络 ··· 217
12.5 多任务中通用指导性调参和网络构建结论 ······ 221
12.5.1 如何避免出现多任务后性能下降的情况 ······ 221
12.5.2 怎样构建性能提升的多任务网络 ······ 222

第 13 章 图像检索和人脸识别系统实践 ······ 223

13.1 深度学习如何构建成自动化服务，在内存中做测试 ······ 223
13.2 Poco 库构建服务器指南 ······ 234
13.3 深度学习服务和传统服务的区别 ······ 237
13.4 深度学习服务如何与传统后台服务进行交互 ······ 237
13.5 人脸识别的数据准备和所使用的相关技术 ······ 238
13.6 图像检索任务的介绍 ······ 243
13.7 在 Caffe 中添加数据输入层 ··· 245
13.7.1 具体示例 ······ 246
13.7.2 ImageDataParameter 参数含义简介 ······ 247
13.7.3 新增加参数的含义简介 ······ 248
13.7.4 将新增加的参数加入 LayerParameter ······ 248
13.7.5 代码的编写之必写函数 ······ 248
13.7.6 用户自定义函数的编写 ······ 249
13.7.7 用户自定义数据的读取 ······ 250
13.7.8 代码的实现 ······ 250

第 14 章 深度学习的调参技巧总结 ······ 265

14.1 不变数据的调参的基本原则 ··· 265

14.2 Caffe fine-tuning 调参的原则和方法……265
14.3 综合数据调参的指导性建议……267
14.4 2012 年以后的经典网络结构概述……271
14.4.1 Google 的 Inception 结构……271
14.4.2 微软的 Residual Network 结构……279

CHAPTER 1

第1章 深度学习简介

1.1 深度学习的历史

讲解深度学习，不得不提到人工神经网络，本书就先从神经网络的历史讲起，我们首先来看一下第一代的神经网络。

1. 第一代神经网络

神经网络的思想最早起源于1943年的MCP人工神经元模型，当时是希望能够用计算机来模拟人的神经元反应过程，该模型将神经元简化为三个过程：输入信号线性加权、求和、非线性激活（阈值法）。

第一次将MCP应用于机器学习（分类）的当属1958年Rosenblatt发明的感知器（perceptron）算法。该算法使用MCP模型对输入的多维数据进行二分类，并且还能够使用梯度下降法从训练样本中自动学习更新权值。1962年，感知器算法被证明为能够收敛（数学上在一定的范围之内，可以达到一个稳定的状态，也就是多次运行总能得到差不多的结果），理论与实践的效果引起了神经网络的第一次浪潮。

然而到了1969年，美国数学家及人工智能先驱Minsky在其著作中证明了感知器算法本质上是一种线性模型，只能处理线性分类问题，就连最简单的XOR（异或）问题都无法正确分类。这相当于直接宣判了感知器算法的死刑，神经网络的研究也陷入了近20

年的停滞期。这一时期是人工神经网络的第一次寒冬。

2. 第二代神经网络

后来，现代深度学习技术大牛 Hinton 打破了非线性的诅咒，其在 1986 年发明了适用于多层感知器（MLP）的 BP 算法，并采用 Sigmoid 进行非线性映射，这有效地解决了非线性分类和学习的问题，该方法引起了神经网络的第二次热潮。

1989 年，Robert Hecht-Nielsen 证明了 MLP 的万能逼近定理，即对于任何闭区间内的一个连续函数 f，都可以用含有一个隐含层的 BP 网络来逼近，该定理的发现极大地鼓舞了神经网络的研究人员。

也是在 1989 年，LeCun 发明了卷积神经网络——LeNet，并将其用于数字识别，且取得了较好的成绩，不过当时这些成绩并没有引起足够的注意。

值得强调的是，自 1989 年以后，由于没有特别突出的方法提出，且 NN（神经网络）一直缺少相应的、严格的数学理论支持，研究神经网络的热潮渐渐冷却下去。1991 年，BP 算法被指出存在梯度消失问题，即在误差梯度后向传递的过程中，后层梯度会以乘性方式叠加到前层，由于 Sigmoid 函数的饱和特性，后层梯度本来就小，误差梯度传到前层时几乎为 0，因此无法对前层进行有效的学习，该发现对当时 NN 的发展无异于雪上加霜，几乎降到了冰点。

3. 第三代神经网络

2006 年，Hinton 提出了深层网络训练中梯度消失问题的解决方案：无监督预训练对权值进行初始化 + 有监督训练微调。其主要思想是首先通过自学习的方法学习到训练数据的结构（自动编码器），然后在该结构上进行有监督训练微调。但是由于没有特别有效的实验验证，因此该论文并没有引起重视。

2011 年，ReLU 激活函数的提出能够有效地抑制梯度消失问题。

2011 年，微软首次将深度学习技术应用在语音识别上，取得了重大突破。

2012年，Hinton课题组为了证明深度学习的潜力，首次参加ImageNet图像识别比赛，其团队通过构建的卷积神经网络（CNN）AlexNet一举夺得冠军，实力碾压第二名（SVM方法）的分类性能。也正是由于该比赛，CNN吸引到了众多研究者的注意。

这里不得不提一下AlexNet的创新点，具体如下。

1）AlexNet首次采用ReLU激活函数，极大地提高了收敛速度，并且从根本上解决了梯度消失问题。

2）由于ReLU方法可以很好地抑制梯度消失问题，因此AlexNet抛弃了“预训练+微调”的方法，完全采用有监督训练。也正因为如此，深度学习技术的主流学习方法也变为了纯粹的有监督学习。

3）扩展了LeNet5结构，添加Dropout层减小过拟合，LRN层增强泛化能力，并减小过拟合。

4）首次采用GPU对计算进行加速。

2006年到2012年可以说是神经网络的发展时期。

2013年之后，深度学习大规模发展，各个企业开始使用深度学习解决各种各样的任务，尤其是在人脸识别领域，深度学习让之前不可用的人脸识别变得可以应用于商业产品了。

2015年，Hinton、LeCun、Bengio论证了局部极值问题对于深度学习技术的影响，结果是Loss的局部极值问题对于深层网络来说其影响是可以忽略的。该论断也消除了笼罩在神经网络上的局部极值问题的阴霾。具体原因是虽然深层网络的局部极值非常多，但是通过深度学习技术的BatchGradientDescent优化方法很难达到局部最优，而且就算达到局部最优，其局部极小值点与全局极小值点也是非常接近的，但是浅层网络却不然，其拥有较少的局部极小值点，很容易达到局部最优，且这些局部极小值点与全局极小值点相差较大。论述原文其实没有给出证明，只是进行了简单的叙述，严密论证是猜想的。

了解完深度学习的历史之后，本书接下来带大家看看目前主流的几个深度学习框架，其中还包括笔者最常使用的MXNet和Caffe两个框架，以及笔者个人特别喜欢的语言Lua实现的Torch框架，每个框架都有其自己的特色，大家可以根据自己的喜好来进行选择，本书将从Caffe入手知识来撰写。

1.2 深度学习工具简介

本节主要是比较TensorFlow、Caffe、Theano、Torch7、MXNet这几个主流的深度学习框架。本节对每个框架只做一个简单的说明，不做详细介绍，有兴趣的读者，请自行参阅各个框架的官方文档。

1. TensorFlow

TensorFlow是相对高阶的机器学习库，用户可以方便地使用TensorFlow设计神经网络结构，而不必为了追求高效率的实现亲自编写C++或CUDA代码。TensorFlow与Theano一样都支持自动求导，用户不需要再通过反向传播来求解梯度。其核心代码与Caffe一样都是用C++编写的，使用C++可以降低线上部署的复杂度，并且使得像手机这种内存和CPU资源都紧张的设备可以运行复杂的模型（Python则会比较消耗资源，并且执行效率也不高）。除了核心代码的C++接口之外，TensorFlow还有官方的Python、Go和Java接口，都是通过SWIG（Simplified Wrapper and Interface Generator）实现的，这样用户就可以在一个硬件配置较好的机器中使用Python进行实验了，并且还可以在资源比较紧张的嵌入式环境或需要低延迟的环境中用C++部署模型。SWIG支持对C/C++代码提供各种语言的接口，因此其他脚本语言的接口在未来也可以通过SWIG方便地添加进来。不过使用Python时有一个影响效率的问题，那就是每一个mini-batch都要从Python中输入到网络中，这个过程在mini-batch的数据量很小或者运算时间很短时，可能会造成影响比较大的延迟。

Google在2016年2月开源了TensorFlow Serving，这个组件可以将TensorFlow训练好的模型导出，并部署成可以对外提供预测服务的RESTful接口，有了这一组件，

TensorFlow 实现了应用机器学习的全流程：从训练模型、调试参数，到打包模型，再到最后的部署服务，名副其实是一个从研究到生产整条流水线都齐备的框架。对此，可引用 TensorFlow 内部开发人员的描述来进行进一步的说明："TensorFlow Serving 是一个为生产环境而设计的高性能的机器学习服务系统。它可以同时运行多个大规模的深度学习模型，支持模型生命周期管理、算法实验，并且可以高效地利用 GPU 资源，从而使得 TensorFlow 训练好的模型能够更快捷更方便地投入到实际生产环境中"。除了 TensorFlow 以外，其他框架都缺少生产环境部署相关的考虑，而 Google 作为在实际产品中广泛应用深度学习的巨头可能也意识到了这个机会，因此开发了 TensorFlow Serving 这个部署服务的平台。TensorFlow Serving 可以说是一副王牌，它为 TensorFlow 成为行业标准做出了巨大的贡献。

TensorFlow 拥有产品级的高质量代码，还有 Google 强大的开发、维护能力的加持，整体架构设计也非常优秀。相比于同样基于 Python 的老牌对手 Theano，TensorFlow 更成熟、更完善，同时 Theano 的很多主要开发者都去了 Google 开发 TensorFlow（例如《Deep Learning》一书的作者 Ian Goodfellow，他后来去了 OpenAI）。Google 作为巨头公司拥有比高校或者个人开发者多得多的资源投入到 TensorFlow 的研发中，可以预见，TensorFlow 未来的发展将会是飞速的，可能会把大学或者个人维护的深度学习框架远远甩在身后。

2. Caffe

官方网址：caffe.berkeleyvision.org

GitHub：github.com/BVLC/caffe

Caffe 全称为 Convolutional Architecture for Fast Feature Embedding，是一个应用广泛的开源深度学习框架（Caffe 在 TensorFlow 出现之前一直是深度学习领域 GitHub star 最多的项目），目前由伯克利视觉学中心（Berkeley Vision and Learning Center，BVLC）进行维护。Caffe 的创始人是加州大学伯克利的 Ph.D. 贾扬清，他同时也是 TensorFlow 的作者之一，曾工作于 MSRA、NEC 和 Google Brain，目前就职于 Facebook FAIR 实验室。

Caffe 的主要优势包括如下几点。

- 容易上手，网络结构都是以配置文件的形式进行定义，不需要用代码来设计网络。
- 训练速度快，能够训练 state-of-the-art 的模型与大规模的数据。
- 组件模块化，可以方便地拓展到新的模型和学习任务上。

Caffe 的核心概念是 Layer，每一个神经网络的模块都是一个 Layer。Layer 接收输入数据，同时经过内部计算产生输出数据。设计网络结构时，只需要把各个 Layer 拼接在一起构成完整的网络（通过写 protobuf 配置文件定义）即可。比如卷积的 Layer，其输入就是图片的全部像素点，内部进行的操作是各种像素值与 Layer 参数的 convolution 操作，最后输出的是所有卷积核 filter 的结果。每一个 Layer 都需要定义两种运算，一种是正向（forward）的运算，即从输入数据计算输出结果，也就是模型的预测过程；另一种是反向（backward）的运算，即从输出端的 gradient 求解相对于输入的 gradient，也就是反向传播算法，这部分就是模型的训练过程。实现新 Layer 时，需要将正向和反向两种计算过程的函数都加以实现，这部分计算需要用户自己编写 C++ 或者 CUDA（当需要在 GPU 中运行时）代码，因此对普通用户来说，Caffe 还是非常难上手的。正如它的名字“Convolutional Architecture for Fast Feature Embedding”所描述的，Caffe 最初的设计目标只是针对图像，而没有考虑文本、语音或者时间序列的数据，因此 Caffe 对卷积神经网络的支持非常好，但对时间序列 RNN、LSTM 等的支持则不是特别充分。同时，基于 Layer 的模式也对 RNN 不是非常友好，对于 RNN 结构的定义比较麻烦。对于模型结构非常复杂的情况，可能需要编写冗长的配置文件才能设计好网络，阅读也比较费时费力，所以我们可能还需要使用网络可视化的一些辅助工具，这里提供一个网站 http://ethereon.github.io/netscope/#/editor，在这里大家可以直接可视化自己的网络结构。

Caffe 的一大优势是拥有大量的、已经训练好的经典模型，收藏在它的 Model Zoo（github.com/BVLC/caffe/wiki/Model-Zoo）中。因为其知名度较高，Caffe 已广泛应用于前沿的工业界和学术界，许多提供源码的深度学习论文都是使用 Caffe 来实现其模型的。在计算机视觉领域 Caffe 的应用尤其多，可以用来进行人脸识别、图片分类、位置检测、目标追踪等。虽然 Caffe 最早主要是面向学术圈和研究者的，但程序运行非常稳定，代码质量较高，也深受工业界的欢迎，可用来处理对生产环境稳定性要求比较严格的应用，因此 Caffe 可以算是第一个主流的工业级深度学习框架。因为 Caffe 的底层是基于 C++ 的，因此可以在各种硬件环境中进行编译，并且其还具有良好的移植性，Caffe 支持 Linux、Mac 和 Windows 系统，甚至还可以编译部署到移动设备系统如 Android 和 iOS 上。与其他主流深度学习库类似，Caffe 也提供了 Python 语言接口 pycaffe，在接触新任务，设计新网络时可以使用该 Python 接口简化操作。不过，用户通常还是要使用 Protobuf 配置文件定义神经网络结构，再使用 command line 进行训练或者预测。Caffe 的配置文件是一个结构化类型的“.prototxt”文件，其中使用了许多顺序连接的 Layer 来描述神经网络结构。Caffe 的二进制可执行程序会提取这些“.prototxt”文件并按其定义来训练神经网络。理论上，Caffe 的用户完全可以不用编写代码，只是定义网络结构就可以完成模型训练了。Caffe 完成训练之后，用户可以把模型文件打包制作成简单易用的接口，比如可以封装成 Python 或 MATLAB 的 API。不过在“.prototxt”文件内部设计网络结构可能会比较受限，不如 TensorFlow 或者 Keras 那样方便、自由。目前所受的限制主要是，Caffe 的配置文件不能用编程的方式来调整超参数，如果想要做超参数训练网络模型，那么 Caffe 可能还需要花费大量的时间进行编程改写。Caffe 在 GPU 上训练的性能表现良好（使用单块 GTX 1080 训练 AlexNet 时一天可以训练上百万张图片），但是 Caffe 目前仅支持单机多 GPU 的训练，并没有原生支持分布式的训练。比较幸运的是，Caffe 拥有很多第三方开发者的支持，比如雅虎开源的 CaffeOnSpark，可以借助 Spark 的分布式框架来实现 Caffe 的大规模分布式训练。

3. Theano

官方网址：http://www.deeplearning.net/software/theano/

GitHub：github.com/Theano/Theano

Theano 诞生于 2008 年，由蒙特利尔大学 Lisa Lab 团队开发并维护，是一个高性能的符号计算及深度学习库。因为其出现的时间较早，因此可以算是这类库的始祖之一，也曾一度被认为是深度学习研究和应用的重要标准之一。Theano 的核心是一个数学表达式的编译器，专门为处理大规模神经网络训练的计算而设计。Theano 可以将用户定义的各种计算编译为高效的底层代码，并链接各种可以加速的库，比如BLAS、CUDA等。Theano允许用户定义、优化和评估包含多维数组的数学表达式，它支持将计算装载到GPU上（Theano在GPU上的性能不错，但是在CPU上却性能较差）。与Scikit-learn一样，Theano也很好地整合了NumPy，对GPU的透明使得Theano可以较为方便地进行神经网络设计，而不必直接编写CUDA代码。Theano的主要优势具体如下。

- 集成NumPy，可以直接使用NumPy的ndarray，API接口学习成本较低。
- 计算稳定性好，比如可以精准地计算输出值很小的函数（像log(1+x)）。
- 动态地生成C或者CUDA代码，用以编译出高效的机器代码。

因为Theano在学术界非常流行，已经有很多人为它编写出了高质量的文档和教程，所以用户可以方便地查找Theano的各种FAQ，比如如何保存模型、如何运行模型等问题。不过Theano大多被当作研究工具，而不是当作产品来使用。虽然Theano支持Linux、Mac和Windows，但是因为没有底层C++的接口，因此模型的部署非常不方便，它依赖于各种Python库，并且不支持各种移动设备，所以Theano几乎没有在工业生产环境下的应用。Theano目前主要应用于教学和科研上，Theano在调试时输出的错误信息非常难以让人看懂，因此调试Theano程序（DEBUG）时会非常痛苦。同时，Theano在生产环境中使用已经训练好的模型进行预测时其性能比较差，因为预测通常使用服务器CPU（生产环境中的服务器一般没有GPU，而且GPU预测单条样本延迟高，反而不如CPU），但是Theano在CPU上的执行性能比较差。

Theano在单GPU上的执行效率不错，其性能与其他框架类似。但是运算时需要将用户的Python代码转换成CUDA代码，再编译为二进制可执行文件，因此其编译复杂模型的时间会非常久。此外，Theano在导入时也比较慢，而且一旦设定了选择某块GPU，就会无法切换到其他设备。目前，Theano在CUDA和cuDNN上并不支持多GPU，只在OpenCL和Theano自己的gpuarray库上支持多GPU训练，速度暂时还比不上CUDA的版本，并且Theano目前还没有分布式的实现。不过，Theano在训练简单网络（比如很浅的MLP）时其性能可能比TensorFlow好，因为所有代码都是运行时编译，不需要像TensorFlow那样每次喂入（feed）mini-batch数据时都得通过低效的Python循环来实现。

Theano 是一个完全基于 Python（C++/CUDA 代码也是打包为 Python 字符串的）的符号计算库。用户定义的各种运算，Theano 都可以自动求导，这样就省去了完全手工编写神经网络反向传播算法的麻烦，也不需要像 Caffe 那样为 Layer 编写 C++ 或 CUDA 代码。Theano 对卷积神经网络的支持很好，同时它的符号计算 API 支持循环控制（内部名为 scan），这就使得 RNN 的实现非常简单并且性能很高，其全面的功能也使得 Theano 能够支持大部分 state-of-the-art 的网络。Theano 派生出了大量的基于它的深度学习库，包括一系列的上层封装，其中包括大名鼎鼎的 Keras，Keras 对神经网络抽象得非常合适，以至于可以随意切换执行计算的后端（目前同时支持 Theano 和 TensorFlow）。Keras 比较适合在探索阶段快速地尝试各种网络结构，组件都是可插拔的模块，只需要将一个个组件（比如卷积层、激活函数等）连接起来即可，但是设计新模块或者新的 Layer 时就不太方便了。对于新入门的工业界程序员来说，编写一个新的模块是一件很困难的事情，即使能够做到，也要考虑是否有必要花费这个时间。毕竟不是所有人都是基础科学工作者，大部分使用场景还是在工业应用中。所以简单易用是一个很重要的特性，这也是其他上层封装库的价值所在：不需要总是从最基础的 tensor 粒度开始设计网络，而是从更上层的 Layer 粒度进行网络设计。这也是此库未能在工业界流行开来的原因。

4. Torch

官方网址：http://torch.ch/

GitHub：github.com/torch/torch7

Torch 对自己的定位是 LuaJIT 上的一个高效的科学计算库，其支持大量的机器学习算法，同时以 GPU 上的计算为优先。Torch 的历史悠久，但真正使其发扬光大的是在 Facebook 上开源了其深度学习的组件，此后包括 Google、Twitter、NYU、IDIAP、Purdue 等组织都大量使用 Torch。Torch 的设计理念是让设计机器学习算法变得更加便捷，它包含了大量的机器学习、计算机视觉、信号处理、并行运算、图像、视频、音频、网络处理的库。与 Caffe 类似，Torch 拥有大量的已经训练好的深度学习模型。它可以支持设计非常复杂的神经网络的拓扑图结构，再并行化到 CPU 和 GPU 上，在 Torch 上设计新的 Layer 是相对比较简单的。它与 TensorFlow 一样，使用了底层 C++ 加上层脚本语言调用的方式，只不过 Torch 使用的是 Lua。Lua 的性能是非常优秀的（该语言经常被用来开发游戏），常见的代码可以通过透明的 JIT 优化达到 C 语言性能的 80%；在便利性上，Lua 的语法简单易读，拥有漂亮和统一的结构，易于掌握，比写 C/C++ 简洁很多，曾经，魔兽世界的插件也是使用此语言完成的；同时，Lua 拥有一个非常直接的调用 C 程序的接口，可以简便地使用大量的基于 C 的库，由于底层核心是 C 语言编写的，因此其可以方便地移植到各种环境中。Lua 支持 Linux、Mac，还支持各种嵌入式系统（iOS、Android、FPGA 等），只不过运行时还是必须要有 LuaJIT 的环境，所以工业生产环境的使用相对较少，没有 Caffe 和 TensorFlow 那么多。

为什么不使用 Python 而是使用 LuaJIT 呢？官方给出了以下几点理由。

- LuaJIT 的通用计算性能远胜于 Python，而且可以直接在 LuaJIT 中操作 C 的 pointers。Lua 天然就是为了与 C、C++ 配合而生。
- Torch 的框架，包含 Lua 是非常合适的，Lua 的解释器编译后只有仅仅几百 KB，而完全基于 Python 的程序对不同平台、系统的移植性较差，所依赖的外部库也较多。
- LuaJIT 的 FFI 拓展接口非常易学，可以方便地链接其他库到 Torch 中。Torch 中还专门设计了 N-Dimension array type 的对象 Tensor，Torch 中的 Tensor 是一块内存的视图，同时一块内存也可能会有许多视图（Tensor）指向它，这样的设计同时兼顾了性能（直接面向内存）和便利性。此外，Torch 还提供了不少相关的库，包括线性代数、卷积、傅里叶变换、绘图和统计等。

Torch 的 nn 库支持神经网络、自编码器、线性回归、卷积网络、循环神经网络等，同时还支持定制的损失函数及梯度计算。因为 Torch 使用了 LuaJIT，所以用户在 Lua 中做数据预处理等操作时可以随意使用循环等操作，而不需要像在 Python 中那样担心性能问题，也不需要学习 Python 中各种加速运算的库。不过，Lua 相比 Python 来说还不是那么主流，对大多数用户来说还有一定的学习成本。Torch 在 CPU 上的计算将使用

OpenMP、SSE 进行优化，GPU 上使用 CUDA、cutorch、cunn、cuDNN 进行优化，同时还有 cuda-convnet 的 wrapper。Torch 拥有很多第三方的扩展可以支持 RNN，使得 Torch 基本支持所有主流的网络。与 Caffe 相同的是，Torch 主要是基于 Layer 的连接来定义网络的。Torch 中新的 Layer 依然需要用户自己实现，不过定义新 Layer 和定义网络的方式很相似，非常简便，不像 Caffe 那么麻烦，用户需要使用 C++ 或者 CUDA 定义新 Layer。同时，Torch 属于命令式编程模式，不像 Theano、TensorFlow 属于声明性编程（计算图是预定义的静态的结构），所以用它来实现某些复杂的操作（比如 beam search）比 Theano 和 TensorFlow 方便很多。但是笔者一直没有使用 Torch 作为笔者的主要开发工具，主要是因为现在找到合适的会写好 Lua 的人实在是太少了，工业界还是需要各方面配合的。

5. MXNet

官方网址：mxnet.io

GitHub：https://github.com/apache/incubator-mxnet

MXNet 是 DMLC（Distributed Machine Learning Community）开发的一款开源的、轻量级的、可移植的、灵活的深度学习库，不过目前它已经成为了 Apache 下面的一个开源项目，使用的是 Apache2.0 的协议，大家可以放心大胆地使用。此框架可以混合使用符号编程模式和指令式编程模式来最大化效率和灵活性，目前 MXNet 已经是 AWS 官方推荐的深度学习框架。MXNet 的很多作者都是中国人，其最大的贡献组织为百度，同时很多作者都来自于 cxxnet、minerva 和 purine2 等深度学习项目，博采众长，又形成了自己独立的风格。它是各个框架中率先支持多 GPU 和分布式的，同时其分布式性能也非常高。MXNet 的核心是一个动态的依赖调度器，支持将计算任务自动并行化到多个 GPU 或分布式集群（支持 AWS、Azure、Yarn 等）中。其上层的计算图优化算法可以让符号计算执行得非常快，而且还能够节约内存，开启 mirror 模式会更加节省内存，甚至还可以在某些小内存 GPU 上训练其他框架因显存不够而训练不了的深度学习模型，也可以在移动设备（Android、iOS）上运行基于深度学习的图像识别等任务。此外，MXNet 的一个很大的优点是支持非常多的语言封装，如 C++、Python、R、Julia、Scala、Go、MATLAB 和 JavaScript 等，基本上主流的脚本语言全部都支持了。在 MXNet 中构建一个网络需要的时间可能要比 Keras、Torch 这类高度封装的框架更长，但是比直接用 Theano 等要快。不过由于 MXNet 框架封装得比较完美，所以阅读它的源码并不是一件快乐的事情，因为各种地方都为了追求极致的性能将代码进行了优化。所以笔者没有选择 MXNet 框架为大家进行深入介绍，虽然目前的工作中 MXNet 框架的使用还是比较多的。

1.3 深度学习的未来趋势

在健康医疗领域，人工智能可用于查看医学影像数据等。典型的企业有大数医达和康夫子等，它们就是专注于医疗健康类的专用虚拟助理研发企业。

在智能投顾领域，借助人工智能技术和大数据分析，机器人结合投资者的财务状况、风险偏好、理财目标等，通过已搭建的数据模型和后台算法为投资者提供量身定制的资产投资组合建议。典型的企业有弥财、蓝海财富、百度金融、积木盒子等第三方智能投顾平台，以及以京东智投、企名片、同花顺为代表的互联网公司研发的智能投顾平台。

在智能教育领域，例如学霸君等，通过拍照搜题进行在线答疑自动批改作业等，借助智能图像识别技术，遇到难题时只需要用手机拍照上传到云端，系统在短时间内就可以给出解题思路；另外，科大讯飞、清睿教育开发的语音测评软件，能够对发音进行快速测评并指出发音不准的地方。

在智能法务领域，最直接的应用如智能法务助手，“合同家”通过合同工具积累数据，为企业提供基于大数据和人工智能的法务解决方案。

智能驾驶领域当属目前最为火热的应用领域，如驭势科技、Momenta、图森互联等通过人工智能技术解放人力、降低交通事故率等，相信未来智能驾驶会让我们的出行变得更加安全和智能化。

未来可能还会有更多的人加入这一行业，深入某一行业，将某一行业使用人工智能的方法进行改造，一定可以创造出更多更新的东西。

CHAPTER 2

第2章

搭建你的 Caffe 武器库

2.1 硬件选型

本节向大家推荐两种配置，一种是双卡服务器配置，一种是4卡服务器的配置。下面先推荐双卡的配置清单（具体请见表2-1）。

表 2-1

序号	名称	型号	数量
1	机箱	美商海盗船（UCSorsair）AIR540	1个
2	主板	华硕（ASUS）PRIME X299-DELUXE 主板（Intel X299/LGA 2066）	1个
3	CPU	Intel Core i9 7900x	1个
4	CPU 散热器	美商海盗船（USCorsair）Hydro 系列 H100i V2 高性能 CPU 水冷散热器	1个
5	内存	海盗船 DDR4 3000MHz 16G 套条	2个
6	固态硬盘	三星 960 PRO 512G M.2 NVMe	1个
7	硬盘	希捷酷鱼 4T	2个
8	电源	美商海盗船（USCorsair）额定 850W RM850x 电源	1个
9	风扇	美商海盗船（USCorsair）ML120 机箱风扇 (12cm)	1个

表2-2给出的是4卡工作站的配置。

表　2-2

序号	名称	型号	数量
1	机箱	美商海盗船 AIR540	1
2	CPU	Intel Core I7 5930k 或 Intel Xeon E5 2620 v3 或 I9	1
3	主板	华硕 X99-E WS 或技嘉（GIGABYTE）X299 AORUS Gaming 7	1
4	内存	金士顿 DDR4 2400MHz 16G	4
5	CPU 散热	九州风神 大霜塔 至尊版	1
6	固态硬盘 (系统)	三星 960 Pro	1
7	机械硬盘 (存储)	希捷 V5 系列 4TB 7200 转 128M SATA3 企业级硬盘	1
8	电源	EVGA 额定 1600w 1600 G2 电源	1
9	显卡	技嘉或华硕公版 GTX1080Ti	4

工欲善其事必先利其器，这些机器的价格都不低，但是良好的硬件会使得你花更少的精力去考虑硬件的好坏。一套良好的设备是训练大量数据的前提，当然如果你只是想简单了解下这些工具，那么使用任何设备都可以，但是如果你想要深入尝试运用这些工具来做些改进的话，那么更良好的硬件是非常有必要的，配置优良的硬件可能只需要几小时即可达到低配置硬件需要一周的训练才能得到的效果，在深度学习中多做实验是必须的。

2.2　Caffe 在 Windows 下的安装

为了让大家能在 Windows 上快速地安装好 Caffe，本节向大家提供一个目前比较完善的安装方法，而且还可以随着 Caffe 的更新而更新，首先在 https://github.com/BVLC/caffe 上下载 Caffe 的代码，这些代码一般都是可编译的，当然，在特殊情况下，可能某个人在提交代码的时候没有提交完全，会导致编译通不过。注意，下载的时候需要选择与你操作系统相对应的代码。具体如图 2-1 所示。

将安装代码下载到硬盘后，展开会得一个 Caffe 代码的目录结构，如图 2-2 所示。

图 2-2 中的目录结构与 GitHub 上的基本一致，然后在文件夹中新建一个目录，命名为 CaffeMerge，我们将在该目录中建立自己的 Caffe 工程。

Caffe: a fast open framework for deep learning. http://caffe.berkeleyvision.org/

4,129 commits | 7 branches | 14 releases | 254 contributors

Branch: windows ▾ | View #5562 | 注意选择版本，选择windows版本的 | Find file | Clone or download ▾

This branch is 98 commits ahead, 39 commits behind master. | #5872 | Compare

willyd committed on GitHub Merge pull request #5854 from skylarjhdownes/patch-1 … | Latest commit 28ca814 on 22 Aug

.github	Add Github issue template to curb misuse.	a year ago
cmake	Merge branch 'master' into windows	6 months ago
data	Added powershell scripts to mimic the .sh script to download and crea...	9 months ago
docker	Docker update to cuDNN 6	7 months ago
docs	docs/debian guide: update compiler combination table	6 months ago
examples	Merge pull request #5389 from willyd/mnist-fix	6 months ago
include/caffe	Merge branch 'master' into windows	6 months ago
matlab	Merge branch 'master' into windows	6 months ago
models	BVLC -> BAIR	7 months ago
python	Merge branch 'master' into windows	7 months ago
scripts	Merge branch 'master' into windows	6 months ago
src	Merge branch 'master' into windows	6 months ago

图 2-1

cmake	2017/4/27 10:50	文件夹	
CMakeFiles	2017/4/27 10:50	文件夹	
data	2017/4/27 10:50	文件夹	
docker	2017/4/27 10:50	文件夹	
docs	2017/4/27 10:50	文件夹	
examples	2017/4/27 10:50	文件夹	
external	2017/4/27 10:50	文件夹	
include	2017/4/27 10:50	文件夹	
matlab	2017/4/27 10:50	文件夹	
models	2017/4/27 10:50	文件夹	
python	2017/4/27 10:50	文件夹	
scripts	2017/4/27 10:50	文件夹	
src	2017/4/27 10:50	文件夹	
tools	2017/4/27 10:50	文件夹	
windows	2017/4/27 10:50	文件夹	
.Doxyfile	2016/10/18 20:06	DOXYFILE 文件	100 KB
.gitattributes	2016/10/18 20:06	Git Attributes 源文件	3 KB
.gitignore	2016/10/18 20:06	Git Ignore 源文件	2 KB
.travis.yml	2016/10/18 20:06	Yaml 源文件	2 KB
appveyor.yml	2016/10/18 20:06	Yaml 源文件	1 KB
caffe.cloc	2016/10/18 20:06	CLOC 文件	2 KB
CMakeCache.txt	2016/6/6 17:59	文本文档	15 KB
CMakeLists.txt	2016/10/18 20:06	文本文档	5 KB

图 2-2

先在 VS 中新建一个空的工程，然后创建 common、Layers、proto、Main、solvers、util 这 6 个文件筛选器，如图 2-3 所示。

这是笔者为了能够调试Caffe而设计的方案，笔者会将这一方案的依赖库和sln放到百度网盘上，在GitHub上给出链接，GitHub的地址是https://github.com/HolidayXue/CaffeMerge。

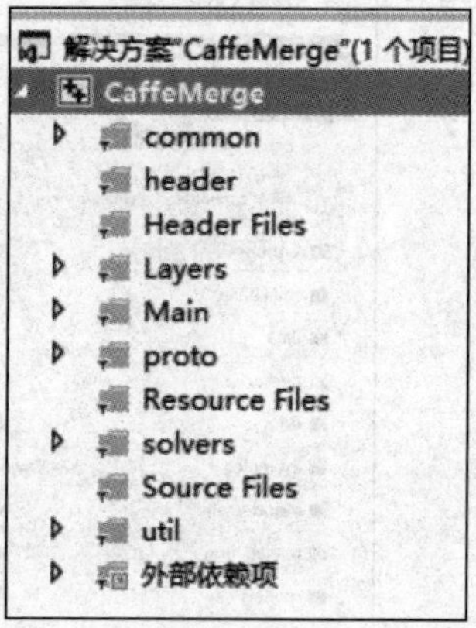

图　2-3

2.3　Caffe在Linux下的安装

下面的安装指南，是为了帮助零基础的新手进行操作而设计的。Caffe原作主要部署于Ubuntu，所以相对而言还是Ubuntu比较适合于新手操作。

该方案主要包含3个部分，分别为Linux安装、Nvidia CUDA Toolkit的安装（*.deb方法）和Caffe-Master的安装和测试。下面一起来看看。

2.3.1　Linux安装

对于Linux的安装，如果不是Linux的拥护者，只是被迫要用它来做科研或者别的，那么建议安装成双系统，网上有大量的安装双系统的方法，这里就不详细介绍了。Linux的安装简单易操作，算是傻瓜式的，和Windows的过程比较类似。至于语言的选择，如果想要加大难度，那么可以安装英文版的，甚至日文，德文版都可以，笔者安装的是英文版的。这里用分出的500GB的空间来安装Ubuntu 14.04，截至写稿之时，该版本是最新的版本，Ubuntu 14.04的好处是可以直接访问Windows 8.1的NTFS分区，不用再进行额外的操作，而且其还支持中文，例如：可以使用"$ cd /media/yourname/分区名字/文件夹名"这样的命令，当然GUI就更方便了。

分区设置具体如下：

根分区：\100GB

Swap交换分区：128GB，分区大小设置为与内存大小一致，如果内存小于16GB，那么就设置成内存大小的1.5倍～2倍。

boot 分区：200MB

Home 分区：剩余的空间，对于 Imagenet、PASCAL VOC 之类的大客户，建议分区大小为 500GB，至少也要是 300GB 以上。

解决分区启动错误

重装时基本上都会破坏原来的启动分区表，还原 Windows 分区的一个简单办法如下：

```
$ sudo gedit etc/default/grub
设置：GRUB_DEFAULT = 2        # 后面的数字为默认启动的选项，想要默认启动哪个系统就改为对应的
编号
$ sudo update-grub
```

该方法适用于安装了双系统之后，“看得到 Linux，看不到 Windows”的情况，对于相反的情况，请读者自行搜索解决办法。

2.3.2　Nvidia CUDA Toolkit 的安装（*.deb 方法）

对于 Nvidia CUDA Toolkit 的安装，笔者在此特别推荐“ *.deb”的方法，目前已有提供离线版的 deb 文件，该方法比较简单，不需要切换到 tty 模式，下面以 CUDA 8.0 为例。

1. CUDA Repository

首先，需要获取 CUDA 安装包，请自行去 Nvidia 官网上下载：https://developer.nvidia.com/cuda-downloads。

然后通过 cd 命令转到安装包所在的路径，比如我将文件下载到了 /home/user/Downloads 文件夹下，下面直接在终端通过 cd 命令转到该文件夹即可，示例代码如下：

```
$ cd ~/Downloads
$ sudo dpkg -i cuda-repo-ubuntu1504-8-0-local_8.0-18_amd64.deb
```

```
$ sudo apt-get update
$ sudo apt-get install -y cuda
```

2. 安装cuda sample（cuda的例子）

安装命令如下：

```
$ cd /usr/local/cuda-8.0/samples
$ sudo make —j32
```

全部编译完成之后，进入samples/bin/x86_64/linux/release，然后在sudo下运行deviceQuery：

```
$ sudo./deviceQuery
```

如果出现下列显卡信息，则表示驱动及显卡安装成功：

```
$ ./deviceQuery Starting...
 CUDA Device Query (Runtime API) version (CUDART static linking)
Detected 1 CUDA Capable device(s)
Device 0: "GeForce GTX 1080"
  CUDA Driver Version / Runtime Version          8.0 / 8.0
  CUDA Capability Major/Minor version number:    3.0
  Total amount of global memory:                 8192 MBytes (8494246400 bytes)
  ( 7) Multiprocessors, (192) CUDA Cores/MP:     1344 CUDA Cores
  GPU Clock rate:                                1098 MHz (1.10 GHz)
  Memory Clock rate:                             3105 Mhz
  Memory Bus Width:                              256-bit
  L2 Cache Size:                                 524288 bytes
  Maximum Texture Dimension Size (x,y,z)        1D=(65536), 2D=(65536, 65536),
3D=(4096, 4096, 4096)
  Maximum Layered 1D Texture Size, (num) layers  1D=(16384), 2048 layers
  Maximum Layered 2D Texture Size, (num) layers  2D=(16384, 16384), 2048 layers
  Total amount of constant memory:               65536 bytes
  Total amount of shared memory per block:       49152 bytes
  Total number of registers available per block: 65536
  Warp size:                                     32
  Maximum number of threads per multiprocessor:  2048
  Maximum number of threads per block:           1024
  Max dimension size of a thread block (x,y,z): (1024, 1024, 64)
  Max dimension size of a grid size    (x,y,z): (2147483647, 65535, 65535)
  Maximum memory pitch:                          2147483647 bytes
```

```
  Texture alignment:                              512 bytes
  Concurrent copy and kernel execution:           Yes with 1 copy engine(s)
  Run time limit on kernels:                      Yes
  Integrated GPU sharing Host Memory:             No
  Support host page-locked memory mapping:        Yes
  Alignment requirement for Surfaces:             Yes
  Device has ECC support:                         Disabled
  Device supports Unified Addressing (UVA):       Yes
  Device PCI Bus ID / PCI location ID:            1 / 0
  Compute Mode:
< Default (multiple host threads can use ::cudaSetDevice() with device simultaneously) >
deviceQuery, CUDA Driver = CUDART, CUDA Driver Version = 8.0, CUDA Runtime Version = 8.0, NumDevs = 1, Device0 = GeForce GTX 1080
Result = PASS
```

如果 sample 测试没有通过，那么一般是显卡驱动的问题，根据提示可以先在 Nvidia 官网上下载 Linux 下最新的显卡驱动，其名称一般是“*.run”，调出终端，输入如下所示的命令：

```
$ sudo  gedit  /etc/modprobe.d /blacklist.conf
```

然后，在 blacklist.conf 文件的最后加上如下内容：

```
blacklist nouveau
blacklist lbm-nouveau
options nouveau modest=0
alias nouveau off
alias lbm-nouveau off
```

或者：

- ❑ blacklist vga16fb
- ❑ blacklist nouveau
- ❑ blacklist rivafb
- ❑ blacklist nvidiafb
- ❑ blacklist rivatv
- ❑ （这里有一行空格）

再删除卸载旧的 Nvidia 驱动，命令如下：

```
sudo apt-get –purge remove nvidia-*(需要清除干净)
sudo apt-get –purge remove xserver-xorg-video-nouveau
```

之后再按 Ctrl+Alt+F2 进入 tty2 模式，进入系统后输入如下命令：

```
$ sudo services lightdm stop
```

通过 cd 命令转到“*.run”文件所在的文件夹中，执行如下命令：

```
$ sudo  chmod  –R  777  *.run
$ ./*.run
```

驱动安装完成之后，再输入如下命令：

```
$ sudo services lightdm start
```

若能启动，则证明驱动安装没有问题。

最后再通过下面的命令重启电脑：

```
$ sudo reboot
```

若要查看驱动型号，则可以使用如下命令：

```
$sudo nvidia-smi
```

完成上述步骤之后，再重新安装 cuda，直到 sample 测试通过为止。

2.3.3 Caffe 的安装和测试

对于 Caffe 的安装，应严格遵照官网的要求来进行操作：http://caffe.berkeleyvision.org/installation.html。

1. 安装 BLAS

进行线性代数运算的软件，除了 ATLAS 以外，还有两个可以选择：一个是 Intel 的 MKL，为收费软件；另一个是 OpenBLAS，免费但操作比较麻烦。从运行效率上来说，

ATLAS < OpenBLAS < MKL。

笔者采用的是 ATLAS，其安装命令如下所示：

```
sudo apt-get install libatlas-base-dev
```

然后新建一个 cuda.conf，并编辑，命令如下所示：

```
$ sudo gedit /etc/ld.so.conf.d/cuda.conf
/usr/local/cuda/lib64
/lib
```

最后完成 lib 文件的链接操作，执行如下命令：

```
$ sudo ldconfig -v
```

执行完上述命令，GPU 部分就安装好了。

2. 安装其他依赖项

首先，我们来看看 Google Logging Library（glog）的安装方法，其下载地址为：https://code.google.com/p/google-glog/，下载完成后进行解压并安装。此时要做的第一件事仍然是通过 cd 命令转到保存该安装包的文件夹，笔者的文件夹路径为 /home/user/Downloads，示例命令如下：

```
$ cd ~/Downloads
$ tar zxvf glog-0.3.3.tar.gz
$ cd ~/Downloads/glog-0.3.3
$ ./configure
$ make
$ sudo make install
```

如果没有可执行权限，就使用“chmod a+x glog-xx -R”来添加可执行权限，或者直接使用“chmod 777 glog-0.3.3 -R”，装完之后，这个文件夹就可以删除了。

下面是 C++ 部分的其他依赖项，请确保全部都安装成功：

```
$ sudo apt-get install -y libprotobuf-dev libleveldb-dev libsnappy-dev
```

```
libopencv-dev libboost-all-dev libhdf5-serial-dev libgflags-dev libgoogle-glog-dev
liblmdb-dev protobuf-compiler protobuf-c-compiler protobuf-compiler
```

3. 安装 Caffe 并测试

下面是安装 pycaffe 所必需的一些依赖项：

```
$ sudo apt-get install -y python-numpy python-scipy python-matplotlib python-
sklearn python-skimage python-h5py python-protobuf python-leveldb python-networkx
python-nose python-pandas python-gflags Cython ipython
```

下面安装配置 Nvidia cuDNN，用于加速 Caffe 模型的运算。

安装前请先去官网上下载最新的 cuDNN (cudnn-7.0-linux-x64-v4.0-prod)。下载完成后直接双击安装包，将其中的文件 CUDA 拖到 Downloads 文件夹中，这一步很重要，否则后面进行编译时就会不知道错在哪里了。安装命令如下所示：

```
$ cd ~/Downloads/CUDA
$ sudo cp include/cudnn.h /usr/local/include
$ sudo cp lib64/libcudnn.* /usr/local/lib
```

输入下面的命令链接 cuDNN 的库文件：

```
$ sudo ln -sf /usr/local/lib/libcudnn.so.4.0.7 /usr/local/lib/libcudnn.so.4
$ sudo ln -sf /usr/local/lib/libcudnn.so.4 /usr/local/lib/libcudnn.so
$ sudo ldconfig -v
```

现在可以下载 Caffe 了，将 Caffe 放在用户目录下，命令如下所示：

```
cd
git clone https://github.com/BVLC/caffe.git
```

如果提示没有 GIT，那么根据它的建议直接安装一个就好了。

现在切换到 Caffe 的文件夹，生成 Makefile.config 配置文件，执行以下命令：

```
$ cd ~/caffe
$ cp Makefile.config.example Makefile.config
$gedit Makefile.config
```

接下来再配置 Makefile.config 文件，下面仅列出需要修改的部分。

1）启用 cuDNN，去掉“#”：

```
USE_CUDNN := 1
```

2）配置引用文件，增加的部分主要是解决新版本下 HDF5 的路径问题，命令如下：

```
INCLUDE_DIRS := $(PYTHON_INCLUDE) /usr/local/include
/usr/lib/x86_64-linux-gnu/hdf5/serial/include
LIBRARY_DIRS := $(PYTHON_LIB) /usr/local/lib /usr/lib
/usr/lib/x86_64-linux-gnu/hdf5/serial
```

3）配置路径，实现 Caffe 对 Python 和 MATLAB 接口的支持，命令如下：

```
PYTHON_LIB := /usr/local/lib
```

最后，编译 Caffe，记得加上“-j $（nproc)”或者“-j16”，这里若是使用 CPU 的多核进行编译，则可以极大地提高编译的速度，因此建议使用 CPU 多核进行编译。编译命令如下所示：

```
$ make all -j16
$ make test -j16
$ make runtest -j16
```

编译 Python 用到的 Caffe 文件具体如下：

```
$ make pycaffe -j16
```

如果上述过程没有报错，则表示 Caffe 已经配置好了，其默认使用的是 Python 接口和 C++ 接口，大家可以根据需要自行选取。

2.4 OpenCV 的安装和编译

2.4.1 OpenCV 的下载

可以到 http://opencv.org/releases.html 中选择一个较新的版本进行下载。笔者在此选择的是V2.4.13版本，下载地址为https://nchc.dl.sourceforge.net/project/opencvlibrary/opencv-win/2.4.13/opencv-2.4.13.exe。

下载完成后，双击运行exe文件，选择输出目录，这里选择的是D:\opencv，之后进行解压缩就完成了安装，安装过程如图2-4所示。

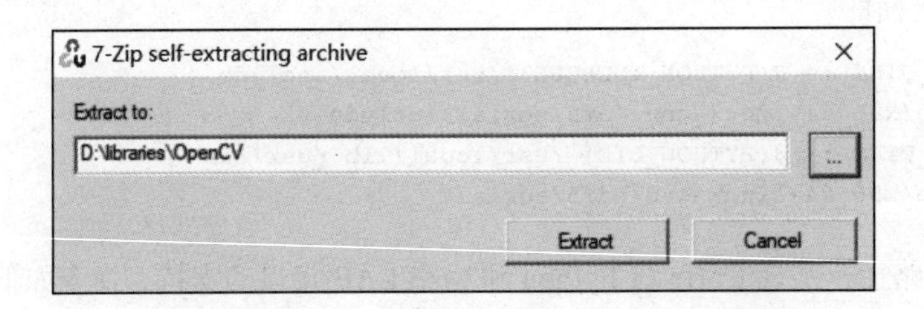

图　2-4

点击解压按钮后，将会看到OpenCV已被解压，解压界面如图2-5所示。

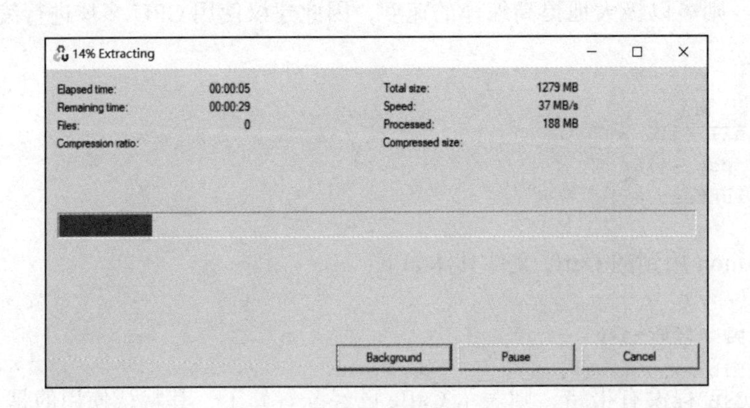

图　2-5

2.4.2　配置环境变量

首先，需要向系统变量配置“path:”添加如下内容“D:\opencv2_4_13\opencv\build\x64\vc12\bin”。

然后，向用户变量添加opencv变量，值为“D:\opencv2_4_13\opencv\build”。

添加 PATH 变量（如果已有则不需要添加，但是值还是需要添加的），值为“D:\opencv2_4_13\opencv\build\x64\vc12\bin”。

说明：操作系统必须是 64 位，路径目录均选择 X64，编译时，我们使用 64 位编译；如果没有选用 X64 进行编译，则程序在运行的时候会出错。

配置好上面的变量之后，还需要向 Visual Studio 工程添加具体的库文件名称，所以需要在 OpenCV 的 lib 目录中建立一个 list.bat 脚本，此脚本负责构建一个 lib 库中库的所有的文件名，如图 2-6 所示。

› opencv › build › x64 › vc12 › lib　　搜索"lib"

名称	修改日期	类型	大小
debug.list	2017/9/11 14:42	LIST 文件	2 KB
list.bat	2017/9/11 14:42	Windows 批处理...	1 KB
opencv_calib3d2413.lib	2017/7/31 21:55	Object File Library	241 KB
opencv_calib3d2413d.lib	2017/7/31 21:57	Object File Library	242 KB
opencv_contrib2413.lib	2017/7/31 21:56	Object File Library	418 KB
opencv_contrib2413d.lib	2017/7/31 21:58	Object File Library	419 KB
opencv_core2413.lib	2017/7/31 21:54	Object File Library	489 KB
opencv_core2413d.lib	2017/7/31 21:56	Object File Library	490 KB
opencv_features2d2413.lib	2017/7/31 21:55	Object File Library	363 KB
opencv_features2d2413d.lib	2017/7/31 21:57	Object File Library	364 KB

图　2-6

接下来看一下 list.bat 中的内容，可以看到其中仅仅只有 4 行，具体如下：

```
cd %
dir *d.lib >> debug.list
dir *3.lib >> release.list
pause
```

第一行表示在本文件夹执行此脚本，第二行表示将带 d 的库名字输出到 debug.list 的文件中，第三行表示将不带 d 的库名字输出到 release.list 中，最后一行表示执行之后进行暂停，以方便我们查看执行结果。下面再来看看生成的 debug.list 和 release.list 的内容。首先看一下 debug.list 的截图，如图 2-7 所示。

接下来是 release.list 的截图，如图 2-8 所示。

```
list.bat | release.list | debug.list | cifar10_full_sigmoid_train_test
驱动器 D 中的卷是 DATA
卷的序列号是 3AE2-7EA9

D:\tmpTest\opencv\build\x64\vc14\lib 的目录

2017/07/31  21:57           247,292 opencv_calib3d2413d.lib
2017/07/31  21:58           428,704 opencv_contrib2413d.lib
2017/07/31  21:56           501,656 opencv_core2413d.lib
2017/07/31  21:57           372,300 opencv_features2d2413d.lib
2017/07/31  21:57           126,256 opencv_flann2413d.lib
2017/07/31  21:57           529,794 opencv_gpu2413d.lib
2017/07/31  21:57           172,956 opencv_highgui2413d.lib
2017/07/31  21:57           211,318 opencv_imgproc2413d.lib
2017/07/31  21:57           534,544 opencv_legacy2413d.lib
2017/07/31  21:57           263,374 opencv_ml2413d.lib
2017/07/31  21:57           372,402 opencv_nonfree2413d.lib
2017/07/31  21:57           211,776 opencv_objdetect2413d.lib
2017/07/31  21:57           505,642 opencv_ocl2413d.lib
2017/07/31  21:57           108,576 opencv_photo2413d.lib
2017/07/31  21:58           697,438 opencv_stitching2413d.lib
2017/07/31  21:57           463,370 opencv_superres2413d.lib
2017/07/31  21:57        16,032,776 opencv_ts2413d.lib
2017/07/31  21:57           134,556 opencv_video2413d.lib
2017/07/31  21:57           469,044 opencv_videostab2413d.lib
              19 个文件     22,383,774 字节
               0 个目录 488,472,195,072 可用字节
```

图　2-7

```
list.bat | release.list | debug.list | cifar10_full_sigmoid_train_test.pr
驱动器 D 中的卷是 DATA
卷的序列号是 3AE2-7EA9

D:\tmpTest\opencv\build\x64\vc14\lib 的目录

2017/07/31  21:55           246,486 opencv_calib3d2413.lib
2017/07/31  21:56           427,432 opencv_contrib2413.lib
2017/07/31  21:54           500,094 opencv_core2413.lib
2017/07/31  21:55           371,350 opencv_features2d2413.lib
2017/07/31  21:54           125,878 opencv_flann2413.lib
2017/07/31  21:56           528,334 opencv_gpu2413.lib
2017/07/31  21:55           172,384 opencv_highgui2413.lib
2017/07/31  21:54           210,688 opencv_imgproc2413.lib
2017/07/31  21:55           532,946 opencv_legacy2413.lib
2017/07/31  21:54           262,574 opencv_ml2413.lib
2017/07/31  21:56           371,208 opencv_nonfree2413.lib
2017/07/31  21:55           211,200 opencv_objdetect2413.lib
2017/07/31  21:56           504,180 opencv_ocl2413.lib
2017/07/31  21:55           108,214 opencv_photo2413.lib
2017/07/31  21:56           695,632 opencv_stitching2413.lib
2017/07/31  21:56           461,988 opencv_superres2413.lib
2017/07/31  21:55         7,645,802 opencv_ts2413.lib
2017/07/31  21:55           134,114 opencv_video2413.lib
2017/07/31  21:56           467,660 opencv_videostab2413.lib
              19 个文件     13,978,164 字节
               0 个目录 488,472,190,976 可用字节
```

图　2-8

为了方便截取图 2-6 和图 2-7 中的内容，可以下载并安装一个 Notepad++ 软件，该软件通过 alt 键和鼠标一起配合能够进行多行多列块的截取。截取之后即可将相应内容添加到 Visual Studio 的通用配置库中，这样在用到相关文件的时候就可以自动链接 OpenCV 的函数了。选取出的内容如图 2-9 所示。

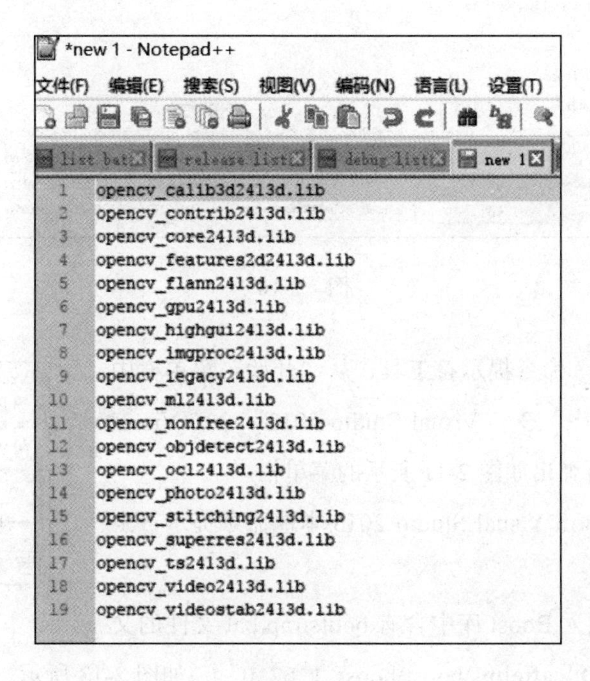

图　2-9

图 2-9 给出了 debug 库的配置库文件名称，release 与此相似，只是少了结尾的字母 d，这里不再赘述。

2.5　Boost 库的安装和编译

本节以 Boost1.62 版本为例，其他版本的编译步骤与之类似。

1）下载 Boost 库，下载网址为 http://www.boost.org/users/history/version_1_62_0.html。图 2-10 为下载 Windows 下的 Boost 库。

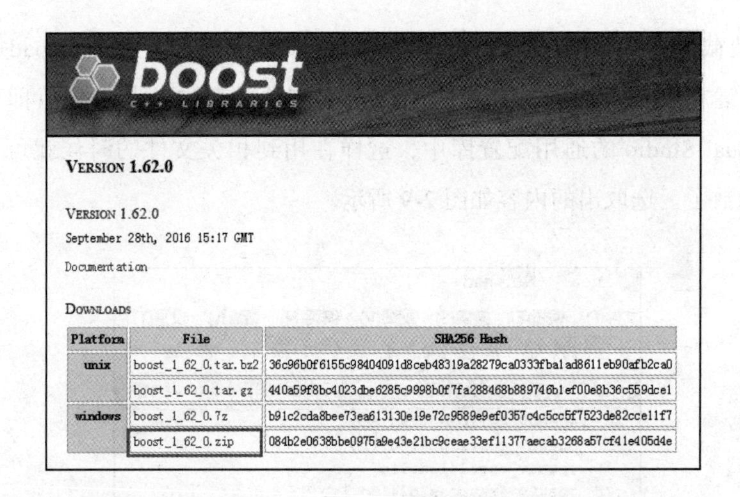

图 2-10

2）打开 VS2013 命令提示符工具，从“开始”菜单栏中依次选择“所有程序”→“Visual Studio 2013”→“Visual Studio Tools”，即可弹出如图 2-11 所示的菜单栏。

图 2-11

3）运行 Microsoft Visual Studio 2013 本地命令提示符工具，如图 2-12 所示。

4）通过命令载入 Boost 库中含有 bootstrap.bat 文件的文件夹目录（如“cd D:\caffelibs\boost\boost_1_62_0”），如图 2-13 所示。

图 2-12

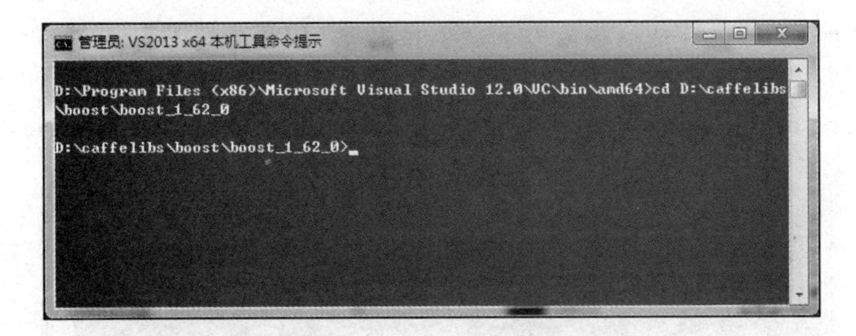

图　2-13

5）输入命令“bootstrap.bat”并执行，如图 2-14 和图 2-15 所示。

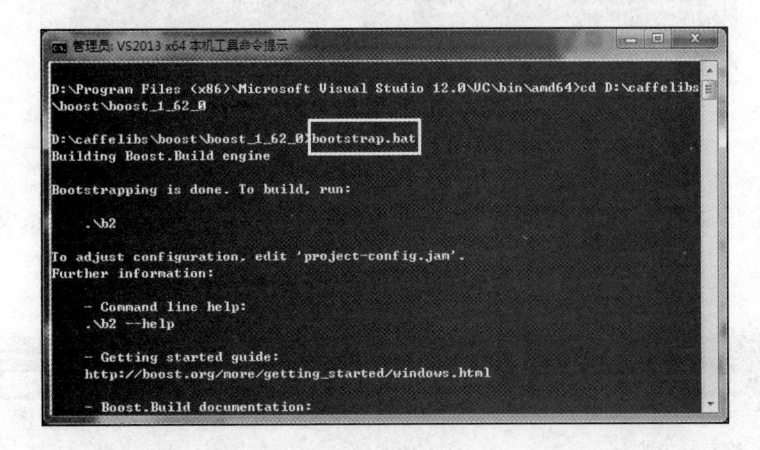

图　2-14

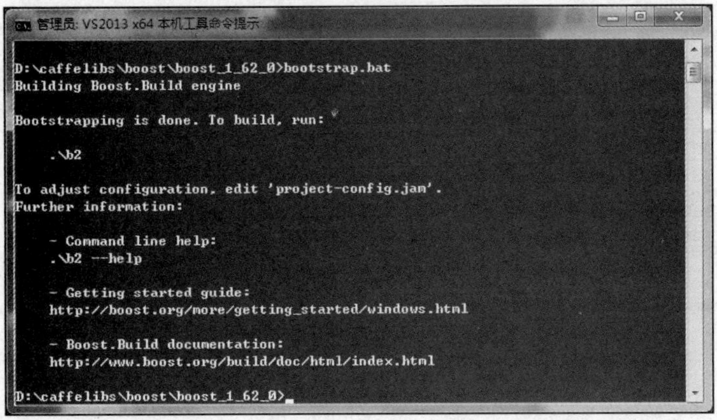

```
管理员: VS2013 x64 本机工具命令提示
D:\caffelibs\boost\boost_1_62_0>bootstrap.bat
Building Boost.Build engine

Bootstrapping is done. To build, run:

    .\b2

To adjust configuration, edit 'project-config.jam'.
Further information:

    - Command line help:
    .\b2 --help

    - Getting started guide:
    http://boost.org/more/getting_started/windows.html

    - Boost.Build documentation:
    http://www.boost.org/build/doc/html/index.html

D:\caffelibs\boost\boost_1_62_0>_
```

图　2-15

6）执行上述命令，完成后输入以下命令并执行（如图2-16所示）：

```
b2 --build-type=complete toolset=msvc-14.0 threading=multi address-model=64
```

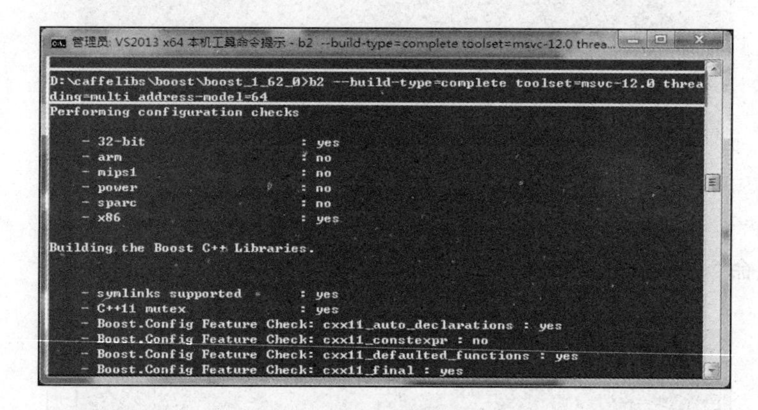

图　2-16

7）上述步骤执行完毕后，将会在Boost库文件夹中生成一个stage文件夹，如图2-17所示。

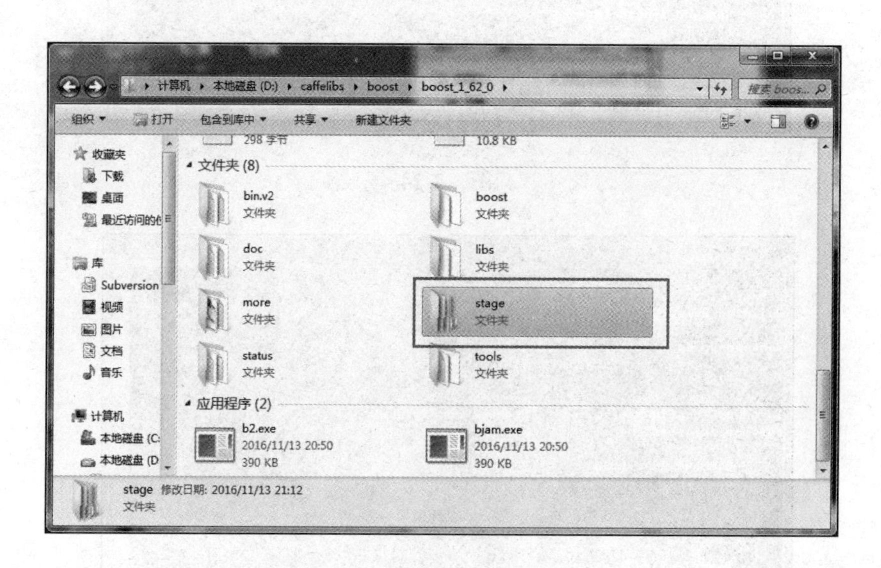

图　2-17

stage文件夹中会生成如图2-18所示的lib文件夹。

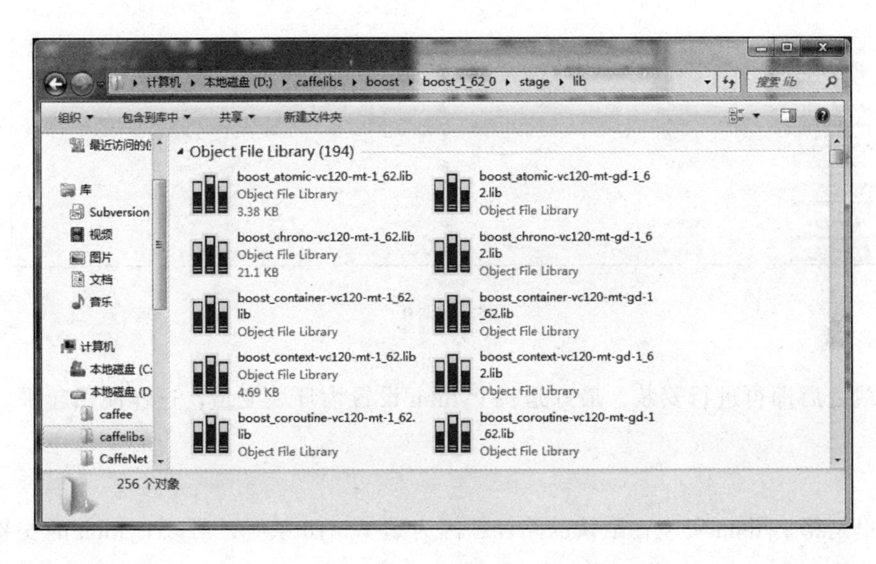

图　2-18

至此，Boost 库的库文件已经全部安装完成，可以将其复制到指定文件夹中，以方便后续使用。

这里对 Boost 库做一个简单的说明，Boost 库包含了网络库、矩阵运算库、文件系统库、图论的一些算法，还有很多 stl 并未实现的数据结构算法。这个库在深度学习中可能会较多地使用文件系统库和字符串操作等库，配合 OpenCV 可以进行各种各样的数据生成的工具级的编码，当然也可以编写一些代码用于对自己训练的数据进行测试等。

2.6　Python 相关库的安装

首先打开 https://www.python.org/getit/ 网址，从中我们可以看到各个版本的发布时间，然后选择一个进行下载，请务必记住我们需要下载 Python 的 x64 版本，因为只有这样才能配合 Caffe 进行使用。当前情况下，最好是下载被标记版本的 Python，比如，Python 的 3.5 版本和 Python 的 2.7 版本（如图 2-19 所示），目前这两个大的版本兼容 Caffe 都没有问题。

Python 3.6.2	2017-07-17	Download	Release Notes
Python 3.6.1	2017-03-21	Download	Release Notes
Python 3.4.6	2017-01-17	Download	Release Notes
Python 3.5.3	2017-01-17	Download	Release Notes
Python 3.6.0	2016-12-23	Download	Release Notes
Python 2.7.13	2016-12-17	Download	Release Notes
Python 3.4.5	2016-06-27	Download	Release Notes
Python 3.5.2	2016-06-27	Download	Release Notes

图 2-19

下载之后即可进行安装，最好是将 Python 设置为环境变量，这样使用起来会比较方便。

这里是将 Python 安装在默认的路径，因为是 Win10 系统，所以 Python 的安装路径为 C:\Users\seeta0\AppData\Local\Programs\Python\Python36。

pip 作为 Python 官方推荐的第三方库的安装工具，我们需要简单学习一下 pip 的使用方法，pip 在 Scripts 文件夹中。

打开 Caffe 在 Windows 下安装的工程，将其中的 caffe.cpp 去掉，具体操作如图 2-20 所示。

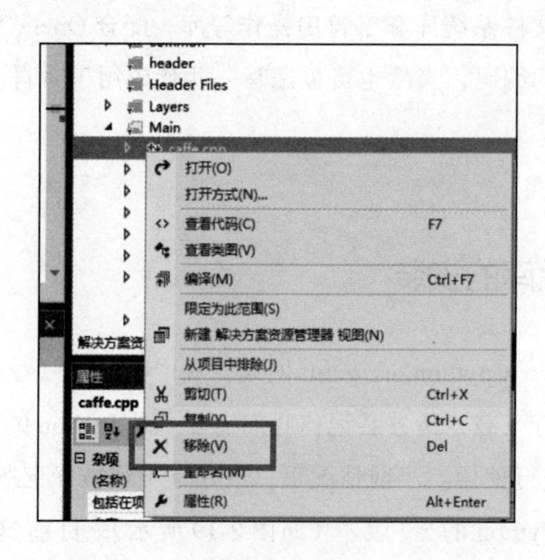

图 2-20

然后添加 Python 的对应代码，将“ _caffe.cpp”文件加入工程，并将工程修改为 dll 工程，具体操作如图 2-21 所示。

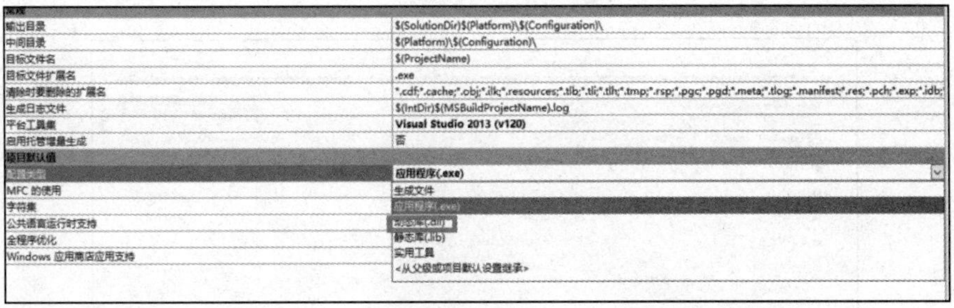

图 2-21

之后再将文件的后缀名也修改掉，将文件后缀改为“ .pyd”，这个后缀是使用 Boost 封装 Python 接口所特有的。具体操作如图 2-22 所示。

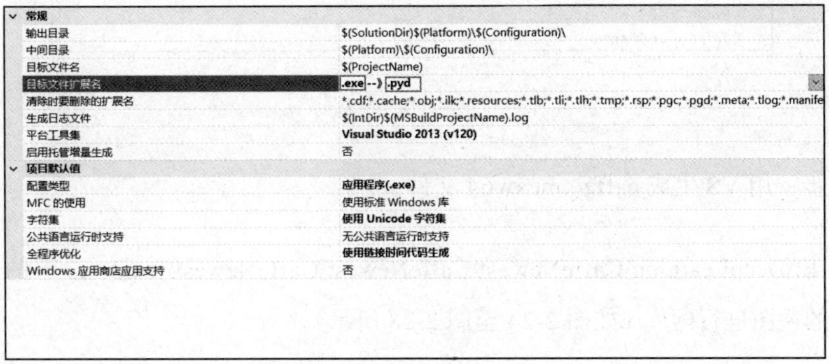

图 2-22

之后再利用前文中提到的方法，将 Python 的头文件路径和库路径加入工程中即可，这一过程在此就不再赘述了。

2.7 MATLAB 接口的配置

在配置 MATLAB 接口的同时，本节将会向大家介绍如何配置一个人脸检测多任务的程序，https://github.com/kpzhang93/MTCNN_face_detection_alignment。

下载界面的相关截图如图 2-23 所示。

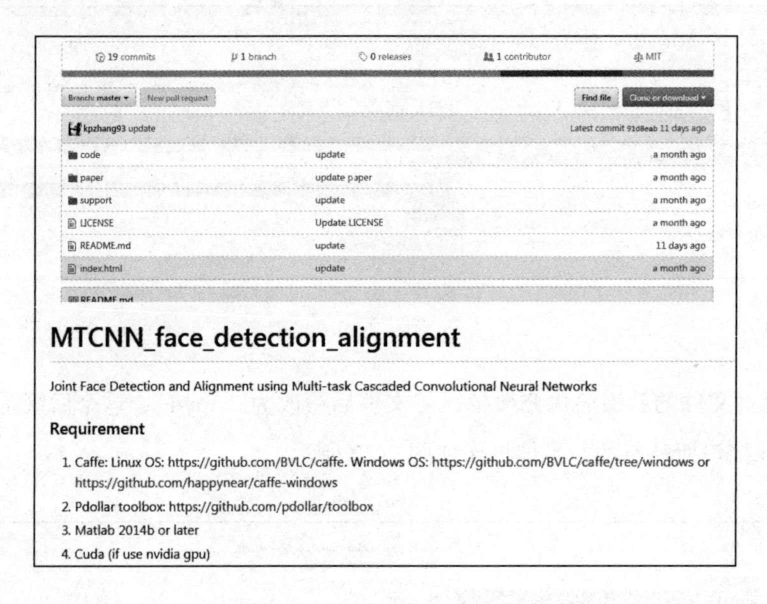

图　2-23

第一步：用 VS 生成 caffe_.mexw64 文件。

打开 E:\DeepLearning\CaffeNewest\CaffeNewest\CaffeNewest\windows 下的 caffe.sln，并按下面的截图进行配库（如图 2-24 至图 2-28 所示）。

图　2-24

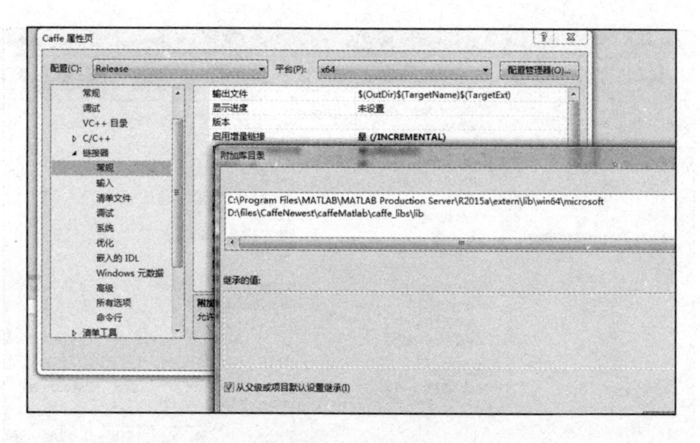

图 2-25

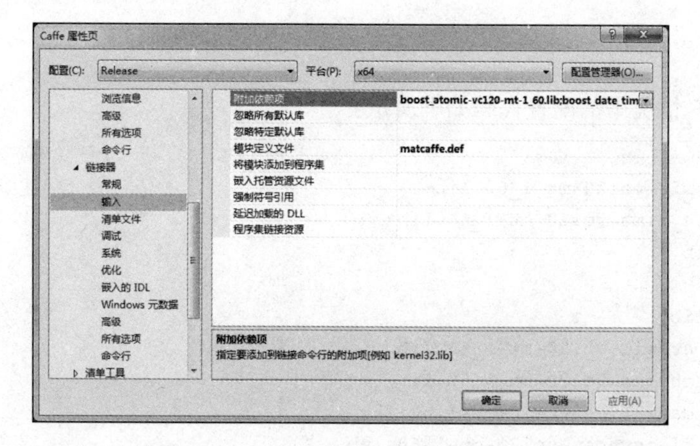

图 2-26

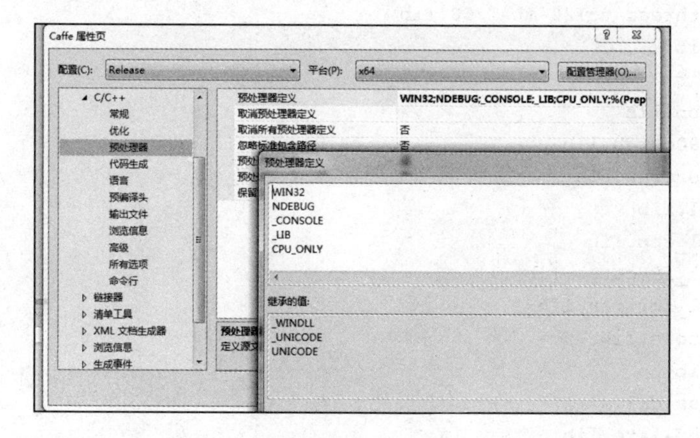

图 2-27

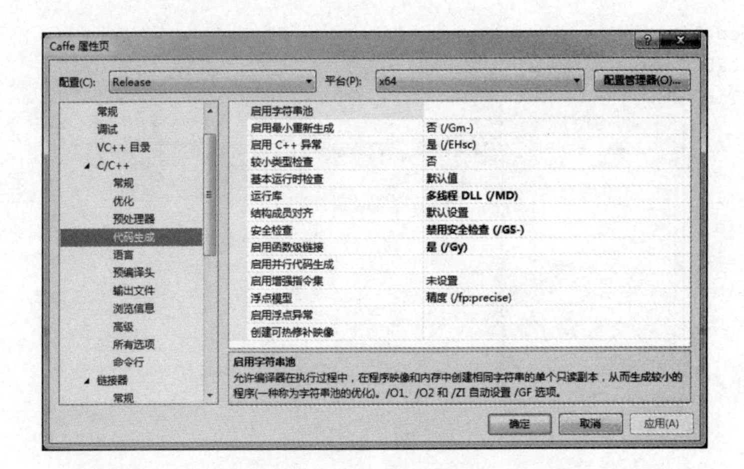

图 2-28

RELEASE 情况下的配置代码如下所示：

```
boost_atomic-vc120-mt-1_60.lib
boost_date_time-vc120-mt-1_60.lib
gflags.lib
gmock.lib
leveldb.lib
libboost_atomic-vc120-mt-1_60.lib
libboost_chrono-vc120-mt-1_60.lib
libboost_date_time-vc120-mt-1_60.lib
libboost_filesystem-vc120-mt-1_60.lib
libboost_system-vc120-mt-1_60.lib
libboost_thread-vc120-mt-1_60.lib
libglog.lib
libhdf5.lib
libhdf5_cpp.lib
libhdf5_f90cstub.lib
libhdf5_fortran.lib
libhdf5_hl.lib
libhdf5_hl_cpp.lib
libhdf5_hl_f90cstub.lib
libhdf5_hl_fortran.lib
libhdf5_tools.lib
liblmdb.lib
libopenblas.dll.a
libprotobuf-lite.lib
libprotobuf.lib
```

```
libprotocd.lib
libszip.lib
libzlib.lib
opencv_core2413.lib
opencv_highgui2413.lib
opencv_imgproc2413.lib
snappy.lib
shlwapi.lib
libmex.lib
libmat.lib
libmx.lib
libut.lib
```

DEBUG 下的配置代码如下所示：

```
boost_atomic-vc120-mt-1_60.lib
boost_date_time-vc120-mt-1_60.lib
gflags_d.lib
leveldbd.lib
libboost_atomic-vc120-mt-gd-1_60.lib
libboost_chrono-vc120-mt-gd-1_60.lib
libboost_date_time-vc120-mt-gd-1_60.lib
libboost_filesystem-vc120-mt-gd-1_60.lib
libboost_system-vc120-mt-gd-1_60.lib
libboost_thread-vc120-mt-gd-1_60.lib
libglog_d.lib
liblmdb_d.lib
libprotobufd.lib
libprotocd.lib
opencv_core2413d.lib
opencv_highgui2413d.lib
opencv_imgproc2413d.lib
snappy_d.lib
hdf5.lib
hdf5_cpp.lib
hdf5_f90cstub.lib
hdf5_fortran.lib
hdf5_hl.lib
hdf5_hl_cpp.lib
hdf5_hl_f90cstub.lib
hdf5_hl_fortran.lib
hdf5_java.lib
hdf5_tools.lib
```

```
libgfortran.dll.a
libopenblas.dll.a
libprotobuf-lite.lib
libprotobuf-lited.lib
libprotobuf.lib
gmock.lib
szip.lib
zlib.lib
shlwapi.lib
libmex.lib
libmat.lib
libmx.lib
libut.lib
```

因为需要使用MATLAB，所以需要将MATLAB的头文件路径和Caffe中MATLAB的路径都添加到工程文件中，如图2-29所示。

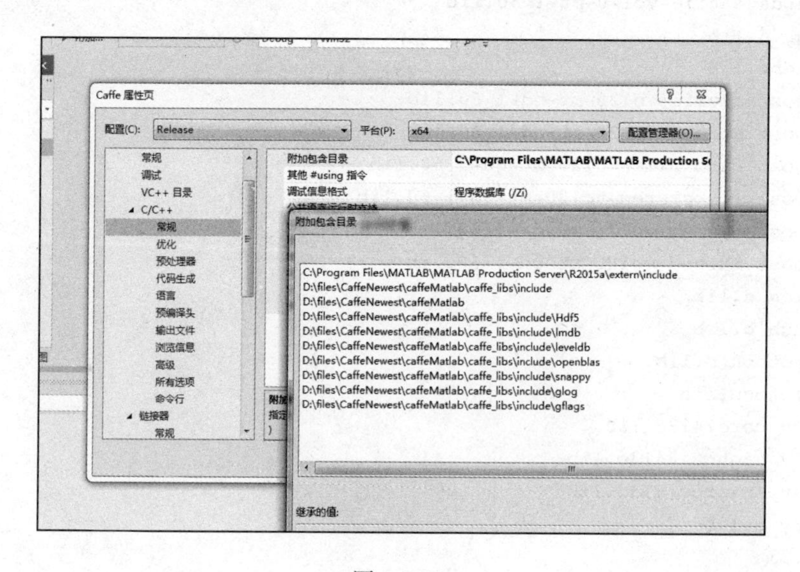

图　2-29

第二步：把生成的文件放入D:\files\CaffeNewest\CaffeNewest\matlab\+caffe\private中，并按照下面的步骤进行操作。

1）配置MATLAB接口。

Caffe在这里的解压路径为：D:\DLlibrary\CaffeNewest\CaffeNewest\CaffeNewest，Caffe

的根目录路径如图 2-30 所示。

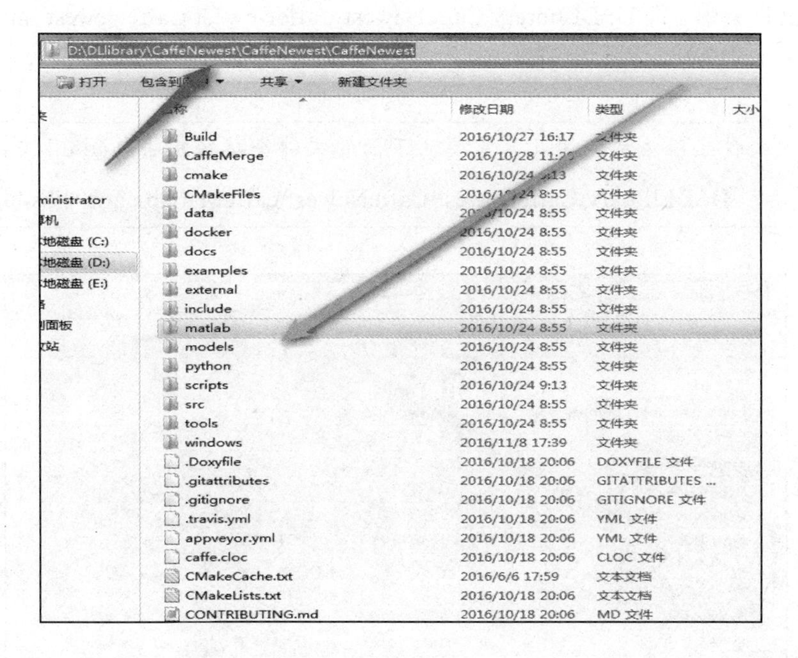

图　2-30

2）找到 caffe_.mexw64。

caffe_.mexw64 的路径为 D:\DLlibrary\CaffeNewest\CaffeNewest\CaffeNewest \matlab\ + caffe\private，如图 2-31 所示。

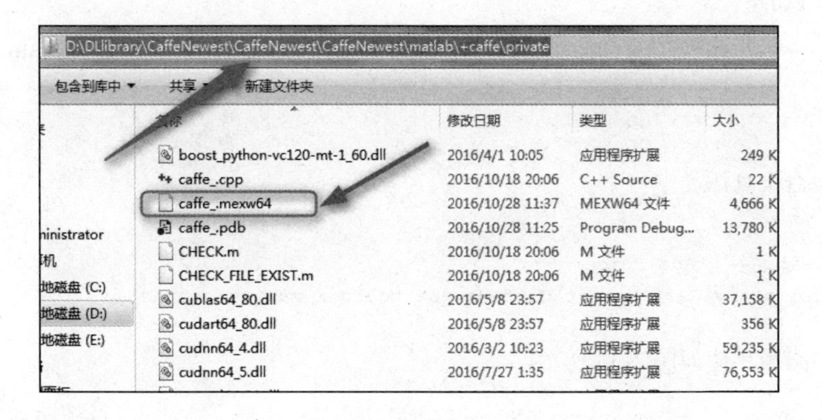

图　2-31

将“\Build\x64\Debug”下所有的链接文件（也就是dll文件）也复制到如图2-31所示路径的文件夹中，即D:\DLlibrary\CaffeNewest\CaffeNewest\CaffeNewest \matlab\+caffe \private。

注意：由于文件已经生成，因此只需要从下面的文件夹路径中去复制dll文件即可（如图2-32所示）：D:\DLlibrary\CaffeNewest\CaffeNewest\caffeMatlab\caffe_libs\bin

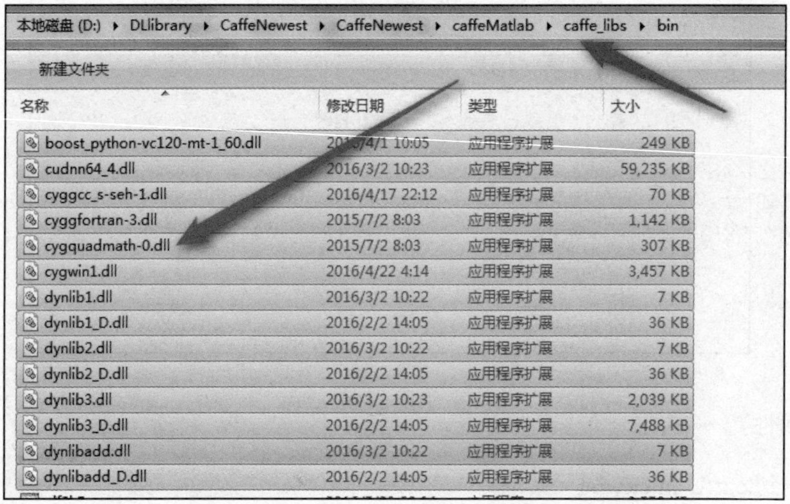

图　2-32

3）添加路径。

首先，添加函数工具的路径：D:\DLlibrary\CaffeNewest\CaffeNewest\toolbox-master\channels。

操作命令具体如下：

```
Set Path---→Add Folder-→
D:\DLlibrary\CaffeNewest\CaffeNewest\toolbox-master\channels
```

添加路径具体如图2-33所示。

接下来，同理添加MATLAB路径，命令如下：

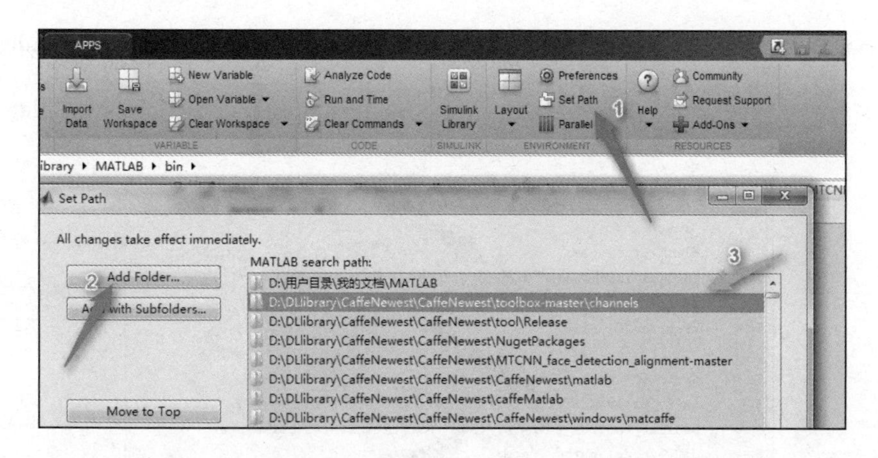

图　2-33

```
Set Path---→Add
Folder-→D:\DLlibrary\CaffeNewest\CaffeNewest\CaffeNewest\matlab
```

若有 GPU，则接下来是设置系统变量。

将 release 加入系统变量（这一步是 GPU 所需要的），操作步骤为右键选择“我的电脑”→“属性”→“高级”→“环境变量”，如图 2-34 所示。

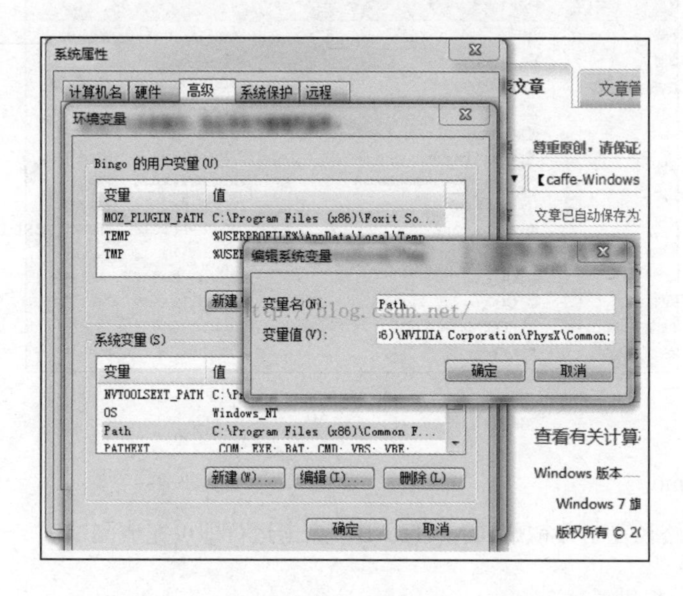

图　2-34

然后重启计算机，使环境变量生效。这一点与原文不同，最后运行演示文件（demo）。

接下来就是修改 demo.m 内的路径（如图 2-35 和图 2-36 所示）。

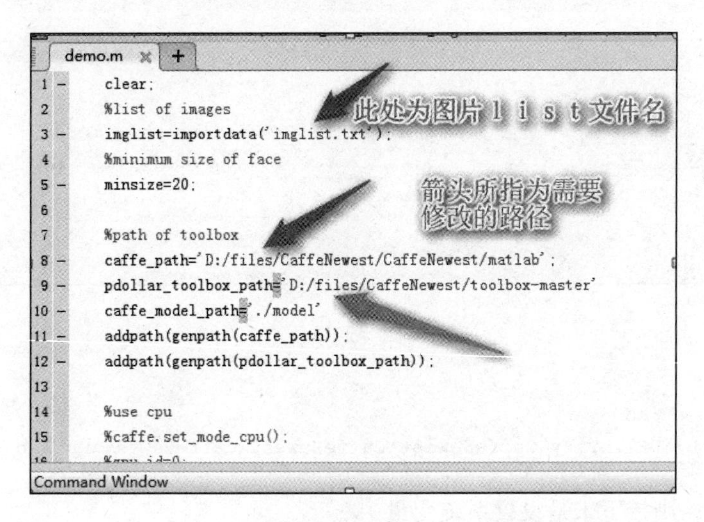

图　2-35

图　2-36

4）测试 demo。

找到 demo 路径复制并粘贴到 MATLAB，点击运行即可完成测试。

demo 的路径为 D:\DLlibrary\CaffeNewest\CaffeNewest\MTCNN_face_detection_ alignment- master\code\codes\MTCNNv2，如图 2-37 所示。

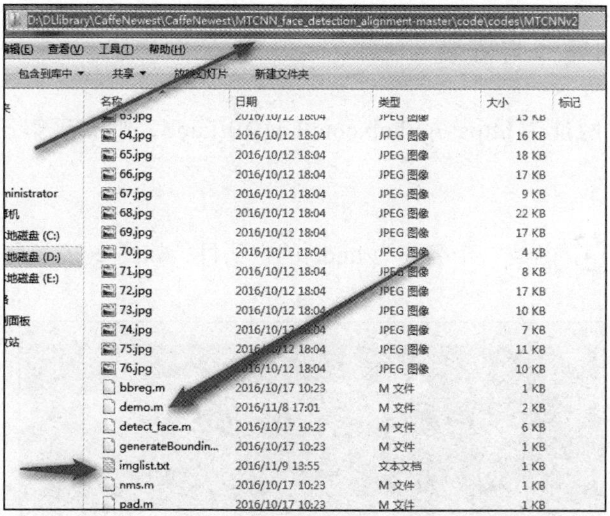

图 2-37

粘贴到 MATLAB 中之后点击运行，如图 2-38 所示。

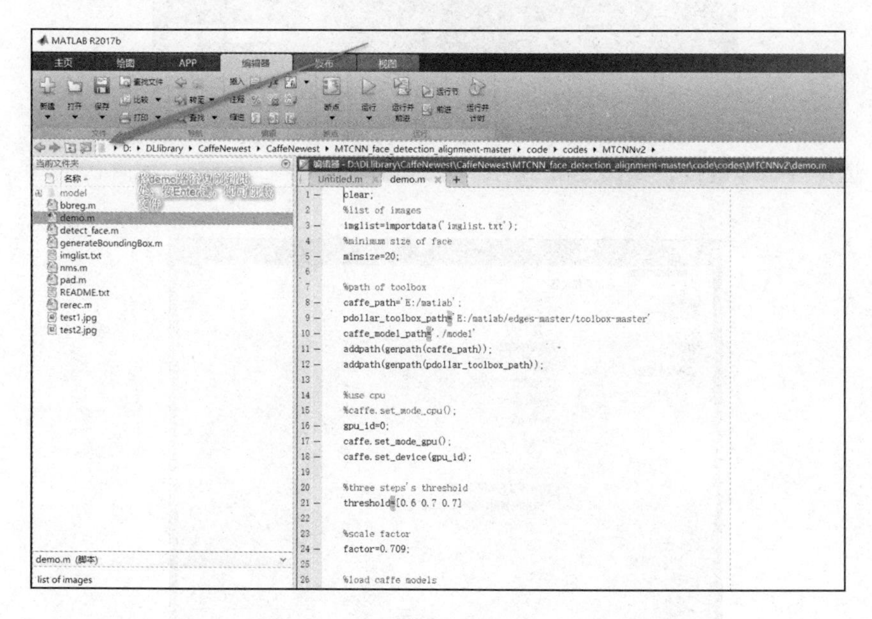

图 2-38

最终你将会得到人脸检测的具体方框，还可以看到加上了人脸框的图片显示。

2.8　其他库的安装

2.8.1　LMDB 的编译与安装

LMDB 的下载网址为 https://github.com/LMDB/lmdb，下载后解压缩，编译 LMDB 的过程如下。

1）打开 VS2013，新建一个名称为 lmdb 的空项目，如图 2-39 所示。

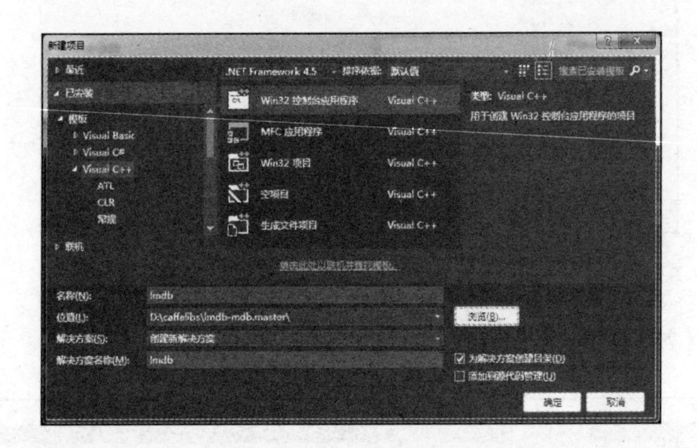

图　2-39

2）选择静态库链接，如图 2-40 所示。

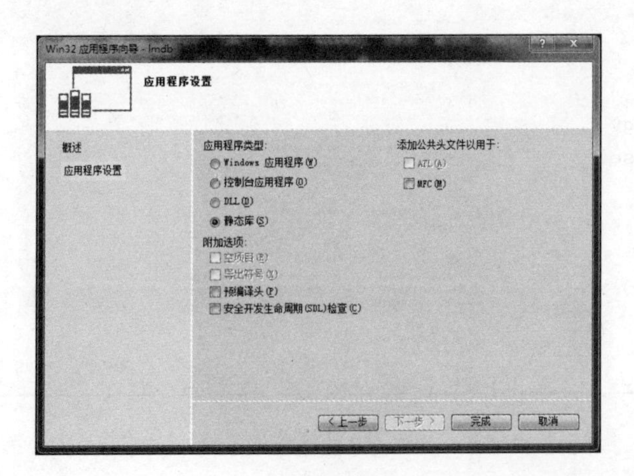

图　2-40

3）将 lmdb 中的以下几个“.c”文件和“.h”文件加入到此项目中，如图 2-41 所示。

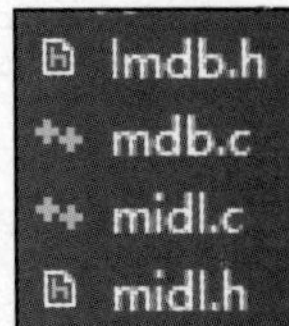

图 2-41

4）在刚才建立的工程中新建 getopt.c 和 getopt.h 的文件，添加如下代码。

```
getopt.c
#include <stdio.h>
#include <stdlib.h>
#include <string.h>
#include "getopt.h"
static const char* ID = "$Id: getopt.c,v 1.2 2003/10/26 03:10:20 vindaci Exp $";

char* optarg = NULL;
int optind = 0;
int opterr = 1;
int optopt = '?';
static char** prev_argv = NULL;
static int prev_argc = 0;
static int argv_index = 0;
static int argv_index2 = 0;
static int opt_offset = 0;
static int dashdash = 0;
static int nonopt = 0;
static void increment_index()
{
    if (argv_index < argv_index2)
    {
        while (prev_argv[++argv_index] && prev_argv[argv_index][0] != '-'
            && argv_index < argv_index2 + 1);
    }
    else argv_index++;
    opt_offset = 1;
}
static int permute_argv_once()
{
    if (argv_index + nonopt >= prev_argc) return 1;
    else
    {
        char* tmp = prev_argv[argv_index];

        memmove(&prev_argv[argv_index], &prev_argv[argv_index + 1],
            sizeof(char**) * (prev_argc - argv_index - 1));
```

```
            prev_argv[prev_argc - 1] = tmp;
            nonopt++;
            return 0;
        }
    }
    int getopt(int argc, char** argv, char* optstr)
    {
        int c = 0;
        if (prev_argv != argv || prev_argc != argc)
        {
            prev_argv = argv;
            prev_argc = argc;
            argv_index = 1;
            argv_index2 = 1;
            opt_offset = 1;
            dashdash = 0;
            nonopt = 0;
        }
    getopt_top:
        optarg = NULL;
        if (argv[argv_index] && !strcmp(argv[argv_index], "--"))
        {
            dashdash = 1;
            increment_index();
        }
        if (argv[argv_index] == NULL)
        {
            c = -1;
        }
         else if (dashdash || argv[argv_index][0] != '-' || !strcmp(argv[argv_
index], "-"))
        {
            if (optstr[0] == '-')
            {
                c = 1;
                optarg = argv[argv_index];
                increment_index();
            }
            else if (optstr[0] == '+' || getenv("POSIXLY_CORRECT"))
            {
                c = -1;
                nonopt = argc - argv_index;
            }
```

```
        else
        {
            if (!permute_argv_once()) goto getopt_top;
            else c = -1;
        }
    }
    else
    {
        char* opt_ptr = NULL;
        c = argv[argv_index][opt_offset++];
        if (optstr[0] == '-') opt_ptr = strchr(optstr + 1, c);
        else opt_ptr = strchr(optstr, c);
        if (!opt_ptr)
        {
            if (opterr)
            {
                fprintf(stderr, "%s: invalid option -- %c\n", argv[0], c);
            }
            optopt = c;
            c = '?';
            increment_index();
        }
        else if (opt_ptr[1] == ':')
        {
            if (argv[argv_index][opt_offset] != '\0')
            {
                optarg = &argv[argv_index][opt_offset];
                increment_index();
            }
            else if (opt_ptr[2] != ':')
            {
                if (argv_index2 < argv_index) argv_index2 = argv_index;
                while (argv[++argv_index2] && argv[argv_index2][0] == '-');
                optarg = argv[argv_index2];
                if (argv_index2 + nonopt >= prev_argc) optarg = NULL;
                increment_index();
            }
            else
            {
                increment_index();
            }
            if (optarg == NULL && opt_ptr[2] != ':')
            {
```

```
                optopt = c;
                c = '?';
                if (opterr)
                {
                    fprintf(stderr, "%s: option requires an argument -- %c\n",
                        argv[0], optopt);
                }
            }
        }
        else
        {
            if (argv[argv_index][opt_offset] == '\0')
            {
                increment_index();
            }
        }
    }

    if (c == -1)
    {
        optind = argc - nonopt;
    }
    else
    {
        optind = argv_index;
    }
    return c;
}
```

getopt.h

```
#ifndef GETOPT_H_
#define GETOPT_H_

#ifdef __cplusplus
extern "C" {
#endif
    extern char* optarg;
    extern int optind;
    extern int opterr;
    extern int optopt;
    int getopt(int argc, char** argv, char* optstr);
#ifdef __cplusplus
}
#endif
```

```
#endif
```

Unistd.h

```
#ifndef _UNISTD_H
#define _UNISTD_H
#include <io.h>
#include <process.h>
#endif
/* _UNISTD_H */
```

5）配置 x64 选项，如图 2-42 所示。

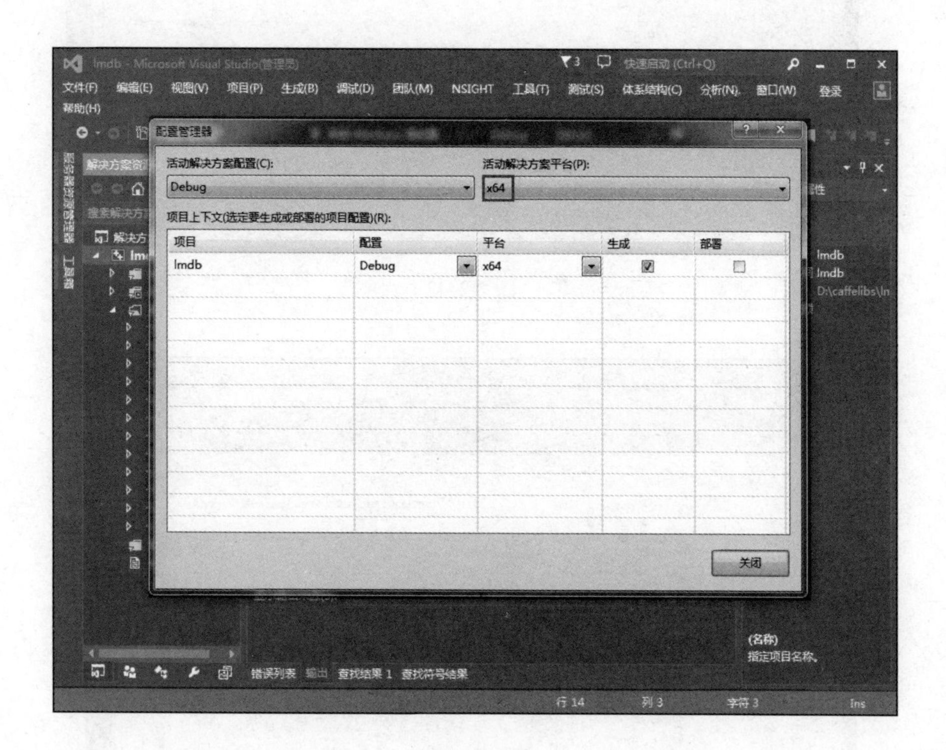

图　2-42

6）修改属性，将 C/C++ 下的 SDL 检查设置为否（/sdl-），如图 2-43 所示。

7）添加到预处理定义宏，如图 2-44 所示。

8）开始编译，如图 2-45 所示。

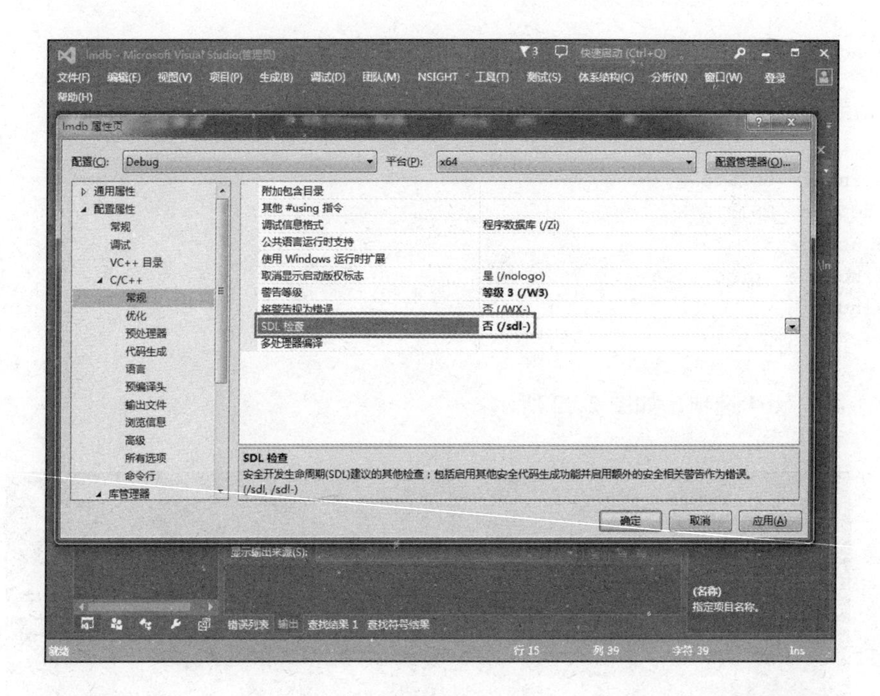

图　2-43

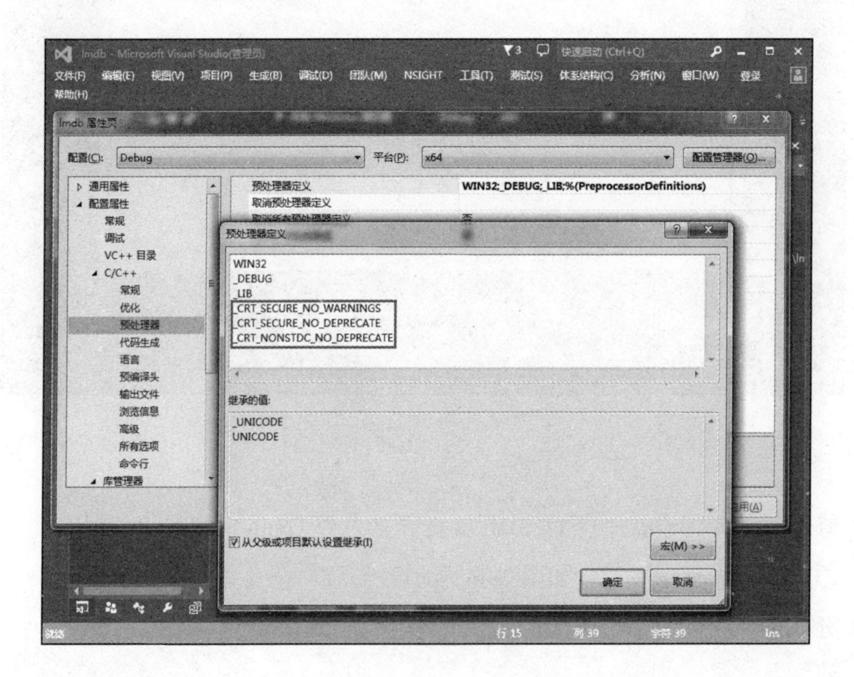

图　2-44

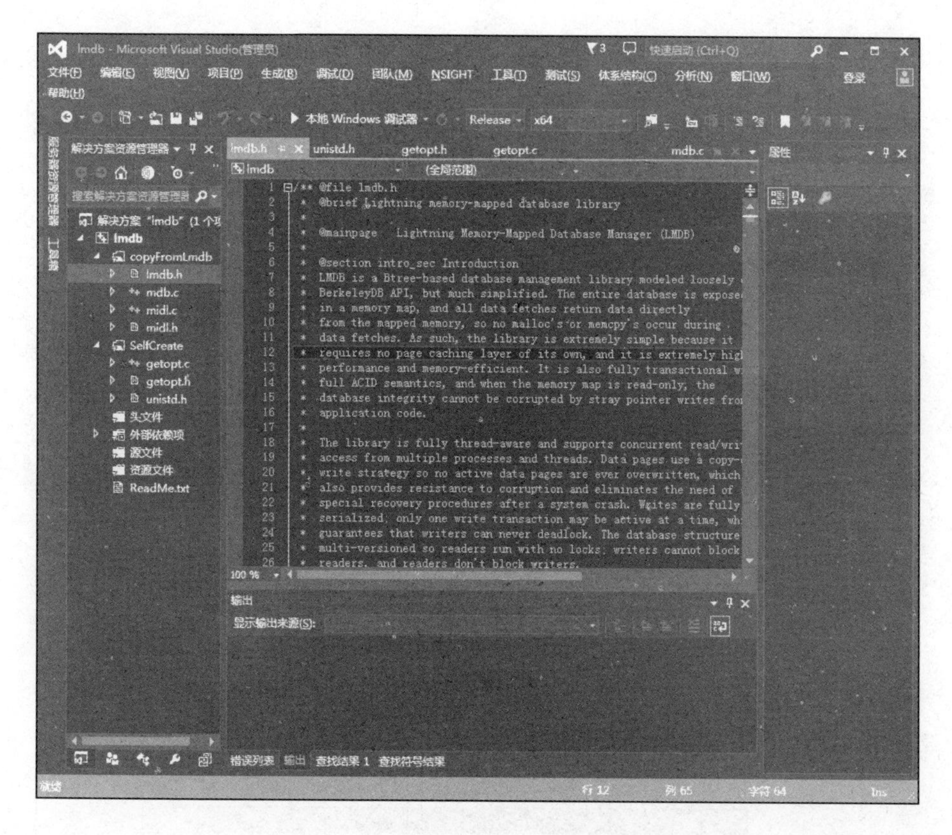

图　2-45

9）分别在 Debug 和 Release 下编译，生成 lmdb.lib 库（如图 2-46 所示），并将该库与相应的头文件复制到相应的目录下，至此，LMDB 的编译完成。

图　2-46

2.8.2　LevelDB 的编译与安装

1）打开 Visual Studio，依次选择“新建”→“项目”，然后在“从现有代码文件创建新项目”中选择 \leveldb-windows 目录，将项目名设置为 leveldb，点击“下一步”，如图 2-47 所示。

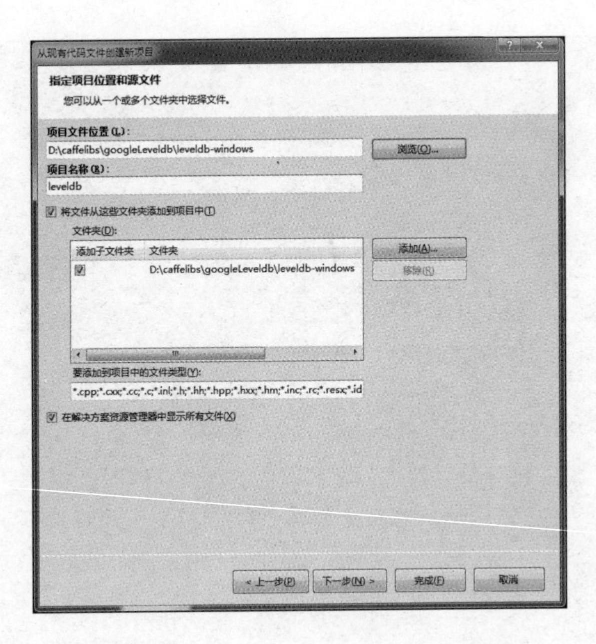

图　2-47

2）在如图 2-48 所示的界面中，项目类型选择“静态 (LIB) 项目”，并点击“下一步”。

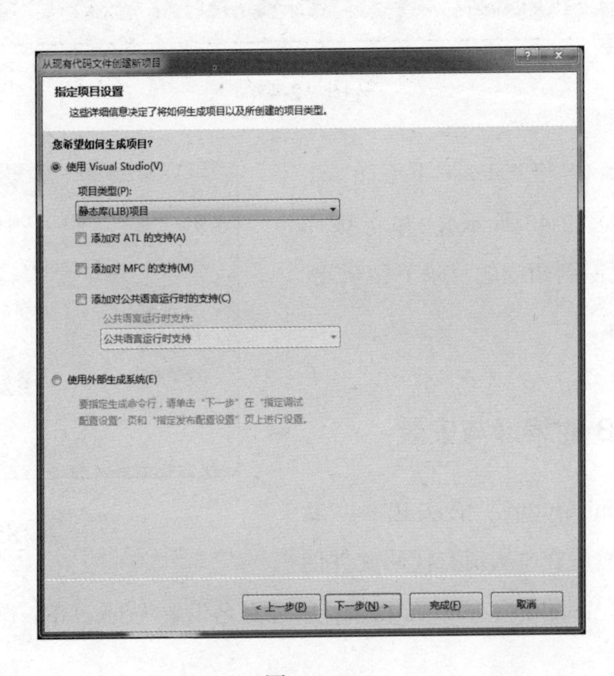

图　2-48

3）添加预处理定义。打开项目属性，在预处理定义中添加 LEVELDB_PLATFORM_WINDOWS 和 OS_WIN，如图 2-49 所示。

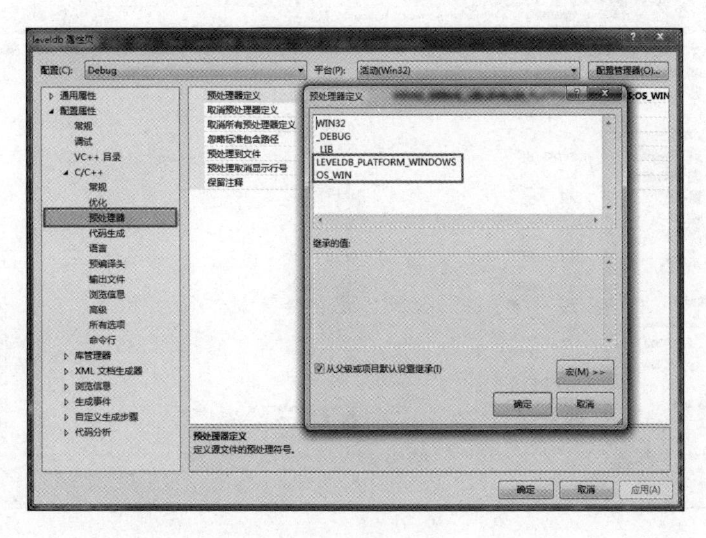

图　2-49

4）添加包含目录。打开项目属性，在 VC++ 目录中添加 leveldb-windows 的目录和该目录下的 include 目录，以及 Boost 库目录，如图 2-50 所示。

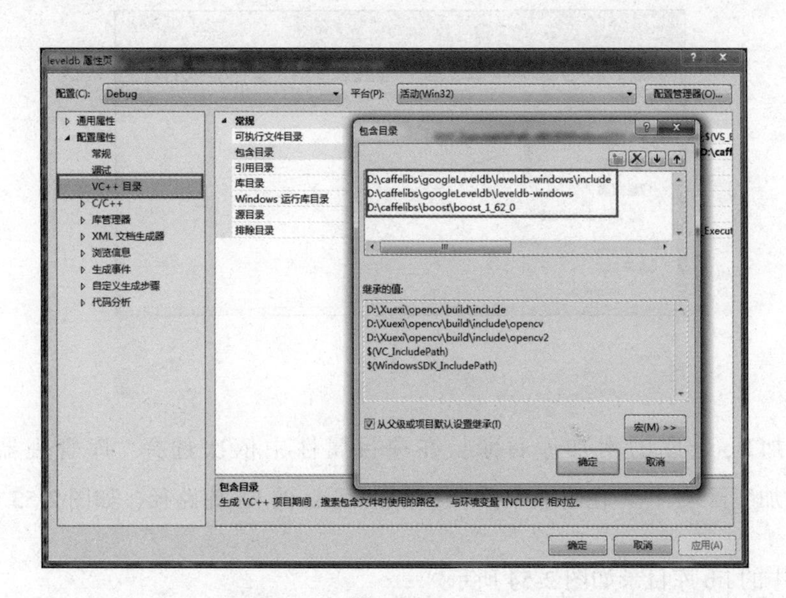

图　2-50

Boost 库中的 include 目录如图 2-51 所示。

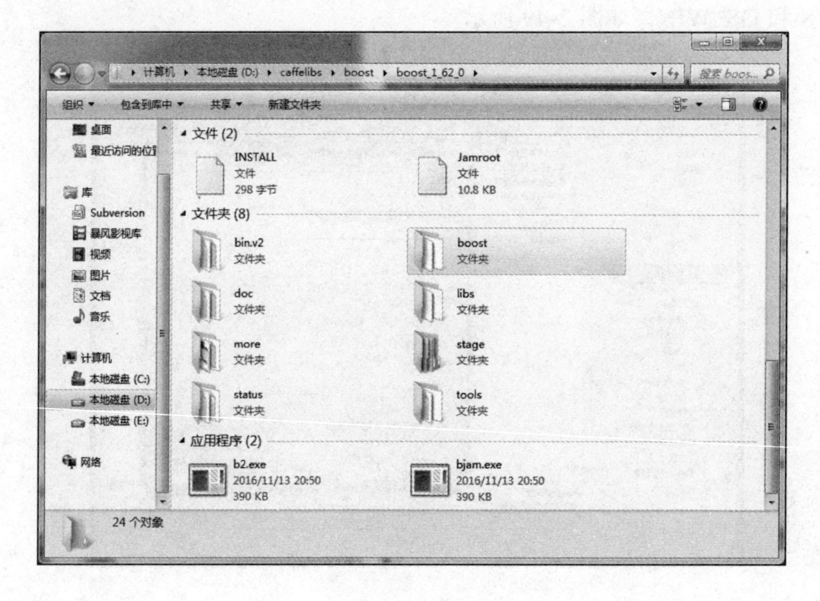

图　2-51

leveldb-windows 中的 include 目录如图 2-52 所示。

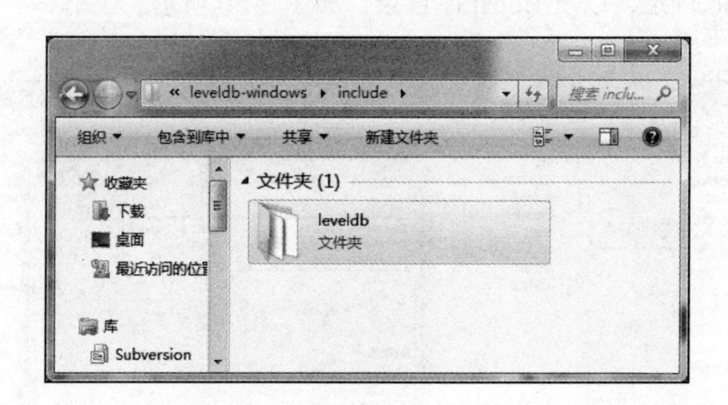

图　2-52

5）添加 Boost 库的附加库目录。在项目属性中依次选择“库管理器”→“常规”→“附加库目录”，并在附加库目录中添加 Boost 的 lib 库路径，如图 2-53 所示。

Boost 中的 lib 库目录如图 2-54 所示。

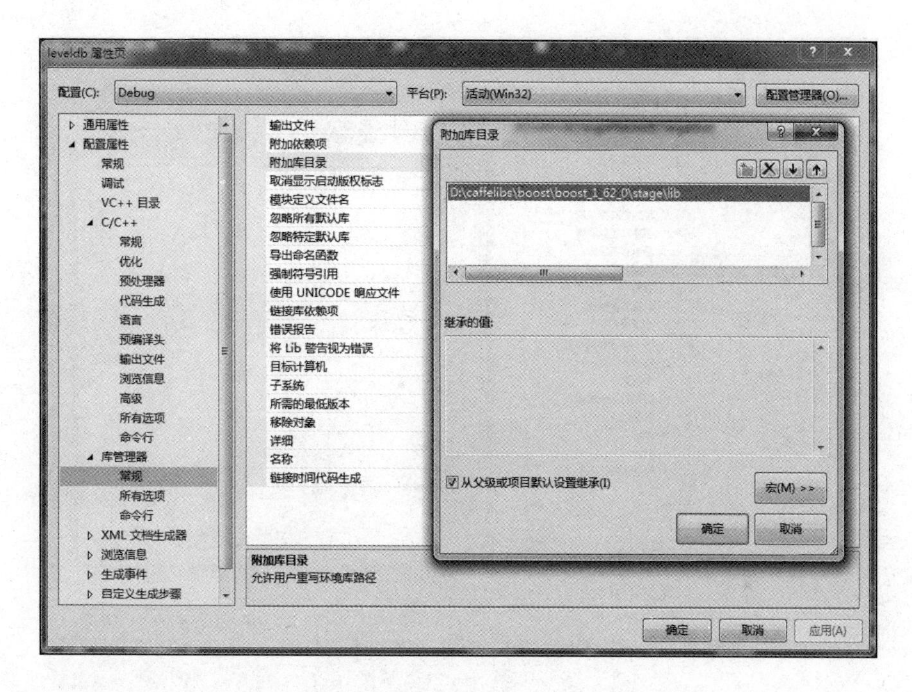

图　2-53

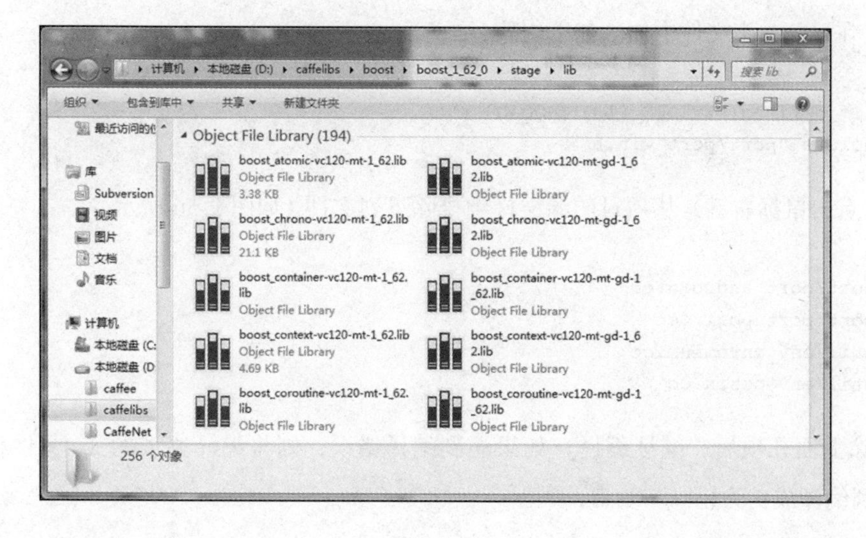

图　2-54

6）添加附加依赖项。在项目属性中依次选择“库管理器”→“常规”→“附加依赖项”，并在附加依赖项中添加 Boost 库中的 libboost_date_time-vc120-mt-1_62.lib 库，如图 2-55 所示。

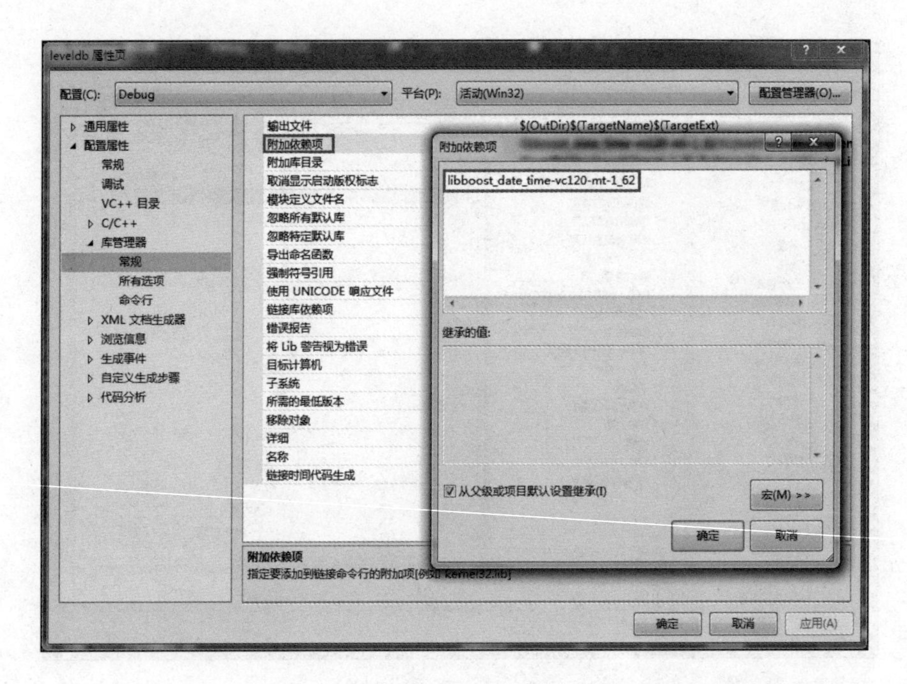

图 2-55

7）在 port.h 头文件中加入如下内容：

```
#elif defined(LEVELDB_PLATFORM_WINDOWS)
#include "port/port_win.h"
```

8）点击鼠标右键，从项目的源文件中排除下列文件（如图 2-56 所示）：

```
- port/port_android.cc
- port/port_posix.cc
- util/env_chromium.cc
- util/env_posix.cc
```

移除上面几项后，继续编译，如果遇到编译错误，则将编译错误的 .cc 文件移除出击，直到编译成功为止。

LevelDB 库是由 Google 公司开源的一个内存类型的数据库，多用作为服务器日志系统的记录库，以方便进行结构化处理，LevelDB 库本身是一个轻量级的库，所以使用起来非常方便。

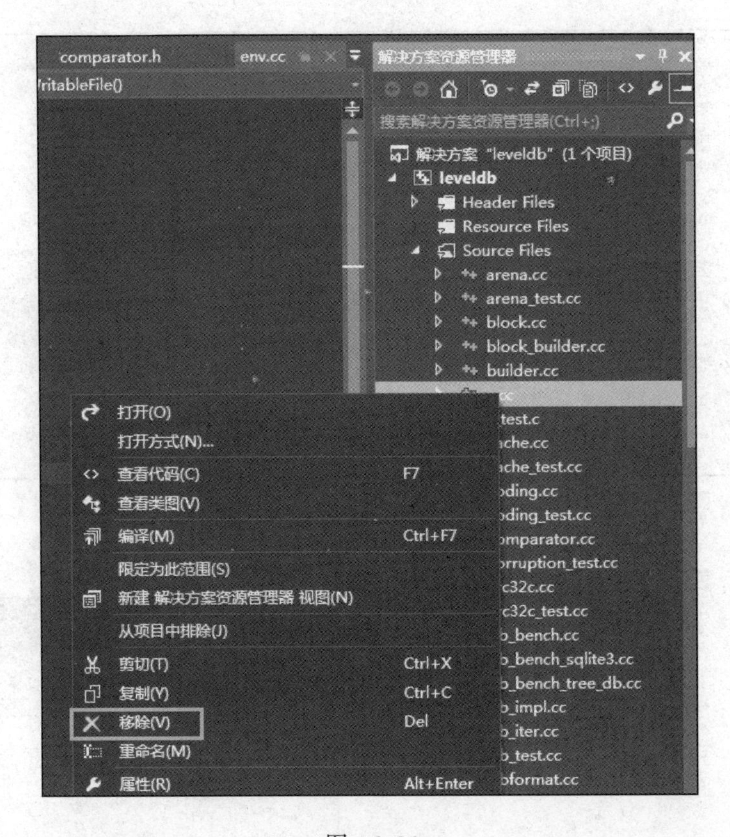

图　2-56

2.8.3　glog 的编译与安装

编译 glog 之前需要使用 CMake 建立 glog 的工程。

1）编译之前请先下载 CMake（下载链接为 https://cmake.org/download/）。打开 CMake 网站之后可以看到图 2-57。

如果是 64 位系统，那么请下载图 2-57 中的 x64 安装包；如果是 32 位系统，那么可以下载 x86 安装包并解压。CMake 解压之后可以看到如图 2-58 所示的 5 个文件夹。

2）打开 CMake 文件夹中的 bin 文件夹，双击 cmake-gui.exe，会出现如图 2-59 所示的对话框。

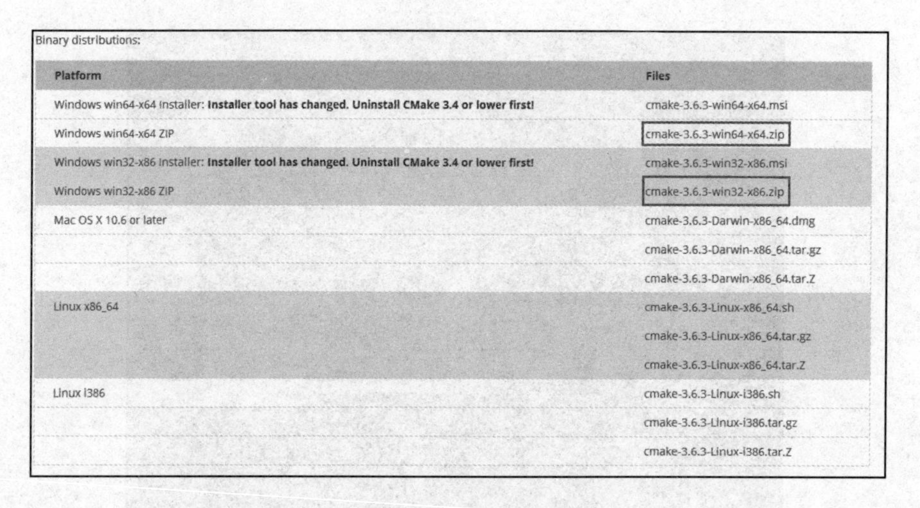

Binary distributions:

Platform	Files
Windows win64-x64 Installer: **Installer tool has changed. Uninstall CMake 3.4 or lower first!**	cmake-3.6.3-win64-x64.msi
Windows win64-x64 ZIP	cmake-3.6.3-win64-x64.zip
Windows win32-x86 Installer: **Installer tool has changed. Uninstall CMake 3.4 or lower first!**	cmake-3.6.3-win32-x86.msi
Windows win32-x86 ZIP	cmake-3.6.3-win32-x86.zip
Mac OS X 10.6 or later	cmake-3.6.3-Darwin-x86_64.dmg
	cmake-3.6.3-Darwin-x86_64.tar.gz
	cmake-3.6.3-Darwin-x86_64.tar.Z
Linux x86_64	cmake-3.6.3-Linux-x86_64.sh
	cmake-3.6.3-Linux-x86_64.tar.gz
	cmake-3.6.3-Linux-x86_64.tar.Z
Linux i386	cmake-3.6.3-Linux-i386.sh
	cmake-3.6.3-Linux-i386.tar.gz
	cmake-3.6.3-Linux-i386.tar.Z

图　2-57

bin
doc
man
plugins
share

图　2-58

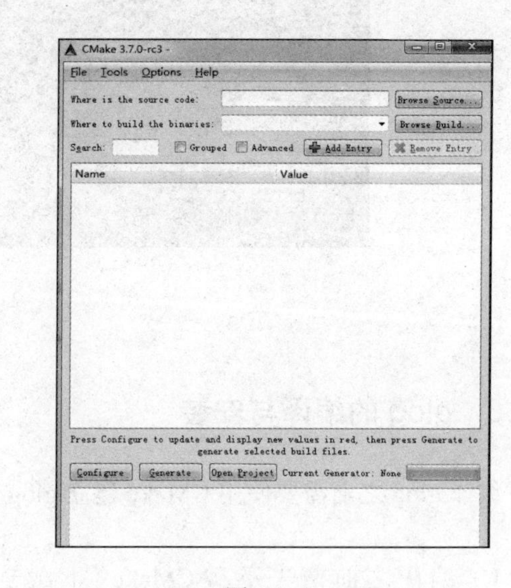

图　2-59

3）点击图 2-59 中的“Browse Source”按钮，选择 glog 源码的文件夹（注：该文件夹下含有 CMakeLists.txt 文件）。

4）点击图 2-59 中的“Browse Build”按钮，选择你要保存编译结果的文件夹（可以新建一个文件夹 build），如图 2-60 所示。

5）点击 CMake 中的“Configure”按钮，会出现图 2-61 所示的对话框。

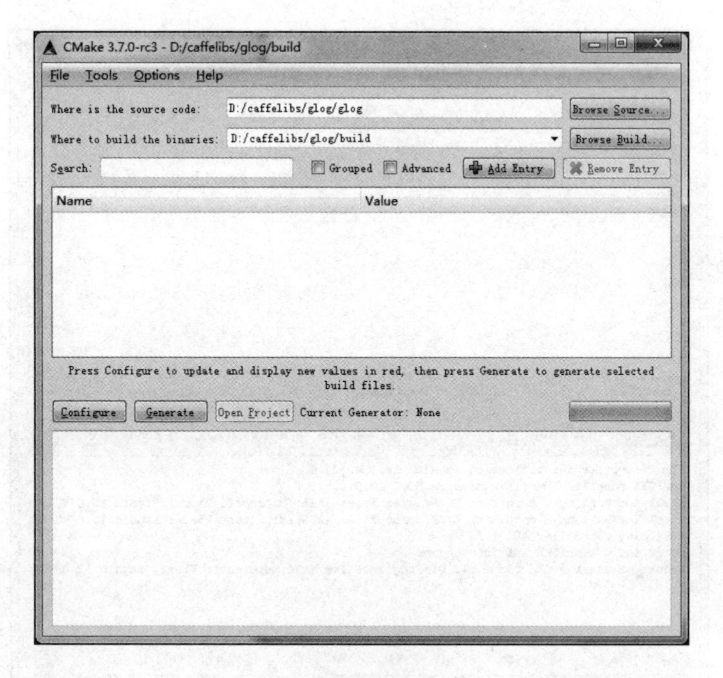

图 2-60

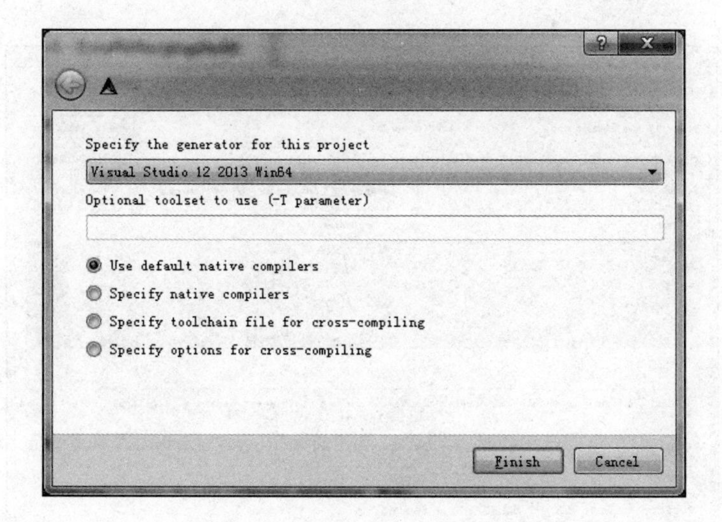

图 2-61

6）选择图 2-61 中的配置选项，并点击“Finish”按钮，会得到图 2-62 所示的界面。

7）运行完成后，点击图 2-63 中的“Generate”按钮。

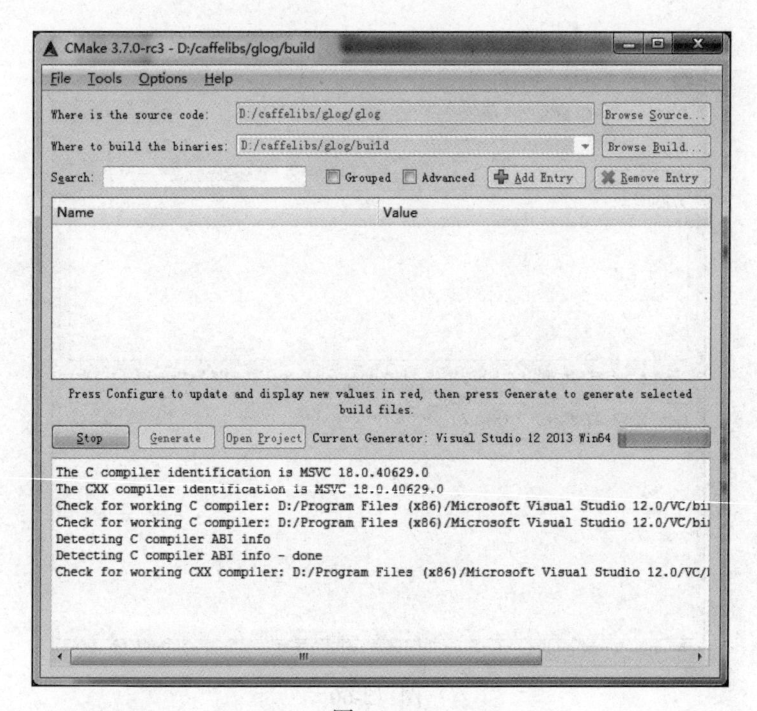
CMake 3.7.0-rc3 - D:/caffelibs/glog/build
File Tools Options Help
Where is the source code: D:/caffelibs/glog/glog
Where to build the binaries: D:/caffelibs/glog/build
Browse Source...
Browse Build...
Search:
Grouped Advanced Add Entry Remove Entry
Name Value
Press Configure to update and display new values in red, then press Generate to generate selected build files.
Stop Generate Open Project Current Generator: Visual Studio 12 2013 Win64
The C compiler identification is MSVC 18.0.40629.0
The CXX compiler identification is MSVC 18.0.40629.0
Check for working C compiler: D:/Program Files (x86)/Microsoft Visual Studio 12.0/VC/bi
Check for working C compiler: D:/Program Files (x86)/Microsoft Visual Studio 12.0/VC/bi
Detecting C compiler ABI info
Detecting C compiler ABI info - done
Check for working CXX compiler: D:/Program Files (x86)/Microsoft Visual Studio 12.0/VC/

图　2-62

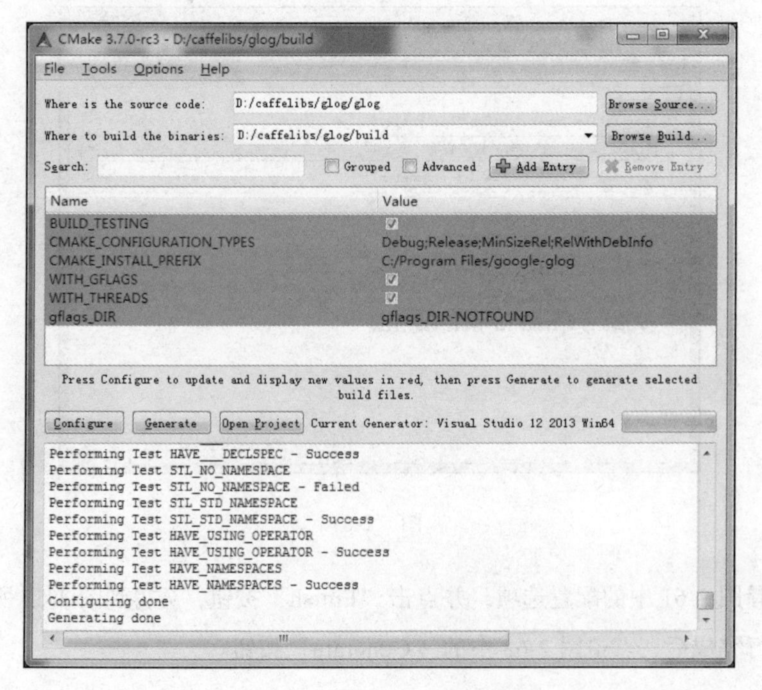
CMake 3.7.0-rc3 - D:/caffelibs/glog/build
File Tools Options Help
Where is the source code: D:/caffelibs/glog/glog
Where to build the binaries: D:/caffelibs/glog/build
Browse Source...
Browse Build...
Search:
Grouped Advanced Add Entry Remove Entry
Name Value
BUILD_TESTING
CMAKE_CONFIGURATION_TYPES Debug;Release;MinSizeRel;RelWithDebInfo
CMAKE_INSTALL_PREFIX C:/Program Files/google-glog
WITH_GFLAGS
WITH_THREADS
gflags_DIR gflags_DIR-NOTFOUND
Press Configure to update and display new values in red, then press Generate to generate selected build files.
Configure Generate Open Project Current Generator: Visual Studio 12 2013 Win64
Performing Test HAVE___DECLSPEC - Success
Performing Test STL_NO_NAMESPACE
Performing Test STL_NO_NAMESPACE - Failed
Performing Test STL_STD_NAMESPACE
Performing Test STL_STD_NAMESPACE - Success
Performing Test HAVE_USING_OPERATOR
Performing Test HAVE_USING_OPERATOR - Success
Performing Test HAVE_NAMESPACES
Performing Test HAVE_NAMESPACES - Success
Configuring done
Generating done

图　2-63

8）此时，在新建文件夹 build 下会出现一个 google-glog.sln 的解决方案，如图 2-64 所示，可通过 VS2013 打开该解决方案。

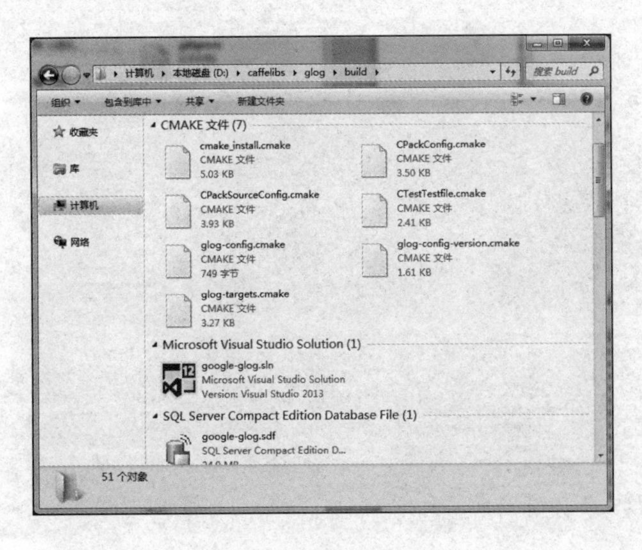

图　2-64

9）选择 Debug 模式下的编译，如图 2-65 所示。

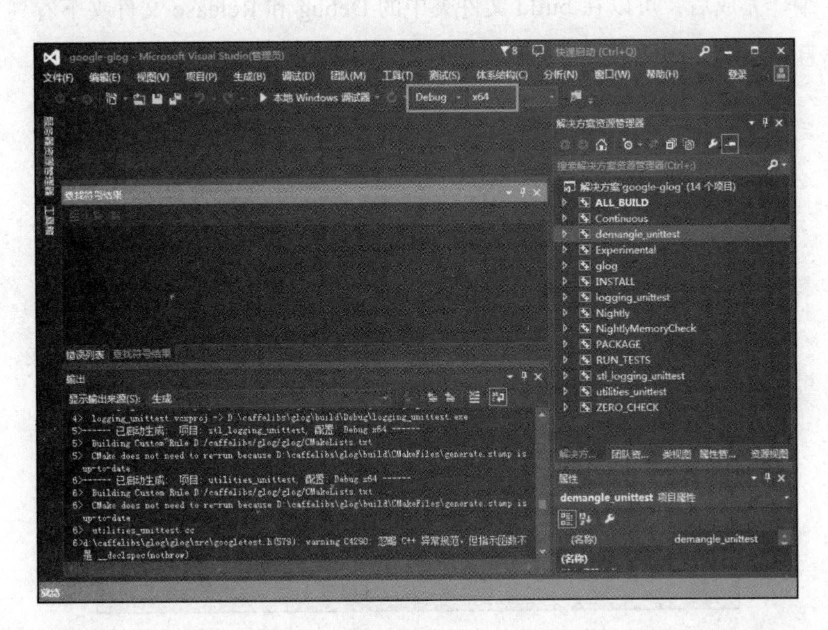

图　2-65

10）选择 Release 模式下的编译，如图 2-66 所示。

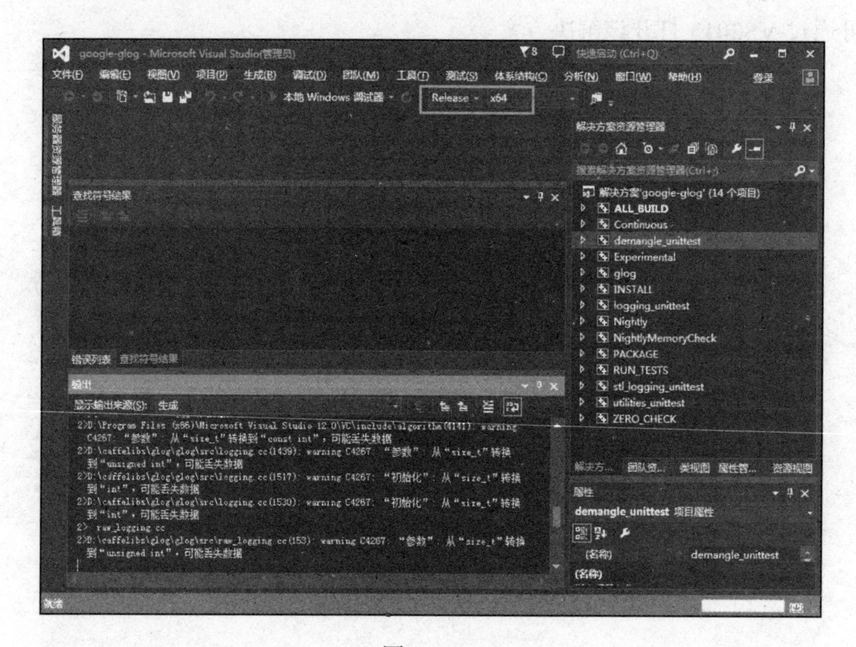

图　2-66

11）编译完成后，可以在 build 文件夹中的 Debug 和 Release 文件夹下看到编译生成的文件信息，如图 2-67 和图 2-68 所示。

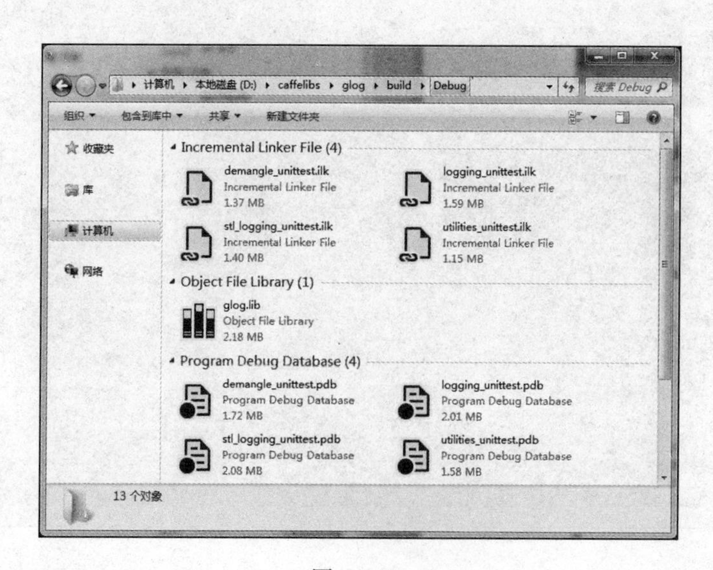

图　2-67

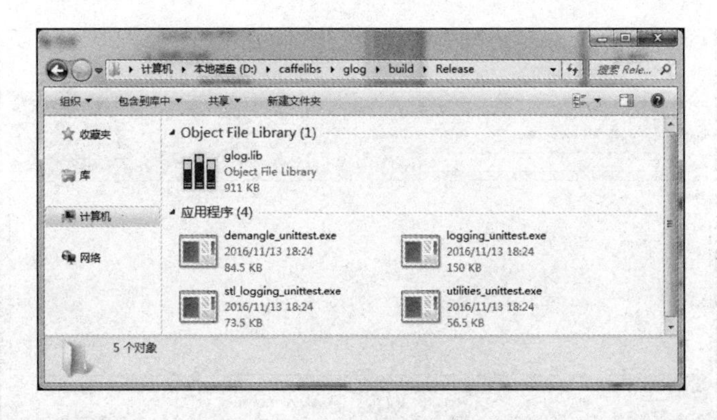

图　2-68

至此，glog 库已编译完成。

Google glog 是一个 C++ 语言编写的应用级日志记录框架，其提供了 C++ 风格的流操作和各种助手宏。

2.8.4　安装 gflags

首先下载 gflags 的发布版，下载地址为 https://github.com/gflags/gflags/releases。大家可以选择任意版本，这里以下载 2.2.0 版为例，2.2.0 版本的具体下载地址为 https://github.com/gflags/gflags/archive/v2.2.0.tar.gz，此版本发布于 2016 年 12 月。

这里将 gflags 下载到 D:\workCode\gflags-2.2.0 目录下，下面来看一下如何使用 cmake 建立这个库的工程，具体步骤如下。

首先，选择需要构建的工程版本，这里选择 VS2015 Win64，因为我们要为 Caffe 做基础库，所以需要选择 64 位的版本，如图 2-69 所示。

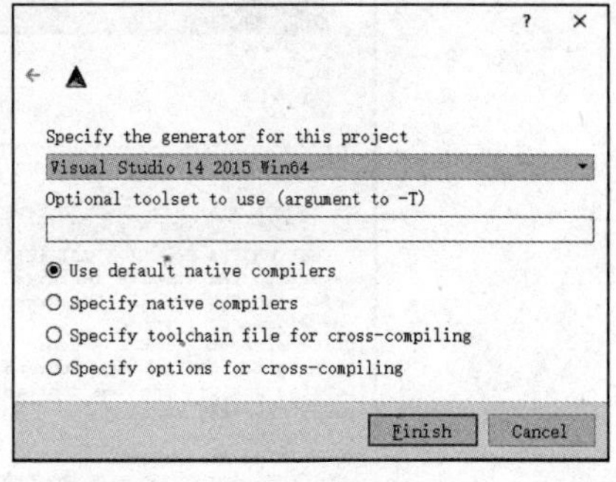

图　2-69

这样就进入了生成工程的具体的操作步骤。我们可以看到，图 2-70 显示了 VS2015 的安装路径。

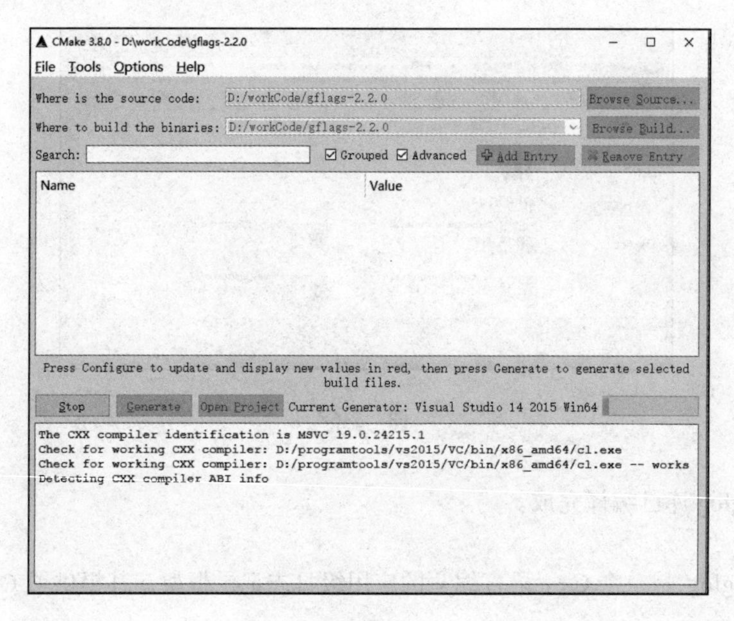

图　2-70

等待几秒钟之后就可以看到Configuring done，然后点击图2-71中的“Generate”按钮，等待出现Generating Done。

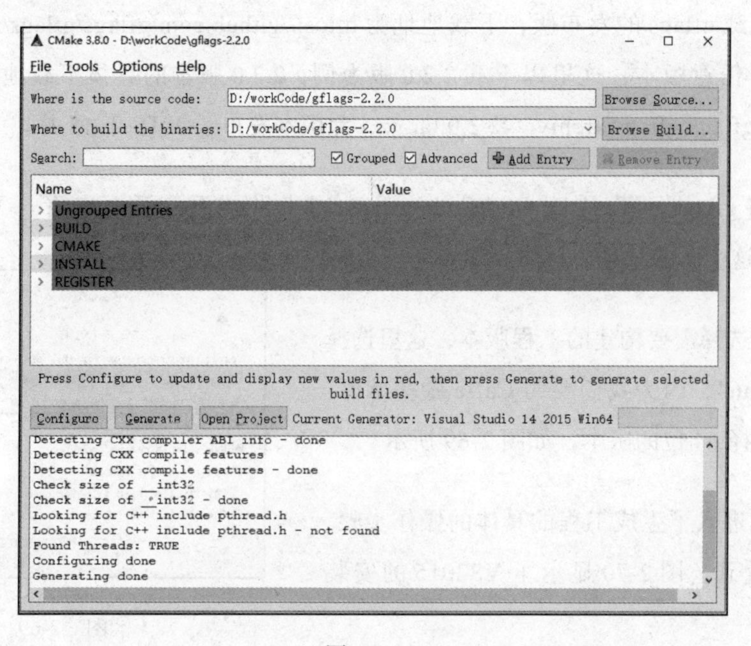

图　2-71

接下来点击“Open Project”按钮，打开 VS 工程，然后编译 Solution，如图 2-72 所示。

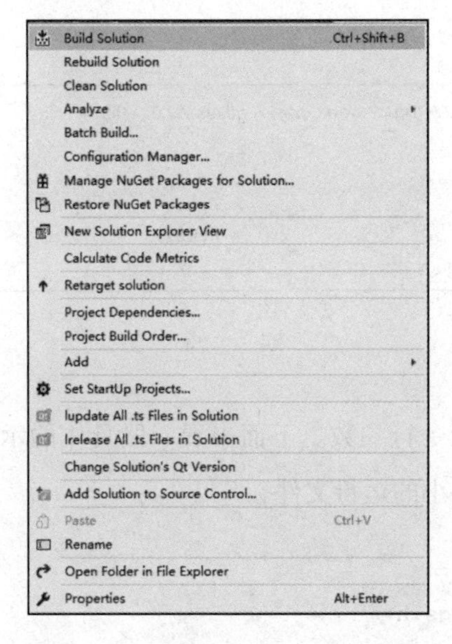

图　2-72

点击编译之后，正常情况下是会显示如图 2-73 所示的编译过程，最后会显示编译成功。

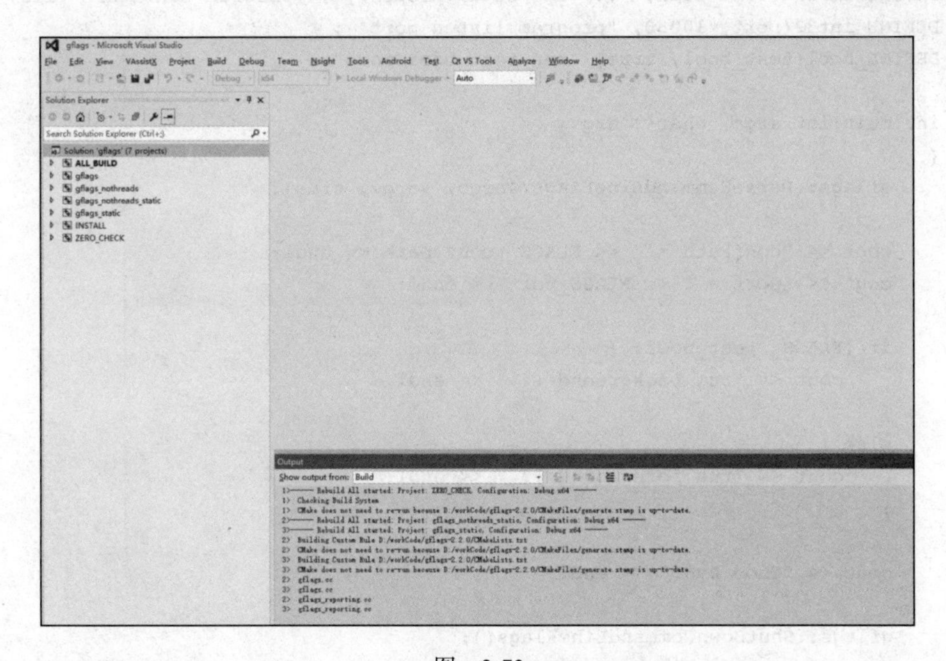

图　2-73

编译之后可以生成如图 2-74 所示的目录，Debug 和 Release 分别是调试和发布的库，可以根据需要进行连接。

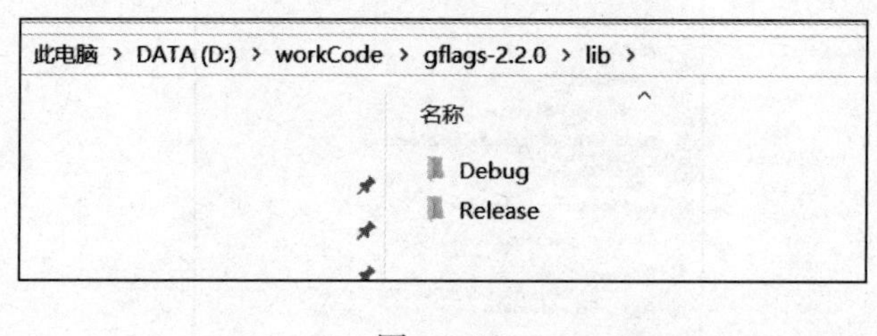

图 2-74

gflags 一般用于解析命令行参数。下面来看一段具体的示例小程序，这里是将下面的程序编译成一个演示用的小的运行文件。

```
#include <iostream>
#include <gflags/gflags.h>

using namespace std;

DEFINE_string(conf_path, "../conf/setup.property", "program configure file.");
DEFINE_int32(port, 10080, "program listen port");
DEFINE_bool(test_bool, true, "run test_bool mode");

int main(int argc, char** argv)
{
    gflags::ParseCommandLineFlags(&argc, &argv, true);

    cout << "confPath = " << FLAGS_ conf_path << endl;
    cout << "port = " << FLAGS_port << endl;

    if (FLAGS_ test_bool) {
        cout << "run background ..." << endl;
    }
    else {
        cout << "run foreground ..." << endl;
    }

    cout << "Good bye!" << endl;

    gflags::ShutDownCommandLineFlags();
```

```
    return 0;
}
```

（1）设定命令行参数

直接运行所得到的就是设定的默认参数（结合代码仔细一看，就能知道参数的默认值了）。

设定参数默认值的方式具体如下。

1）可以用“-参数名=参数值”的方式来设定参数值。

2）对于 bool 类型的参数，除了上述方式外，还可以用“-参数名”的方式设定为 true（即不带值），使用“-no 参数名”的方式设定为 false。

不过，为了统一，建议都使用前面给出的第 1 种方法来设定参数。

下面给出调用前面那个小程序所得到的一些结果：

```
./demo --port=8888 --confPath=./setup.ini --test_bool =true
confPath = ./setup.property
port = 8888
run background ...
Good bye!
./demo -port=8888 -confPath=./setup.ini -test_bool =false
confPath = ./setup.property
port = 8888
run foreground ...
Good bye!
./demo -port=8888 -confPath=./setup.ini -test_bool
confPath = ./setup.property
port = 8888
run background ...
Good bye!
./demo -port=8888 -confPath=./setup.ini -notest_bool
confPath = ./setup.property
port = 8888
run foreground ...
Good bye!
```

（2）从文件读入“命令行”参数

如果我们的程序比较复杂，配置项非常多，也就是说命令行参数很多，每次启动都要一个一个地输入，那岂不是极其麻烦？事实上，gflags 已经帮我们解决了，用“-flagfile= 命令行文件”的方式就可以了。下面给出一个例子，新建一个 param.cmd 文件，param.cmd 就是上面所说的命令行文件，具体内容如下：

```
--port=8888
--confPath=./setup.property
--daemon=true
```

然后键入命令“./demo --flagfile=param.cmd”，得到的结果具体如下所示：

```
./demo --flagfile=param.cmd
confPath = ./setup.property
port = 8888
run foreground ...
Good bye!
```

到此，关于 gflags 的内容就介绍完毕了。Caffe 依赖 Boost、LMDB、LevelDB、glog、gflags、OpenCV、BLAS 等库，其中 Boost 库最为庞大，功能也最多，OpenCV 专注于计算机视觉，LMDB 和 LevelDB 是两个高性能的内存数据库，BLAS 最小，主要专注于完成矩阵运算，glog 完成日志功能，gflags 处理命令行参数解析，这些库我们在其他工程中也可以使用，接下来还是开始 Caffe 的使用之旅吧。

CHAPTER 3

第 3 章

Caffe 的简单训练

3.1 Caffe 转化数据工具的使用介绍

在 Caffe 的使用过程中，转换训练数据可能是我们要做的第一步。原始数据往往是图片文件，比如 jpg、jpeg、png、tif、bmp 等格式，每张图片的具体尺寸有可能都不一样。Caffe 中经常使用的数据类型是 LMDB 或者 LevelDB，因此这就产生了一个问题：如何从原始图片文件转换成 Caffe 可以接收的 db 数据输入格式？

Caffe 提供了一个名为 convert_imageset.cpp 的文件，存放在根目录下的 tools 文件夹里面，该文件可以解决上述问题。将此文件加入 Caffe 工程并编译之后即可产生与之对应的 exe 文件。下面将使用 convert_imageset.cpp 文件来完成图片文件到 Caffe 框架能够直接使用的 db 文件的转换。

3.1.1 命令参数介绍

convert_imageset.cpp 文件的调用格式如下：

```
convert_imageset [FLAGS] ROOTFOLDER/ LISTFILE DB_NAME
```

convert_imageset.cpp 文件需要携带 4 个命令参数，表 3-1 对这些参数进行了说明。

表 3-1

参数名称	参数含义
FLAGS	图片参数组，可能是多个参数的组合
ROOTFOLDER	图片存放的绝对路径，从 Linux 系统根目录开始
LISTFILE	图片文件列表清单，一般为 txt 文件，一行一张图片
DB_NAME	最终生成的 db 文件存放目录

3.1.2 生成文件列表

如果图片已经下载到本地电脑上了，那么首先需要创建一个图片列表清单，并将其保存为 txt 格式。

本节以 Caffe 程序中自带的图片为例进行讲解，图片的目录是 example/images/，里面有两张图片，一张为 cat.jpg，另一张为 fish_bike.jpg，分别表示两个类别。

第一步，创建一个 sh 脚本文件，调用 Linux 命令来生成图片清单：

```
# sudo vi examples/images/create_filelist.sh
```

第二步，编辑这个文件，输入下面的代码并保存：

```
# /usr/bin/env sh
DATA=examples/images
echo "Creating train.txt..."
rm -rf $DATA/train.txt
find $DATA -name *cat.jpg | cut -d '/' -f3 | sed "s/$/ 0/">>$DATA/train.txt
find $DATA -name *bike.jpg | cut -d '/' -f3 | sed "s/$/ 1/">>$DATA/tmp.txt
cat $DATA/tmp.txt>>$DATA/train.txt
rm -rf $DATA/tmp.txt
echo "Done.."
```

完成上述操作后，执行这一脚本，即可得到训练的文件列表。

3.1.3 使用的 Linux 命令简介

本章要使用的 Linux 命令及含义具体见表 3-2。

表 3-2

命令名称	命令含义
rm	删除文件
find	寻找文件
cut	截取路径
sed	在每行的最后面加上标注。本例中是将找到的“*cat.jpg”文件加入标注为0，找到的“*bike.jpg”文件加入标注为1
cat	将两个类别合并在一个文件里

3.1.4 生成文件结果

执行上面的脚本，最终将生成如下的一个train.txt文件：

```
cat.jpg 0
fish-bike.jpg 1
```

这里需要特别提示一下的是，类别标签需要从0开始，因为在C++中数组总是从0开始的，Caffe利用这一特性将类别和数组的索引结合在一起，否则就会训练不出来。

当然，当图片很少的时候，手动编写这个列表清单文件就行了。但在图片很多的情况下，就需要用脚本文件来自动生成了。在之后的实际应用中，还需要生成相应的val.txt和test.txt文件，方法是一样的。在训练中val.txt称为验证集，test.txt称为测试集。

生成的这个train.txt文件，可以作为第三个参数直接使用。执行过后就拥有了一个训练集的数据库。

3.1.5 图片参数组详解

接下来了解一下表3-1中的FLAGS这个参数组，具体见表3-3。

表 3-3

参　数	参数含义
-gray	是否以灰度图的方式打开图片。程序调用OpenCV库中的imread()函数来打开图片，默认为false

（续）

参　数	参数含义
-shuffle	是否随机打乱图片顺序。默认为 false
-backend	需要转换成的 db 文件格式，可选择转换为 LevelDB 或 LMDB，默认为 LMDB
-resize_width/resize_height	改变图片的大小。因为在运行中，所有图片的尺寸都要求一致，因此需要改变图片的大小。程序调用 OpenCV 库的 resize() 函数来对图片进行放大和缩小，默认为 0，不改变
-check_size	检查所有的数据是否具有相同的尺寸。默认为 false，不检查
-encoded	是否将原图片编码放入最终的数据中，默认为 false
-encode_type	与前一个参数相对应，将图片编码为哪一种格式

至此，生成训练数据库和测试数据库的工具使用就介绍完了。

3.2　Caffe 提取特征的工具使用说明

下面先来看下特征提取工具（extract_features）的使用命令，具体命令参数如下：

```
extract_features.bin argv1.caffemodel argv2.prototxt layer_name
output_path mini_batches db_style
```

下面针对上述命令中的参数进行说明。

- argv1.caffemodel：已经训练好的模型参数。
- argv2.prototxt：模型定义（包括要提取的图片的路径、mean-file 等）。
- layer_name：要提取的特征的名字（如 fc6 fc7），多个名字之间以空格隔开。
- output_path：要提取的特征的保存路径。
- mini_batches：每次 batch_size 的大小。
- db_style：特征保存的格式（leveldb/lmdb）。

此工具可以提取 proto 文件中数据库里面的图片的特征。但是要想使用这些特征，还需要自己学会使用 LevelDB 或者 LMDB 的 API 将这些特征读取出来，使用起来并不是很方便。基于这些问题，本书后面会介绍一个使用 memorydata 来进行特征提取的范例。

3.3 Caffe 训练需要的几个部件

Caffe 训练一个网络除了需要刚才处理的输入数据库之外，还需要构建网络 proto 文件和优化 proto 文件，接下来本书将对此进行详细介绍，下面先从网络 proto 文件的编写开始进行吧。

3.3.1 网络 proto 文件的编写

对于基本层的编写，本节将以卷积层进行示例说明。

- name："conv1"，表示层的名字是 conv1。
- type："Convolution"，表示这个层的类型是 Convolution。
- bottom："data"，表示输入数据从存储结构 data 中获得。
- top："convl"，表示输出结果的数据保存到存储结构 convl 中。
- param 中的内容是所有层共用的内容 {}，其中，lr_mult 表示本层参数的学习率需要乘上的一个系数。它与学习率（base_lr）一起决定了层参数的更新系数。
- convolution_param 这个参数是可选的，不同的层其参数也不一样，这个将在后面进行详细介绍。

```
layer {
  name: "conv1"
  type: "Convolution"
  bottom: "data"
  top: "conv1"
  param {
    lr_mult: 1
  }
  convolution_param {
    num_output: 32
    pad: 2
    kernel_size: 5
    stride: 1
    bias_term: false
    weight_filler {
      type: "gaussian"
      std: 0.0001
```

```
        }
    }
}
```

3.3.2　Solver 配置

Solver 文件是针对构建好的网络参数模型进行学习训练的一个过程，这一过程可能会涉及优化策略、学习率调整策略、迭代次数等方面，除了训练网络构建之外，Solver 是另一个我们平常称之为调参的文件，这一文件的调整将会直接影响网络收敛性及其收敛的速度。

下面先来看一下如何编写一个典型的 Caffe 的训练 Solver 文件，这个 solver.prototxt 是经典的 AlexNet 模型的训练文件。示例代码如下：

```
net: "models/bvlc_alexnet/train_val.prototxt"
test_iter: 1000
test_interval: 1000
base_lr: 0.01
lr_policy: "step"
gamma: 0.1
stepsize: 100000
display: 20
max_iter: 450000
momentum: 0.9
weight_decay: 0.0005
snapshot: 10000
snapshot_prefix: "models/bvlc_alexnet/caffe_alexnet_train"
solver_mode: GPU
```

以下是上述示例代码的参数说明。

- batchsize：每迭代一次，通过网络训练的图片数量，例如，假设 batchsize=256，则表示网络每迭代一次，将训练 256 张图片；也就是说，如果总图片数量为 12800000 张，要想将所有的图片都通过网络训练一次，则需要 12800000/256=50000 次迭代。
- epoch：表示将所有图片在你的网络中训练一次所需要的迭代次数，例如上面提到的 50000 次；有些学者称之为一代，其实称为什么并不重要，我们只需要知道该参数是所有图片训练一次所需要的次数即可，其可以方便地针对不同次数的训练对比训练模型的性能，所以如果需要网络将每个样本训练 100 次，则总的迭代次数为 max_iteration=50000*100=5000000 次。

- max_iteration：网络的最大迭代次数，如上面的 5000000 次；同理，如果 max_iteration=4500000，则该网络将被训练 4500000/50000=90 次。该参数对应于后面讲到的 Caffe 源码中 Solve 和 step 判断是否要调出迭代的一个指标。
- test_iter：表示测试的次数。比如，test 阶段的 batchsize=100，而你的测试数据为 10000 张图片，则测试次数为 10000/100=100 次，即 test_iter=100。
- test_interval：表示网络迭代多少次才进行一次测试，可以设置为网络训练完一代，就进行一次测试，比如前面的一代为 5000 次迭代的情况，就可以将 test_interval 设置为 5000。
- base_lr：表示基础学习率，在参数梯度下降优化的过程中，学习率会有所调整。
- lr_policy：表示学习率改变策略，也就是使用什么方式改变学习率，以及何时进行改变。
- weight_decay：表示权重衰减，用于防止过拟合。
- momentum：表示上一次梯度更新的权重。

学习率调整参数及对应的学习率下降策略具体见表 3-4。

表 3-4

学习率调整参数	学习率下降策略
fixed	保持 base_lr 不变
step	如果设置为 step，则还需要设置一个 stepsize，返回 base_lr * gamma ^ (floor(iter / stepsize))，其中 iter 表示当前的迭代次数
exp	返回 base_lr * gamma ^ iter，iter 为当前迭代次数，需要设置 gamma 参数
inv	如果设置为 inv，则表示除了设置 gamma 参数之外，还需要设置一个 power，返回 base_lr * (1 + gamma * iter) ^ (- power)
multistep	如果设置为 multistep，则还需要设置一个 stepvalue。该参数与 step 很相似，step 是均匀等间隔变化，而 mult-step 则是根据 stepvalue 值的变化而变化
poly	学习率进行多项式误差，需要设置参数 power，返回 base_lr (1 - iter/max_iter) ^ (power)
sigmoid	学习率进行 sigmod 衰减，需要设置参数 gamma，返回 base_lr (1/(1 + exp(-gamma * (iter - stepsize))))

3.3.3 训练脚本的编写

编写好了 solver 文件和网络文件之后，接下来就是执行训练的过程了，我们先来看看从头开始训练的命令方法吧，一般是使用随机初始化的方式开始训练。

以下是随机初始化训练的脚本代码：

```
./build/tools/caffe train \
    --solver=models/bvlc_reference_caffenet/solver.prototxt \
    --gpu=0,1
Fine-tune
./build/tools/caffe train \
    --solver=models/bvlc_reference_caffenet/solver.prototxt \
    --weights=xx.caffemodel --gpu=0,1
```

其中，solver 的参数就是我们之前编写的 solver.prototxt 文件，gpu 参数表示使用哪几块 gpu 来完成我们的任务，后面的 Fine.tune 是进行模型微调。微调就是使用其他的模型参数进行初始化，这样可以减少我们的训练时间。

有时候可能会遇到突然断电，或者其他不可控因素导致训练中断，从头开始训练是一件浪费时间的事情，这时候从快照中恢复训练将是一个很好的选择，那么接下来我们一起来看一下如何从快照中恢复，代码如下：

```
./build/tools/caffe train \
    --solver=models/bvlc_reference_caffenet/solver.prototxt \
    --snapshot=xx.solverstate —gpu=0,1
```

3.3.4 训练 log 解析

Caffe 已经做好了对日志的解析以及查阅，我们只需要在训练的过程中添加下面的步骤即可。

1. 记录训练日志

向训练过程中的命令加入一行参数（如下代码中使用双线包围的一行），将 log 日志放入固定的文件夹内：

```
TOOLS=./build/tools
GLOG_logtostderr=0 GLOG_log_dir=/caffe/train/Log/ \
$TOOLS/caffe train \
  --solver=face/casecade_cnn/level1_solver.prototxt
```

使用上面的命令，我们即可保存所需要的日志。得到相应的日志之后，就可以将日志的一些关键信息绘制出来了。

2. 解析日志

在 Caffe 中找到 extra 文件夹内的 parse_log.py，即可使用这一文件进行日志的解析。文件的具体目录如图 3-1 所示。

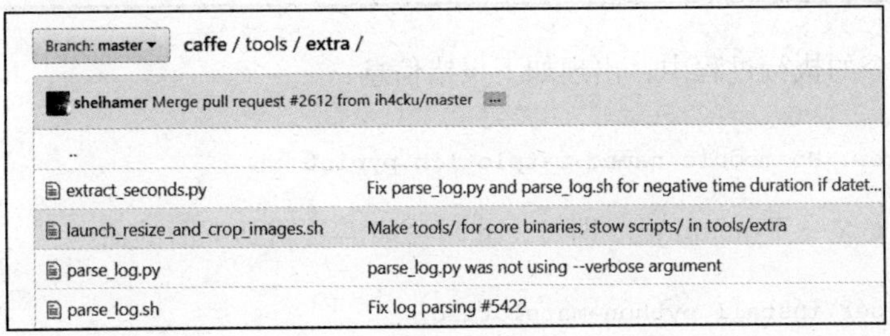

图 3-1

操作的命令如下所示：

```
python parse_log.py log/XXXXX.log
```

3. 绘制曲线

在绘制曲线时，首先将 Caffe 中的 tools/extr plot_training_log.py.example 这个 Python 文件复制成 tools/extr plot_training_log.py，然后使用这个文件来绘制训练情况图。绘图的命令如下：

```
python plot_training_log.py 6 trainloss.png XXXXX_out.log
```

其中，第一个参数 plot_training_log.py 是选择绘制内容的标志，第二个参数 6 trainloss.png 是绘图的图片名称，第三个参数 XXXXX_out.log 是使用哪一个日志文件进行绘图。关于第一个绘制内容的参数，这里做了一个简单的总结，不同数字的具体含义见表 3-5 大家可以参考一下。

表 3-5

参数数值	参数含义	
0	Test accuracy vs. Iters	测试准确度随迭代次数的变化
1	Test accuracy vs. Seconds	测试准确度随时间的变化（单位为秒）
2	Test loss vs. Iters	测试损失随迭代次数的变化
3	Test loss vs. Seconds	测试损失随时间的变化（单位为秒）
4	Train learning rate vs. Iters	学习率随迭代次数的变化
5	Train learning rate vs. Seconds	学习率随时间的变化（单位为秒）
6	Train loss vs. Iters	训练损失随迭代次数的变化
7	Train loss vs. Seconds	训练损失随时间的变化（单位为秒）

如果在命令的执行过程中，出现如下报错信息：

```
ImportError: No module named matplotlib.pyplot
```

则只需要安装一下 matplotlib 即可，此时可能需要用到下面的命令：

```
sudo apt-get install python-matplotlib
```

执行完命令之后得到的效果比较好的训练收敛曲线如图 3-2 所示。

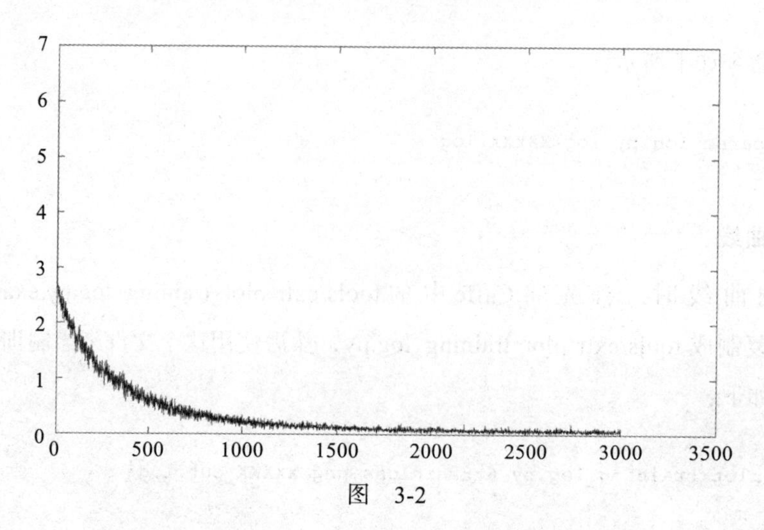

图　3-2

3.4　Caffe 简单训练分类任务

1. 需要准备的数据集

到官网上下载 cifar10 数据集，如果使用的是 C++，那么下载 .bin 文件。官网对该数据集的介绍已经很详细了，这里就不再说明了。下载完成之后，解压，会看到共有 6 个“.bin”文件，前面 5 个是训练集，最后一个是测试集，如图 3-3 所示。

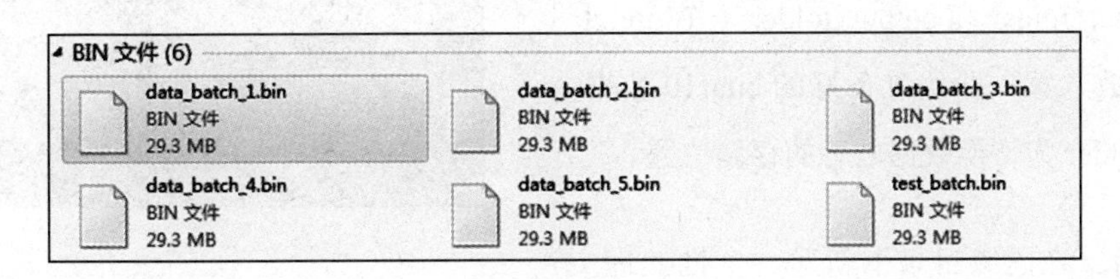

图　3-3

2. 将数据集转换为 LevelDB

第一步，生成 convert_cifar_data.exe 文件。将 examples/cfar10 目录下的 convert_cifar_data.cpp 文件加入到工程中，如图 3-4 和图 3-5 所示。

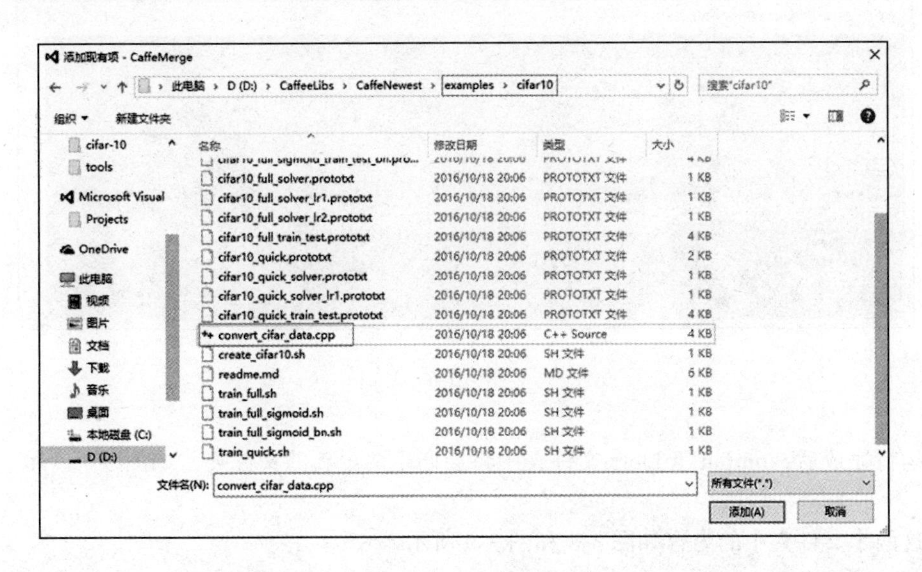

图　3-4

然后，运行编译，在相应的文件夹中将生成的exe文件重命名为convert_cifar_data.exe。

第二步，产生数据集。

首先，在convert_cifar_data.exe所在的文件夹目录下，新建两个文件夹，分别命名为input_folder和output_folder。在input_folder中放入第一阶段准备好的cifar10数据，output_folder为转换数据之后的存储位置。

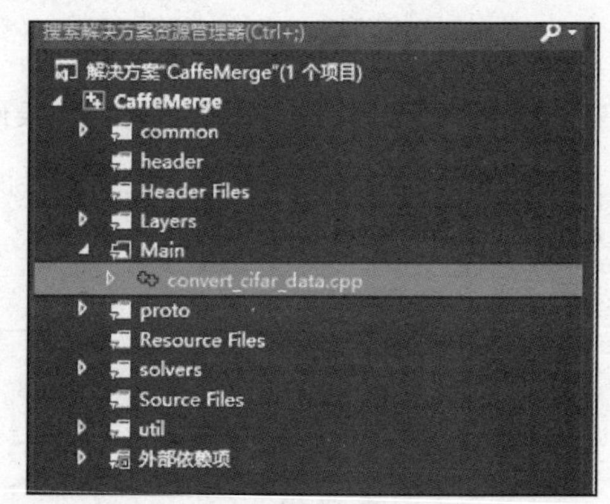

图 3-5

然后，在同级目录下新建一个批处理文件，使其后缀名为".bat"，输入以下内容并保存：

```
convert_cifar_data.exe  input_folder output_folders leveldb
   pause
```

接着，运行".bat"，如图3-6所示。

```
C:\WINDOWS\system32\cmd.exe

D:\CaffeeLibs\Data>convert_cifar_data.exe  input_folder output_folders leveldb
I1221 20:46:40.317657   676 db_leveldb.cpp:18] Opened leveldb output_folders/cifar10_train_leveldb
I1221 20:46:40.317657   676 convert_cifar_data.cpp:52] Writing Training data
I1221 20:46:40.317657   676 convert_cifar_data.cpp:55] Training Batch 1
I1221 20:46:40.495796   676 convert_cifar_data.cpp:55] Training Batch 2
I1221 20:46:40.703480   676 convert_cifar_data.cpp:55] Training Batch 3
I1221 20:46:40.880926   676 convert_cifar_data.cpp:55] Training Batch 4
I1221 20:46:41.081990   676 convert_cifar_data.cpp:55] Training Batch 5
I1221 20:46:42.641757   676 convert_cifar_data.cpp:73] Writing Testing data
I1221 20:46:42.646270   676 db_leveldb.cpp:18] Opened leveldb output_folders/cifar10_test_leveldb

D:\CaffeeLibs\Data>pause
请按任意键继续. . .
```

图 3-6

运行完成后，output_folders文件夹中将会产生两个新的文件夹，如图3-7所示。

这两个文件夹中的内容如图3-8和图3-9所示。

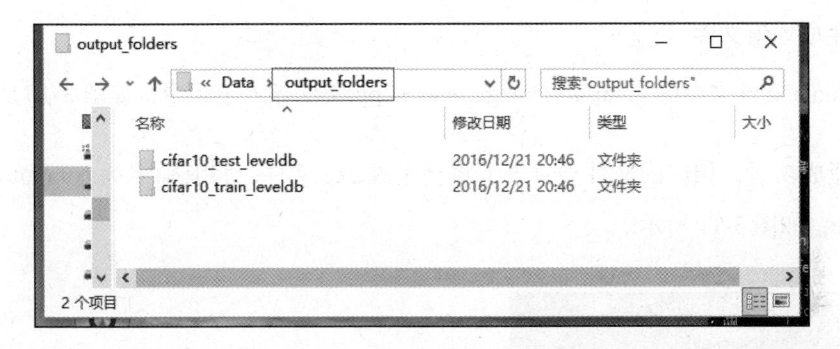

图 3-7

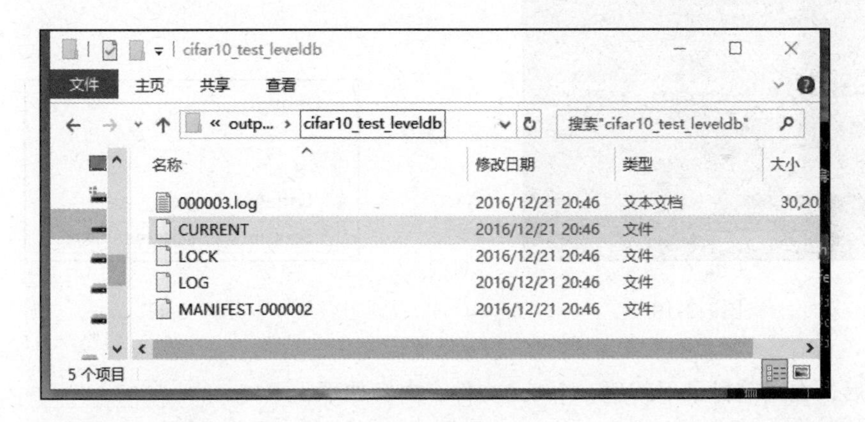

图 3-8

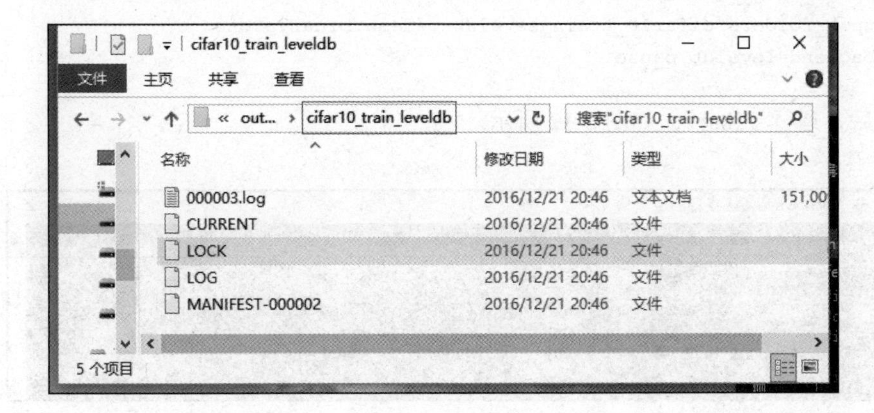

图 3-9

至此已经成功将数据集转换为 LevelDB。

3. 生成均值文件

将 tools 文件夹中的 compute_image_mean.cpp 文件导入工程中，如图 3-10 所示。

编译成功后，相应的文件夹目录下将会生成 exe 文件，将其命名为 compute_image_mean.exe，如图 3-11 所示。

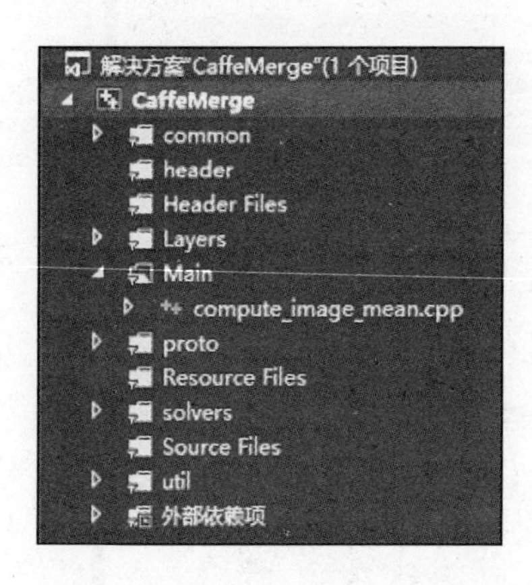

图 3-10

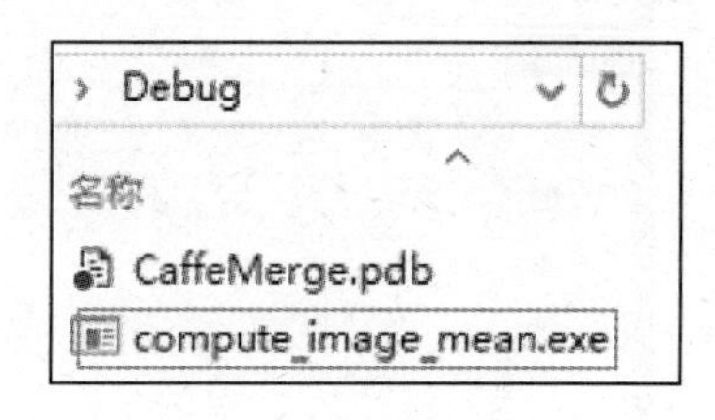

图 3-11

然后，在当前目录下新建一个 bat 文件，内容如下：

```
compute_image_mean.exe
output_folders/cifar10_train_leveldb ./mean.binaryproto
--backend=leveldb pause
```

最后，运行“.bat”，如图 3-12 所示。

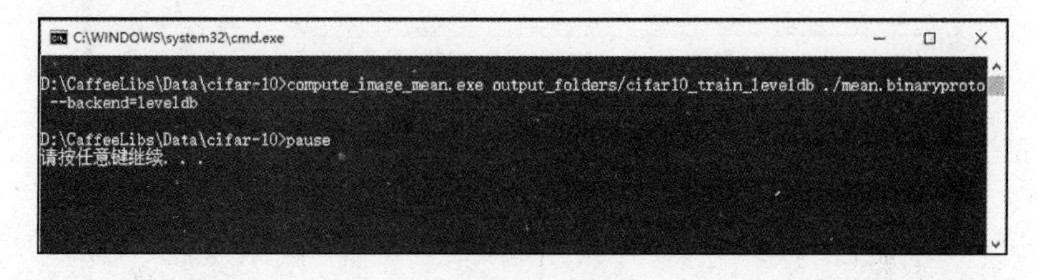

图 3-12

运行之后，当前文件夹下会生成一个 mean.binaryproto 文件（如图 3-13 所示），该文件即为均值文件。

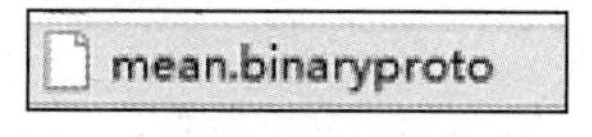

图 3-13

4. 训练 cifar10 数据集

首先，将 examples\cifar10 文件下的 cifar10_quick_trian_test.prototxt 和 cifar10_quick_solver.prototxt 复制到均值文件所在的目录之下，如图 3-14 所示。

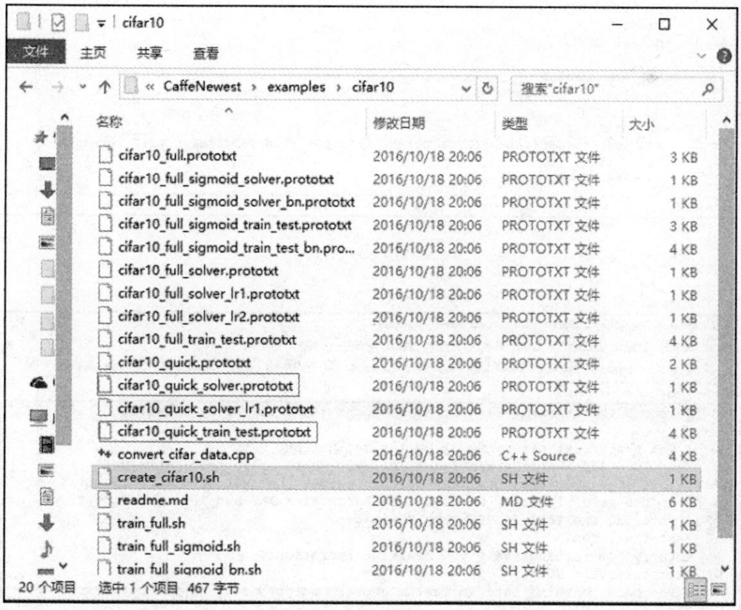

图 3-14

然后，修改 cifar10_quick_train_test.prototxt 文件中的 mean_file 和 source 的路径，即将 backend 修改为 LevelDB，如图 3-15 所示。

之后，修改 cifar10_quick_solver.prototxt 文件中的 net 和 snapshot prefix 的路径，如图 3-16 所示。

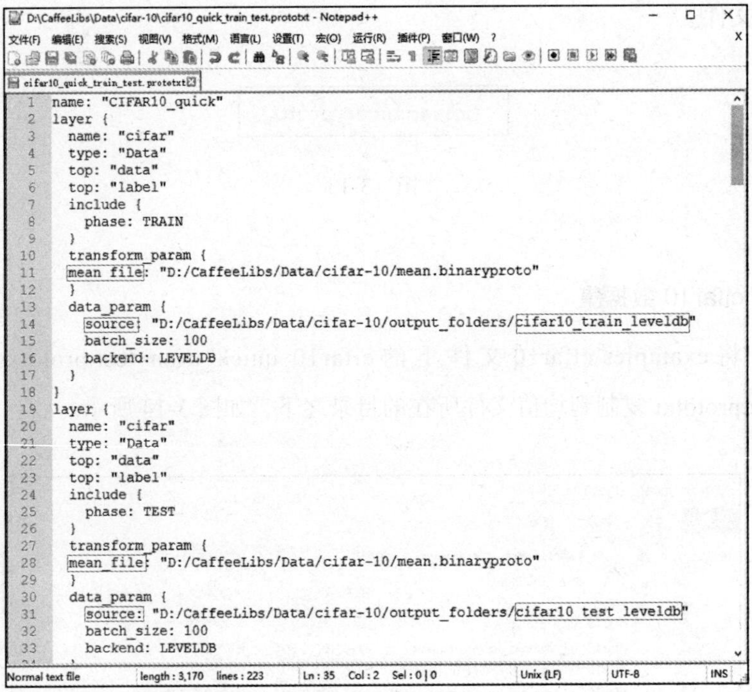

```
name: "CIFAR10_quick"
layer {
  name: "cifar"
  type: "Data"
  top: "data"
  top: "label"
  include {
    phase: TRAIN
  }
  transform_param {
  mean_file: "D:/CaffeeLibs/Data/cifar-10/mean.binaryproto"
  }
  data_param {
    source: "D:/CaffeeLibs/Data/cifar-10/output_folders/cifar10_train_leveldb"
    batch_size: 100
    backend: LEVELDB
  }
}
layer {
  name: "cifar"
  type: "Data"
  top: "data"
  top: "label"
  include {
    phase: TEST
  }
  transform_param {
  mean_file: "D:/CaffeeLibs/Data/cifar-10/mean.binaryproto"
  }
  data_param {
    source: "D:/CaffeeLibs/Data/cifar-10/output_folders/cifar10_test_leveldb"
    batch_size: 100
    backend: LEVELDB
```

图　3-15

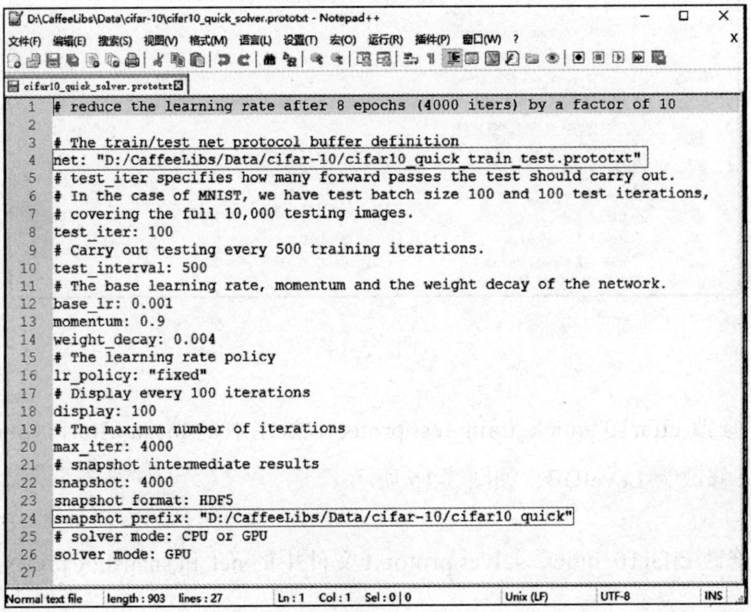

```
# reduce the learning rate after 8 epochs (4000 iters) by a factor of 10

# The train/test net protocol buffer definition
net: "D:/CaffeeLibs/Data/cifar-10/cifar10_quick_train_test.prototxt"
# test_iter specifies how many forward passes the test should carry out.
# In the case of MNIST, we have test batch size 100 and 100 test iterations,
# covering the full 10,000 testing images.
test_iter: 100
# Carry out testing every 500 training iterations.
test_interval: 500
# The base learning rate, momentum and the weight decay of the network.
base_lr: 0.001
momentum: 0.9
weight_decay: 0.004
# The learning rate policy
lr_policy: "fixed"
# Display every 100 iterations
display: 100
# The maximum number of iterations
max_iter: 4000
# snapshot intermediate results
snapshot: 4000
snapshot_format: HDF5
snapshot_prefix: "D:/CaffeeLibs/Data/cifar-10/cifar10_quick"
# solver mode: CPU or GPU
solver_mode: GPU
```

图　3-16

接下来就可以编译 caffe.exe 了。

将 caffe.cpp 文件加入到工程项目下并编译，然后将生成的 caffe.exe 文件移动到均值文件目录下（如图 3-17 所示）。

图　3-17

现在，新建一个 bat 文件，其内容具体如下：

```
Caffe.exe train
--solver=D:/CaffeeLibs/Data/cifar-10/cifar10_quick_solver.prototxt
pause
```

执行上述命令，开始训练，如图 3-18 所示。

```
C:\WINDOWS\system32\cmd.exe
I1223 20:20:31.454309  3012 data_layer.cpp:103]     Read time: 0.502 ms.
I1223 20:20:31.455312  3012 data_layer.cpp:104] Transform time: 11.021 ms.
I1223 20:20:31.584635  3012 data_layer.cpp:102] Prefetch batch: 10 ms.
I1223 20:20:31.585142  3012 data_layer.cpp:103]     Read time: 1.518 ms.
I1223 20:20:31.586139  3012 data_layer.cpp:104] Transform time: 7.506 ms.
I1223 20:20:31.715292  3012 data_layer.cpp:102] Prefetch batch: 11 ms.
I1223 20:20:31.715790  3012 data_layer.cpp:103]     Read time: 0.483 ms.
I1223 20:20:31.716279  3012 data_layer.cpp:104] Transform time: 8.049 ms.
I1223 20:20:31.844153  3012 data_layer.cpp:102] Prefetch batch: 10 ms.
I1223 20:20:31.844669  3012 data_layer.cpp:103]     Read time: 1.505 ms.
I1223 20:20:31.845662  3012 data_layer.cpp:104] Transform time: 7.519 ms.
I1223 20:20:31.972996  3012 data_layer.cpp:102] Prefetch batch: 10 ms.
I1223 20:20:31.972996  3012 data_layer.cpp:103]     Read time: 0.502 ms.
I1223 20:20:31.973999  3012 data_layer.cpp:104] Transform time: 10.026 ms.
I1223 20:20:32.103765  3012 data_layer.cpp:102] Prefetch batch: 11 ms.
I1223 20:20:32.104266  3012 data_layer.cpp:103]     Read time: 0 ms.
I1223 20:20:32.105269  3012 data_layer.cpp:104] Transform time: 9.526 ms.
I1223 20:20:32.233610  3012 data_layer.cpp:102] Prefetch batch: 10 ms.
I1223 20:20:32.234112  3012 data_layer.cpp:103]     Read time: 0.501 ms.
I1223 20:20:32.234613  3012 data_layer.cpp:104] Transform time: 8.523 ms.
I1223 20:20:32.363747  3012 data_layer.cpp:102] Prefetch batch: 11 ms.
I1223 20:20:32.364253  3012 data_layer.cpp:103]     Read time: 0.99 ms.
I1223 20:20:32.364750  3012 data_layer.cpp:104] Transform time: 7.539 ms.
I1223 20:20:32.495793  3012 data_layer.cpp:102] Prefetch batch: 14 ms.
I1223 20:20:32.496769  3012 data_layer.cpp:103]     Read time: 0 ms.
I1223 20:20:32.497282  3012 data_layer.cpp:104] Transform time: 13.056 ms.
I1223 20:20:32.621984  3012 data_layer.cpp:102] Prefetch batch: 10 ms.
I1223 20:20:32.622484  3012 data_layer.cpp:103]     Read time: 0 ms.
I1223 20:20:32.622987  3012 data_layer.cpp:104] Transform time: 8.523 ms.
```

图　3-18

训练完成后的截图如图 3-19 所示。

```
C:\WINDOWS\system32\cmd.exe
I1223 20:28:29.866168 10484 data_layer.cpp:104] Transform time: 8.019 ms.
I1223 20:28:29.904816 10484 data_layer.cpp:102] Prefetch batch: 10 ms.
I1223 20:28:29.905318 10484 data_layer.cpp:103]      Read time: 0.501 ms.
I1223 20:28:29.905318 10484 data_layer.cpp:104] Transform time: 8.522 ms.
I1223 20:28:29.942417 10484 data_layer.cpp:102] Prefetch batch: 10 ms.
I1223 20:28:29.942417 10484 data_layer.cpp:103]      Read time: 0 ms.
I1223 20:28:29.942919 10484 data_layer.cpp:104] Transform time: 10.029 ms.
I1223 20:28:29.980069 10484 data_layer.cpp:102] Prefetch batch: 10 ms.
I1223 20:28:29.980069 10484 data_layer.cpp:103]      Read time: 1.004 ms.
I1223 20:28:29.980069 10484 data_layer.cpp:104] Transform time: 9.025 ms.
I1223 20:28:30.019675 10484 data_layer.cpp:102] Prefetch batch: 10 ms.
I1223 20:28:30.019675 10484 data_layer.cpp:103]      Read time: 0 ms.
I1223 20:28:30.020175 10484 data_layer.cpp:104] Transform time: 10.028 ms.
I1223 20:28:30.057306 10484 data_layer.cpp:102] Prefetch batch: 10 ms.
I1223 20:28:30.057807 10484 data_layer.cpp:103]      Read time: 0 ms.
I1223 20:28:30.057807 10484 data_layer.cpp:104] Transform time: 9.018 ms.
I1223 20:28:30.095909 10484 data_layer.cpp:102] Prefetch batch: 11 ms.
I1223 20:28:30.095909 10484 data_layer.cpp:103]      Read time: 0 ms.
I1223 20:28:30.095909 10484 data_layer.cpp:104] Transform time: 7.515 ms.
I1223 20:28:30.132506 10484 data_layer.cpp:102] Prefetch batch: 10 ms.
I1223 20:28:30.133008 10484 data_layer.cpp:103]      Read time: 0.502 ms.
I1223 20:28:30.133008 10484 data_layer.cpp:104] Transform time: 9.508 ms.
I1223 20:28:30.160104 10972 solver.cpp:404]     Test net output #0: accuracy = 0.7101
I1223 20:28:30.160581 10972 solver.cpp:404]     Test net output #1: loss = 0.870066 (* 1 = 0.870066 loss)

I1223 20:28:30.161090 10972 solver.cpp:322] Optimization Done.
I1223 20:28:30.161686 10972 caffe.cpp:255] Optimization Done.

D:\CaffeeLibs\Data\cifar-10>pause
请按任意键继续. . .
```

图　3-19

此时，当前目录下将会生成一个 cifar10_quick_iter_4000.caffemodel.h5 文件，这表明 cifar10 的训练已经顺利完成。

在这一节中，大家需要学习的是，在已知的各种标注信息的情况下如何训练一个数据，并生成 LevelDB 和 LMDB 的脚本。

3.5　测试训练结果

经过上面的训练，我们可以来看看具体使用的训练网络 prototxt 的写法和测试网络 prototxt 的写法，重点只是需要使用不同的数据库位置，还有 batchsize 的数量一般是不一样的。

我们可以看到第一层的层类型（type）是数据型（Data），输出（top）有两个，在 Caffe 中，示例代码如下：

```
layer {
```

```
  name: "cifar"
  type: "Data"
  top: "data"
  top: "label"
  include {
    phase: TRAIN
  }
  transform_param {
    mean_file: "examples/cifar10/mean.binaryproto"
  }
  data_param {
    source: "examples/cifar10/cifar10_train_lmdb"
    batch_size: 111
    backend: LMDB
  }
}
```

而测试的 prototxt 写法则如下所示：

```
layer {
  name: "cifar"
  type: "Data"
  top: "data"
  top: "label"
  include {
    phase: TEST
  }
  transform_param {
    mean_file: "examples/cifar10/mean.binaryproto"
  }
  data_param {
    source: "examples/cifar10/cifar10_test_lmdb"
    batch_size: 1000
    backend: LMDB
  }
}
```

3.6 使用训练好的模型进行预测

训练好模型之后，我们来做一个预测，首先在 Caffe 的 classfication.cpp 的基础上进行一些修改，将模型加载以及均值文件都加入到 main 函数里面，然后该函数读取一个图片列表，运行程序，即可实现将预测结果既输出到命令行窗口中，又写在图片上，并且还显示出来，同时又展示程序的运行时间。示例代码如下：

```
#include <caffe/caffe.hpp>
#ifdef USE_OPENCV
#include <opencv2/core/core.hpp>
#include <opencv2/highgui/highgui.hpp>
#include <opencv2/imgproc/imgproc.hpp>
#endif  // USE_OPENCV
#include <algorithm>
#include <iosfwd>
#include <memory>
#include <string>
#include <utility>
#include <vector>

#include <iostream>
#include <string>
#include <sstream>
#include "io.h"

#include "stdio.h"
#include "stdlib.h"
#include "time.h"


#ifdef USE_OPENCV
using namespace caffe;  // NOLINT(build/namespaces)
using std::string;

/* Pair (label, confidence) representing a prediction. */
typedef std::pair<string, float> Prediction;

class Classifier {
public:
    Classifier(const string& model_file,
        const string& trained_file,
        const string& mean_file,
        const string& label_file);

    std::vector<Prediction> Classify(const cv::Mat& img, int N = 5);

private:
```

```
    void SetMean(const string& mean_file);

    std::vector<float> Predict(const cv::Mat& img);

    void WrapInputLayer(std::vector<cv::Mat>* input_channels);

    void Preprocess(const cv::Mat& img,
        std::vector<cv::Mat>* input_channels);
private:
    shared_ptr<Net<float> > net_;
    cv::Size input_geometry_;
    int num_channels_;
    cv::Mat mean_;
    std::vector<string> labels_;
};

Classifier::Classifier(const string& model_file,
    const string& trained_file,
    const string& mean_file,
    const string& label_file) {
#ifdef CPU_ONLY
    Caffe::set_mode(Caffe::CPU);
#else
    Caffe::set_mode(Caffe::GPU);
#endif

    /* Load the network. */
    net_.reset(new Net<float>(model_file, TEST));
    net_->CopyTrainedLayersFrom(trained_file);

    CHECK_EQ(net_->num_inputs(), 1) << "Network should have exactly one input.";
    CHECK_EQ(net_->num_outputs(), 1) << "Network should have exactly one output.";

    Blob<float>* input_layer = net_->input_blobs()[0];
    num_channels_ = input_layer->channels();
    CHECK(num_channels_ == 3 || num_channels_ == 1)
        << "Input layer should have 1 or 3 channels.";
    input_geometry_ = cv::Size(input_layer->width(), input_layer->height());

    /* Load the binaryproto mean file. */
    SetMean(mean_file);

    /* Load labels. */
```

```
    std::ifstream labels(label_file.c_str());
    CHECK(labels) << "Unable to open labels file " << label_file;
    string line;
    while (std::getline(labels, line))
        labels_.push_back(string(line));

    Blob<float>* output_layer = net_->output_blobs()[0];
    CHECK_EQ(labels_.size(), output_layer->channels())
        << "Number of labels is different from the output layer dimension.";
}

static bool PairCompare(const std::pair<float, int>& lhs,
    const std::pair<float, int>& rhs) {
    return lhs.first > rhs.first;
}

/* Return the indices of the top N values of vector v. */
static std::vector<int> Argmax(const std::vector<float>& v, int N) {
    std::vector<std::pair<float, int> > pairs;
    for (size_t i = 0; i < v.size(); ++i)
        pairs.push_back(std::make_pair(v[i], static_cast<int>(i)));
    std::partial_sort(pairs.begin(), pairs.begin() + N, pairs.end(), PairCompare);

    std::vector<int> result;
    for (int i = 0; i < N; ++i)
        result.push_back(pairs[i].second);
    return result;
}

/* Return the top N predictions. */
std::vector<Prediction> Classifier::Classify(const cv::Mat& img, int N) {
    std::vector<float> output = Predict(img);

    N = std::min<int>(labels_.size(), N);
    std::vector<int> maxN = Argmax(output, N);
    std::vector<Prediction> predictions;
    for (int i = 0; i < N; ++i) {
        int idx = maxN[i];
        predictions.push_back(std::make_pair(labels_[idx], output[idx]));
    }

    return predictions;
}
```

```
/* Load the mean file in binaryproto format. */
void Classifier::SetMean(const string& mean_file) {
    BlobProto blob_proto;
    ReadProtoFromBinaryFileOrDie(mean_file.c_str(), &blob_proto);

    /* Convert from BlobProto to Blob<float> */
    Blob<float> mean_blob;
    mean_blob.FromProto(blob_proto);
    CHECK_EQ(mean_blob.channels(), num_channels_)
        << "Number of channels of mean file doesn't match input layer.";

    /* The format of the mean file is planar 32-bit float BGR or grayscale. */
    std::vector<cv::Mat> channels;
    float* data = mean_blob.mutable_cpu_data();
    for (int i = 0; i < num_channels_; ++i) {
        /* Extract an individual channel. */
        cv::Mat channel(mean_blob.height(), mean_blob.width(), CV_32FC1, data);
        channels.push_back(channel);
        data += mean_blob.height() * mean_blob.width();
    }

    /* Merge the separate channels into a single image. */
    cv::Mat mean;
    cv::merge(channels, mean);

    /* Compute the global mean pixel value and create a mean image
    * filled with this value. */
    cv::Scalar channel_mean = cv::mean(mean);
    mean_ = cv::Mat(input_geometry_, mean.type(), channel_mean);
}

std::vector<float> Classifier::Predict(const cv::Mat& img) {
    Blob<float>* input_layer = net_->input_blobs()[0];
    input_layer->Reshape(1, num_channels_,
        input_geometry_.height, input_geometry_.width);
    /* Forward dimension change to all layers. */
    net_->Reshape();

    std::vector<cv::Mat> input_channels;
    WrapInputLayer(&input_channels);

    Preprocess(img, &input_channels);

    net_->Forward();
```

```
    /* Copy the output layer to a std::vector */
    Blob<float>* output_layer = net_->output_blobs()[0];
    const float* begin = output_layer->cpu_data();
    const float* end = begin + output_layer->channels();
    return std::vector<float>(begin, end);
}

/* Wrap the input layer of the network in separate cv::Mat objects
* (one per channel). This way we save one memcpy operation and we
* don't need to rely on cudaMemcpy2D. The last preprocessing
* operation will write the separate channels directly to the input
* layer. */
void Classifier::WrapInputLayer(std::vector<cv::Mat>* input_channels) {
    Blob<float>* input_layer = net_->input_blobs()[0];

    int width = input_layer->width();
    int height = input_layer->height();
    float* input_data = input_layer->mutable_cpu_data();
    for (int i = 0; i < input_layer->channels(); ++i) {
        cv::Mat channel(height, width, CV_32FC1, input_data);
        input_channels->push_back(channel);
        input_data += width * height;
    }
}

void Classifier::Preprocess(const cv::Mat& img,
    std::vector<cv::Mat>* input_channels) {
    /* Convert the input image to the input image format of the network. */
    cv::Mat sample;
    if (img.channels() == 3 && num_channels_ == 1)
        cv::cvtColor(img, sample, cv::COLOR_BGR2GRAY);
    else if (img.channels() == 4 && num_channels_ == 1)
        cv::cvtColor(img, sample, cv::COLOR_BGRA2GRAY);
    else if (img.channels() == 4 && num_channels_ == 3)
        cv::cvtColor(img, sample, cv::COLOR_BGRA2BGR);
    else if (img.channels() == 1 && num_channels_ == 3)
        cv::cvtColor(img, sample, cv::COLOR_GRAY2BGR);
    else
        sample = img;

    cv::Mat sample_resized;
    if (sample.size() != input_geometry_)
        cv::resize(sample, sample_resized, input_geometry_);
```

```
    else
        sample_resized = sample;

    cv::Mat sample_float;
    if (num_channels_ == 3)
        sample_resized.convertTo(sample_float, CV_32FC3);
    else
        sample_resized.convertTo(sample_float, CV_32FC1);

    cv::Mat sample_normalized;
    cv::subtract(sample_float, mean_, sample_normalized);

    /* This operation will write the separate BGR planes directly to the
    * input layer of the network because it is wrapped by the cv::Mat
    * objects in input_channels. */
    cv::split(sample_normalized, *input_channels);

    CHECK(reinterpret_cast<float*>(input_channels->at(0).data)
        == net_->input_blobs()[0]->cpu_data())
        << "Input channels are not wrapping the input layer of the network.";
}
//获取路径path下的文件，并保存在files容器中
void getFiles(string path, vector<string>& files)
{
    //文件句柄
    long   hFile = 0;
    //文件信息
    struct _finddata_t fileinfo;
    string p;
    if ((hFile = _findfirst(p.assign(path).append("\\*").c_str(), &fileinfo)) != -1)
    {
        do
        {
            if ((fileinfo.attrib &  _A_SUBDIR))
            {
                if (strcmp(fileinfo.name, ".") != 0 && strcmp(fileinfo.name,
"..") != 0)
                    getFiles(p.assign(path).append("\\").append(fileinfo.
name), files);
            }
            else
            {
                files.push_back(p.assign(path).append("\\").append(fileinfo.
name));
```

```
            }
        } while (_findnext(hFile, &fileinfo) == 0);
        _findclose(hFile);
    }
}

int main(int argc, char** argv) {
    string model_file("../model/deploy.prototxt");
    string trained_file("../model/my_test.caffemodel");
    string mean_file("../model/ my_mean.binaryproto");
    string label_file("../model/labels.txt");
    string picture_path("../model/type");

    Classifier classifier(model_file, trained_file, mean_file, label_file);
    vector<string> files;
    getFiles(picture_path, files);


    for (int i = 0; i < files.size(); i++)
    {
        clock_t begin, end;
        double   run_time;
        begin = clock();
        cv::Mat img = cv::imread(files[i], -1);
        cv::Mat img2;

        std::vector<Prediction> predictions = classifier.Classify(img);
        //Prediction p = predictions[i];

        IplImage* show;
        CvSize sz;
        sz.width = img.cols;
        sz.height = img.rows;
        float scal = 0;
        scal = sz.width > sz.height ? (300.0 / (float)sz.height) : (300.0 /
(float)sz.width);
        sz.width *= scal;
        sz.height *= scal;
        resize(img, img2, sz, 0, 0, CV_INTER_LINEAR);
        show = cvCreateImage(sz, IPL_DEPTH_8U, 3);
        cvCopy(&(IplImage)img2, show);
        CvFont font;
        cvInitFont(&font, CV_FONT_HERSHEY_COMPLEX, 0.5, 0.5, 0, 1, 8);  //初始
化字体
```

```
            //cvPutText(show, text.c_str(), cvPoint(10, 30), &font, cvScalar(0, 0,
255, NULL));
            string name_text;
            name_text = files[i].substr(files[i].find_last_of("\\") + 1);
            name_text = "Test picture ID::"+ name_text;
            cvPutText(show, name_text.c_str(), cvPoint(10, 130), &font, cvScalar(0,
0, 255, NULL));
            for (size_t i = 0; i < predictions.size(); ++i)
            {
                Prediction p = predictions[i];
                std::cout << std::fixed << std::setprecision(4) << p.second << " -
\""
                    << p.first << "\"" << std::endl;
                string text = p.first;
                char buff[1024];
                _gcvt(p.second, 4, buff);
                text = text + ":" + buff;

                /*************************** 输出英文标签 ***************************
**************/

                //CvFont font;
                 //cvInitFont(&font, CV_FONT_HERSHEY_COMPLEX, 0.5, 0.5, 0, 1, 8);
// 初始化字体
                //cvPutText(show, text.c_str(), cvPoint(10, 30), &font, cvScalar(0,
0, 255, NULL));
                //string name_text;
                cvPutText(show, text.c_str(), cvPoint(10, 30 + i * 20), &font,
cvScalar(0, 0, 255, NULL));

                /*****************************************************************
*****************/

                cvNamedWindow(" 结果 ");
                cvShowImage(" 结果 ", show);
                cvWaitKey(1);

            }
            end= clock();
            run_time = (double)( end - begin) / CLOCKS_PER_SEC;
            printf("Time is ::");
            printf("%f seconds\n", duration);
            int c = cvWaitKey();
            cvDestroyWindow(" 结果 ");
```

```
            cvReleaseImage(&show);
            std::cout << "///////////////////////////////////////////////////////////
///" << std::endl;
            if (c == 27)
            {
                return 0;
            }
        }
        return 0;
    }
    #else
    int main(int argc, char** argv) {
        LOG(FATAL) << "This example requires OpenCV; compile with USE_OPENCV.";
    }
    #endif  // USE_OPENCV
```

程序会输出具体的需要预测的图片类型，当然是包含在cifar10中的类别，不管所提供的图片在不在这个数据集的类型之中，这个程序总会将图片划分成其中的一类，代码首先进行特征提取，然后将特征映射到类别上，最后形成一个输出。此程序基本上能够满足平时单张图片分类测试的需要。

CHAPTER 4

第4章

认识深度学习网络中的层

4.1 卷积层的作用与类别

4.1.1 卷积层的作用

卷积层在网络的前部负责初级特征的抽取，我们也可以这样理解，每一个卷积核都是一种特征的抽取器，每一个卷积层都有多个卷积核，这样每一个卷积层都可以提取多种特征，在卷积网络的前几层，通过将卷积核可视化可以看出，某些卷积核提取出来的是直线，某些卷积核提取出来的是固定的几个点，我们把提取出来的这些特征称为初级特征。在中层，我们可以看到一些图像的轮廓和颜色组合之类的特征，我们称这些特征为中层特征。一层层地进行叠加，最终将会得到对整个图像的抽象。

卷积在整个神经网络中主要起到权值共享、等价表示的作用。有资料表示卷积还有其他类似稀疏等的特性，对此笔者个人是持不同观点的。本书的内容仅代表笔者一家之言，大家可以多看一些其他的更多样的观点来佐证自己的理解，从而更好地判断这个目前还没有最终结论的问题。

权值共享是指在一个模型的多个函数中使用相同的权值，这是相对于传统的神经网络结构来说的，当用于计算当前一层输出的时候，传统的神经网络其权值矩阵的每一个元素仅使用一次，当它与一个输入元素做过一次乘法之后就不会再用；而卷积会一次次重复地将卷积核的内容与输入元素做乘法。权值共享使得我们学习到的是一个权值集合而并非每一个位置都有一个与自己对应的权值。这并未减少前向网络的计算时间，但是对于训练来说却减少了很多时间，而且可以增加训练的稳定性，减少所需要的训练样本。

卷积还有另外一个特性，那就是可以支持任意维度的输入，该特性明显优于传统的神经网络，传统的神经网络只能处理特定维度的输入。我们需要重视这个特性，以便对其进行合理的利用。

4.1.2　卷积分类

1. 从卷积核整体的跨度区分

从卷积核整体的跨度来区分，卷积可分为重叠卷积和非重叠卷积，重叠卷积和非重叠卷积的区别在于卷积核在移动的过程中与上一次的卷积核位置是否重叠。

重叠卷积的示例如图 4-1 所示。

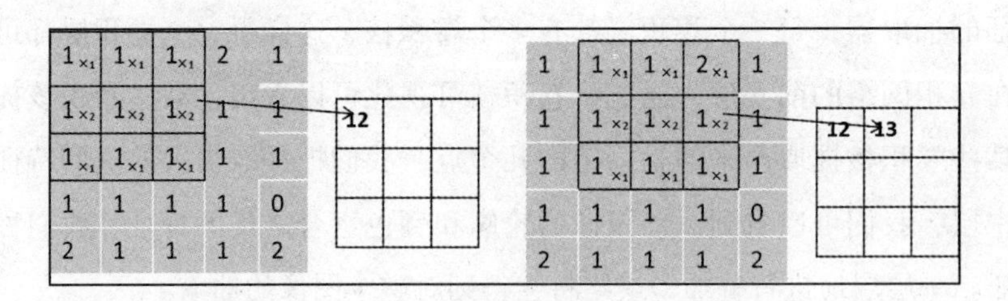

图　4-1

非重叠卷积的示意图如图 4-2 所示，可以看到卷积核在移动的过程中是非重叠的。

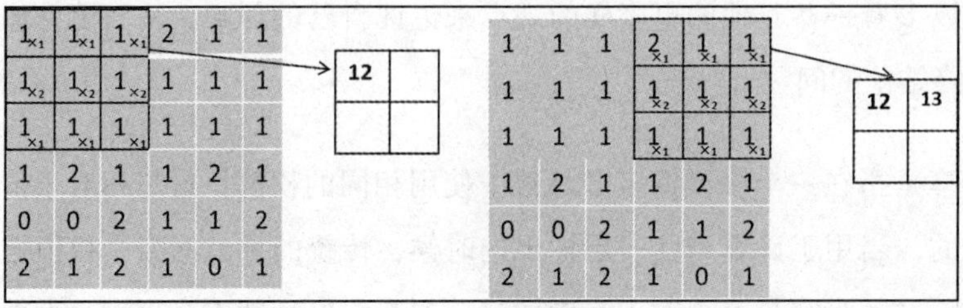

图　4-2

2. 从卷积核内部区分

从卷积核内部来区分，卷积可分为卷积核重叠卷积和卷积核内部非重叠卷积。

卷积核重叠卷积如图 4-3 所示。

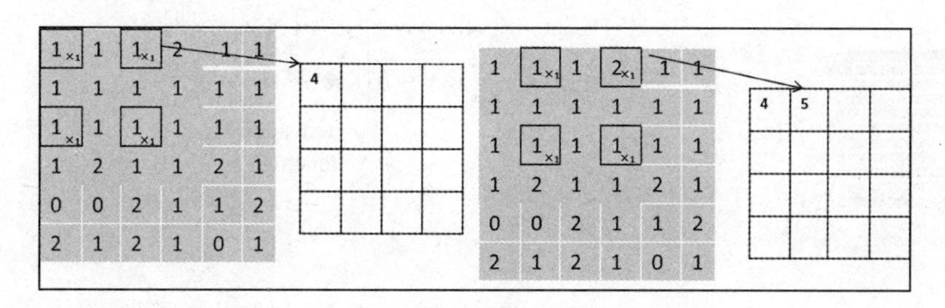

图 4-3

卷积核内部非重叠卷积如图 4-4 所示。

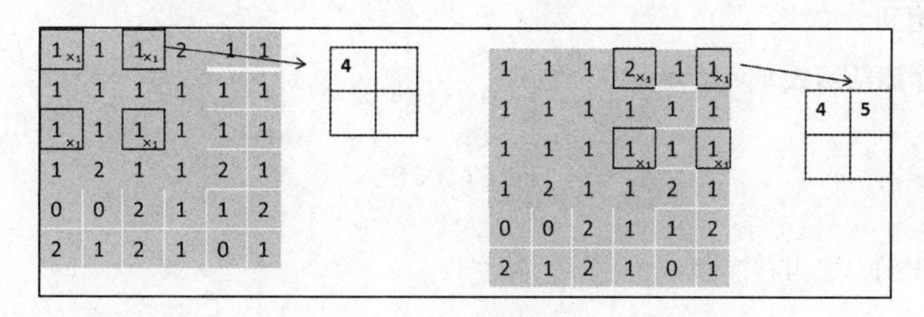

图 4-4

4.2 激活层的作用与类别

4.2.1 激活函数的定义及相关概念

在 ICML2016 的一篇论文“Noisy Activation Functions”中，作者将激活函数定义为一个几乎处处可微的“h : R → R”（R 是数域中的实数集，也就是说映射关系中的象与原象都是实数），感兴趣的朋友可以阅读原文来加深理解，这里只做粗浅的概念解释。

激活函数的表达式如图 4-5 所示。

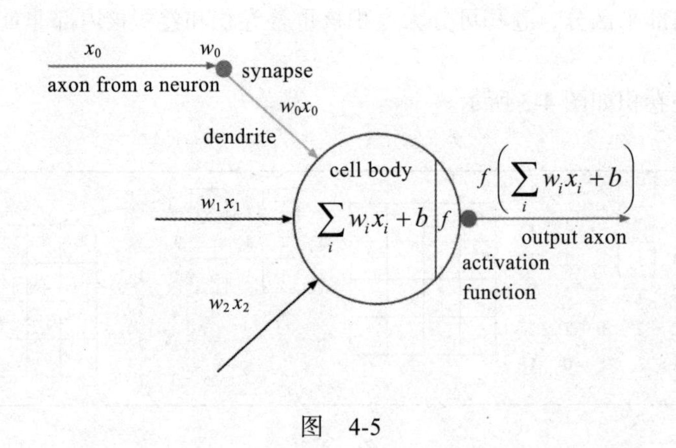

图　4-5

下面先介绍一些基本概念，这些概念在接下来的阐述中可能会用到。

（1）饱和

当一个激活函数 $h(x)$ 满足：

$$\lim_{n \to +\infty} h'(x) = 0$$

时，我们称之为右饱和。

当一个激活函数 $h(x)$ 满足：

$$\lim_{n \to -\infty} h'(x) = 0$$

时，我们称之为左饱和。

当一个激活函数，既满足左饱和又满足右饱和时，我们称之为饱和。

（2）硬饱和与软饱和

对于任意的 x，如果存在常数 c，当 $x>c$ 时恒有 $h'(x)=0$，则称其为右硬饱和，当 $x<c$ 时，恒有 $h'(x)=0$ 则称其为左硬饱和。若既满足左硬饱和，又满足右硬饱和，则称这种激

活函数为硬饱和。但只有在极限状态下偏导数等于 0 的函数，才称之为软饱和。

4.2.2 激活函数的类别

Sigmoid 函数

早期的神经网络中经常使用 Sigmoid 函数，其可能是最早的激活函数，数学表达式如下：

$$f(x)=\frac{1}{1+e^{-x}}$$

类 ReLU 函数

无论是后来的 PReLU 还是 Elu 都是从 ReLU 这个函数出发而做的一些改进，这一类函数在本书编写的阶段还是属于比较流行使用的函数，其中以 PReLU 最为常用，ReLU 的数学表达式如下：

$$f(x)=x(x>=0)$$
$$f(x)=0(x<0)$$

4.3 池化层的作用与类别

4.3.1 池化层的历史

这里先向大家讲解一下池化层（Pooling）的相关历史，它的理论应该来自于日本人福岛邦彦的神经认知机中的复杂细胞，具体可以参考“Neocognitron: A self-organizing neural network model for a mechanism of pattern recognition unaffected by shift in position”，这是目前主流学者所认同的理论，当然其实现与今天的实现虽有着相似之处但又有很多不同的地方。1962 年，Hubel 和 Wiesel 提出了视觉皮层的功能模型，从简单细胞到复杂细胞再到超复杂细胞。受到这样的启发，神经认知机在 1980 年又有了新的突破，简单细胞被实现成了卷积，复杂细胞被实现为pooling，但是由于当年的种种条件限制，神经认知机采用的是自组织方式进行无监督的卷积核训练的，不具备我们今天看到的CNN的特点（通过BP端到端的神经网络训练）。

Hubel和Wiesel于1959年通过研究猫的视觉皮层感受野，提出了视觉神经系统的层级结构模型，即从简单细胞到复杂细胞、超复杂细胞的层级信息处理结构。当然当时只是提出了这个模型，并未进行实现。

历史上的复杂细胞信息处理结构模型如图4-6所示。

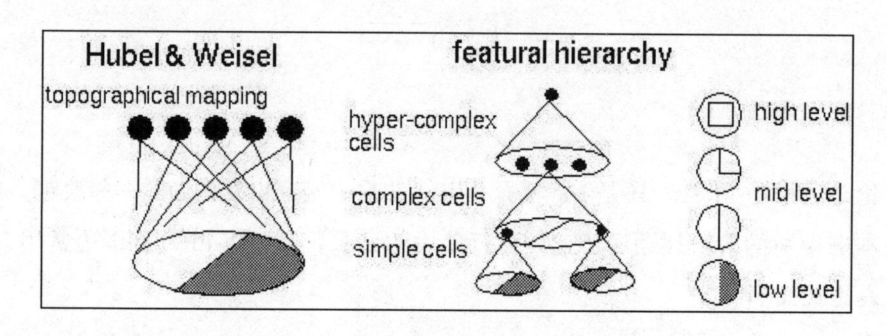

图　4-6

1989年，LeCun在手写识别系统中的sample节点使用的池化，与我们今天的池化操作才比较接近，笔者个人认为这个时候才是真正的池化操作的诞生时间，因为只有在工程上实现并验证其行之有效的理论之后，才能用其来构建实际系统。历史总在不断地轮回，而就在1989年，LeCun刚发表了他的LeNet，神经网络的寒冬很快就来临了。每一次新的发现都伴随着新的危机出现，然后从头再来。

4.3.2　池化层的作用

池化层是CNN的重要组成部分，其通过减少卷积层之间的连接，来降低运算的复杂程度。池化层的输入一般来源于上一个卷积层，其主要作用是提供了很强的鲁棒性（例如，max-pooling是获取一小块区域中的最大值，此时若此区域中的其他值略有变化，或者图像稍有平移，则pooling后的结果仍然保持不变），并且还会减少参数的数量，以防止过拟合现象的发生，也就是说，pooling 可以保持某种不变性（旋转、平移、伸缩等）。池化层一般没有参数，所以进行反向传播的时候，只需对输入参数进行求导，而不需要进行权值更新。

通过卷积操作获得了图像的特征之后，若直接利用该特征去做分类，则会面临大计算量的挑战。而 pooling 的结果可以使得特征减少，参数也减少。

4.3.3 池化层分类

最常见的池化操作分别为平均池化（mean pooling）、最大池化（max pooling）和随机池化（Stochastic Pooling）。平均池化指的是将计算图像区域的平均值作为该区域池化后的值。最大池化指的是选取图像区域的最大值作为该区域池化后的值。随机池化（Stachastic Pooling）指的是从局部感受野中随机取出一个值。

池化层的前向计算比较简单，大家可以参考下面的形式来理解。

最大池化（max pooling）的示意图如图 4-7 所示。

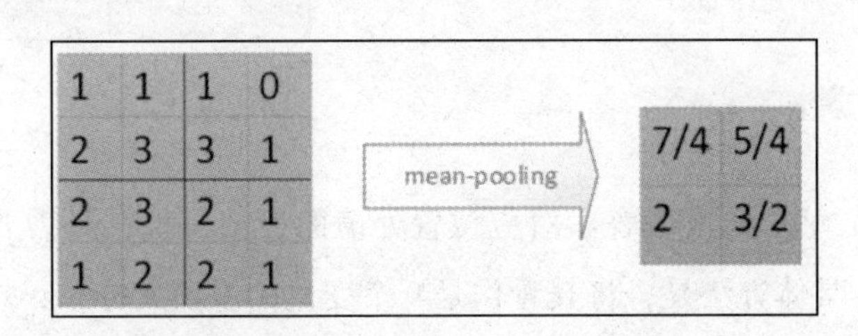

图 4-7

平均池化（average pooling）的示意图如图 4-8 所示。

相较于前两个操作，随机池化（Stochastic Pooling）的操作，理解起来更复杂一些，我们取其中一个 pooling 区域来解释这个操作，因为对于整个图像来说，就像它的名字一样，在训练的时候同一个值在进行这一操作的时候都有可能是千差万别的，下面我们先来理解其中一个 pooling 区域的操作。

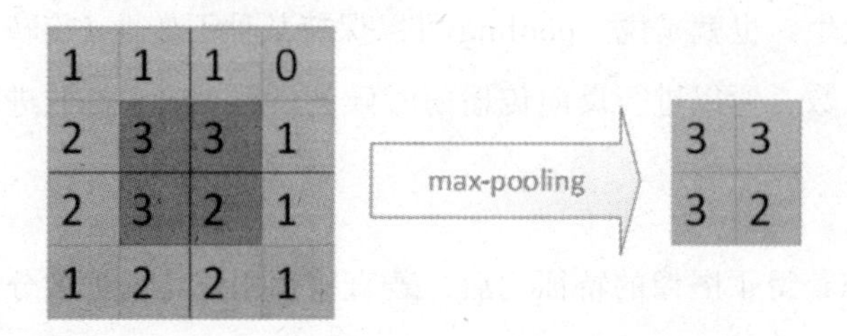

图　4-8

先假设 feature map 中 pooling 区域的元素值，如图 4-9 所示。

feature map 大小为 3 × 3，所有元素值和 sum=0+1.3+2.4+0.9+2.1+0.7+0+1.5+1.1=10

方格中的每一个元素同时除以 sum 后得到的矩阵元素图如图 4-10 所示。

0	**1.3**	**2.4**
0.9	2.1	0.7
0	1.5	1.1

图　4-9

0	0.13	0.24
0.09	0.21	0.07
0	0.15	0.11

图　4-10

在图 4-10 中，每个元素值表示对应位置处值的概率，现在只需要按照该概率来随机选择一个即可，具体方法是，将其看作是 9 个变量的多项式分布，然后对该多项式分布采样，在 Theano 框架中将由 multinomial() 函数直接来完成。当然也可以自己用 01 均匀分布来采样，将单位长度 1 按照那 9 个概率值分成 9 个区间（概率越大，覆盖的区域越长，每个区间对应于一个位置），然后随机生成一个数值，看它落在哪个区间。Caffe 中的 CPU 代码里并没有实现这个操作，但在 GPU 的代码中实现了这一操作，这一点确实比较令我费解。（也许是因为这一计算过程比较复杂，在 CPU 中进行计算比较耗时的缘故。）

下面我们自己设计一个随机池化的操作，比如假设随机采样后的矩阵如图 4-11

所示。

那么这时候 pooling 值的大小为 1.5。两个矩阵对应位置的元素相乘可以得到最终值。

使用 stochastic pooling 时（即 test 过程），其推理过程也很简单，对矩阵区域求加权平均值即可。比如，上述例子中求值的过程为：

0	0	0
0	0	0
0	1	0

图　4-11

$$0\times 0+1.3\times 0.13+2.4\times 0.24+0.9\times 0.09+2.1\times 0.21+$$
$$0.7\times 0.07+0\times 0+1.5\times 0.15+1.1\times 0.11=1.581$$

说明此时对小矩形 pooling 后的结果为 1.581。

4.4　全连接层的作用与类别

笔者将全连接层分成了两种类型的层来看待，一种是接在 softmax 等损失函数之前的一层，我称之为适配型全连接层，还有一种是接在适配型全连接层之前的全连接层，这种类型的层称为特征型全连接层。

对于适配型全连接层，其作用仅仅是适配分类输出，所起到的作用是将学到的“分布式特征表示”映射到样本标记空间。

而特征型全连接层，其作用相对来说就比较有意思了，这种层往往用在人脸识别、车型识别等任务中，用来替代传统机器学习中高维度的混合特征。

特征型的全连接层还有一个作用就是防火墙，在近期的一些研究中可以发现，虽然全连接的参数冗余比较多，但是若输入的测试图像与训练图像物品所处的位置不一样的时候，带有特征型全连接的网络往往要优于不带有特征型全连接的网络。因为分类任务也可以使用 pooling 或者精心设计的卷积来做映射。

4.5 dropout 层的作用

这里简单介绍一个只在训练网络中出现的层，dropout 层，顾名思义，这一层是丢弃一些什么的意思，dropout 层的概念首次出现在文章“Improving neural networks by preventing co-adaptation of feature detectors”中，丢弃一些东西也是我们在进行神经网络训练的时候经常做的一件事情，dropout 层经常被夹在网络后面的卷积层到全连接层之间，以及两个全连接层之间，其目的只有一个，就是把一些反馈的梯度信息置零，也就是故意丢弃一些反馈，这样做的好处主要是提高网络的泛化能力，防止过拟合。

由于此层的数学公式极其简单，因此就在这里做个非常简单的说明，dropout 层的公式具体如下：

$$y_{\text{train}} = \begin{cases} \dfrac{x}{1-p} & \text{if } u > p \\ 0 & \text{otherwise} \end{cases} \qquad \text{Where, } u \sim U(0,1)$$

$$E(y_{\text{train}}) = p \cdot 0 + (1-p)\frac{E(x)}{1-p} = E(x)$$

公式中，p 表示丢弃概率，u 是一个服从均匀分布的随机数，其值在（0，1）之间。这样我们可以直观地看到，每一个反馈有 p 的概率都被丢弃掉了，如果从统计的角度去认知这一层，其实可以看作是我们多次随机初始化一个网络，然后放入同样的数据对整个网络进行训练，并将网络参数取平均，其得到的效果和 dropout 层得到的效果在形式上是等价的，这种平均化参数的思路在传统的神经网络训练中曾经被人使用过。

4.6 损失函数层

损失函数层决定了网络的目的，其与传统机器学习中损失函数的作用是一模一样的，甚至连深度学习中的梯度下降法也与传统机器学习中的优化方法都是一样的。

下面先来说一下机器学习中目标函数的概念，目标函数是一个与具体任务相关但含义更广的概念，对于目标函数来说，在有约束条件下的最小化就是损失函数。从这样的定义中我们可以看到，损失函数是在一定的约束条件下才成立的。

很多时候我们写出来的目标函数不一定可以直接进行优化，最典型的例子就是 svm 的目标函数，原始函数的具体形式如下所示：

$$\max_{w,b} \quad \gamma$$
$$s.t. \quad y_i\left(\frac{w}{\|w\|}\cdot x_i+\frac{b}{\|w\|}\right)\geqslant\gamma, \quad i=1,2,\cdots N$$

其中，γ 是所有点中最小的几何间隔，实际上就是支持向量上的点的几何间隔。x_i, y_i 是训练样本及对应的标签，$y_i\in\{-1,+1\}$，作用是将第 i 个样本点的几何间隔转化为正数。公式的意思是假设每个训练样本点的几何间隔至少是 γ，求 γ 的最大值。

但是我们都知道这一公式是没有办法直接用来进行优化的，我们需要使用一系列的变化来对这一公式的形式进行转换，才能被计算机所使用，最终要转换成代码让计算机执行。原始的 SVM 实际上是一个极小极大的问题。

可以利用拉格朗日乘子法将约束条件融入目标函数：

$$L(w,b,\alpha)=\frac{1}{2}\|w\|^2-\sum_{i=1}^{n}\alpha_i(y_i(w^Tx_i+b)-1)$$
$$s.t. \quad \alpha_i\geqslant 0, i=1,2,\ldots,n$$

原始的 SVM 的极小极大问题，可以参考如下公式：

$$\min_{w,b}\max_{\alpha_i\geqslant 0}L(w,b,a)$$

实际上，可以根据下面这个优化函数将原始问题的约束条件——函数间隔不得小于 1 转化到拉格朗日乘子 α 向量上去，我们首先只看函数后面的那一部分：

$$\theta(w)=\max_{\alpha_i\geqslant 0}L(w,b,a)$$

从上式中很容易可以看出：如果样本点 x_i 满足约束条件，即有 $y_i(w^Tx_i+b)-1 \geqslant 0$，上式求最大时，必定有 $\alpha_i(y_i(w^Tx_i+b)-1)=0$，则 α 与后面括号里面的式子必有一个为 0 (VI)，所有的样本点都满足约束条件，极小极大问题就转化为 $\min_{w,b}\frac{1}{2}\|w\|^2$，如果有一个样本点不满足约束条件，$\alpha$ 值取无穷大，那么上式将取无穷大，这显然是没有意义的。实际上，这段论述说明了原始问题具有 KKT 强对偶条件。需要满足的 KKT 条件具体如下：

$$\alpha^*_i(y_i(w^{*T}x_i+b^*-1))=0$$
$$y_i(w^{*T}x_i+b^*-1) \geqslant 0$$
$$\alpha^* \geqslant 0$$

原始问题满足 KKT 条件，此时我们再将其转化成一个最优解等价的对偶的极大极小问题，先对极小部分求偏导：

$$\frac{\partial L}{\partial w}=0 \Rightarrow w=\sum_{i=1}^{n}\alpha_i y_i x_i$$
$$\frac{\partial L}{\partial b}=0 \Rightarrow \sum_{i=1}^{n}a_i y_i=0$$

得到如下对偶最优化问题：

$$\begin{aligned}\max_{\alpha}&\sum_{i=1}^{n}\alpha_i-\frac{1}{2}\sum_{i,j=1}^{n}\alpha_i\alpha_j y_i y_j x_i^T x_j\\ s.t.\quad &\alpha_i \geqslant 0, i=1,\dots,n\\ &\sum_{i=1}^{n}\alpha_i y_i=0\end{aligned}$$

对于一个新的样本，可以将上面 w 的值带入 $f(x) = w^T \cdot x + b$，由此可以知道要判断新来的点，我们只需要计算它与训练点的内积即可，这也是 kernel trick 的关键：

$$\begin{aligned}f(x)&=\left(\sum_{i=1}^{n}\alpha_i y_i x_i\right)^T x+b\\ &=\sum_{i=1}^{n}\alpha_i y_i\langle x_i,x\rangle+b\end{aligned}$$

软间隔通常是解决异常点的一种方法，对于软间隔问题可以建立目标函数：

$$\begin{aligned} &\min \frac{1}{2}\|w\|^2 + C\sum_{i=1}^{n}\xi_i \\ s.t.\quad & y_i\left(w^T x_i + b\right) \geqslant 1-\xi_i, i=1,\cdots,n \\ & \xi_i \geqslant 0, i=1,\cdots,n \end{aligned}$$

与硬间隔的优化方法相似，软间隔目标函数得到的解是：

$$\begin{aligned} &\max_{\alpha} \sum_{i=1}^{n}\alpha_i - \frac{1}{2}\sum_{i,j=1}^{n}\alpha_i\alpha_j y_i y_j \left\langle x_i, x_j \right\rangle \\ s.t.\quad & 0 \leqslant \alpha_i \leqslant C, i=1,\ldots,n \\ & \sum_{i=1}^{n}\alpha_i y_i = 0 \end{aligned}$$

只有最后面的这三个式子才可以在计算机中执行，这一点也可以作为目标函数和损失函数的一大区别，我们可以随意设计目标函数，但是并不是每一个目标函数在计算机中都可以得到求解，目标函数必须通过某些手段来变成损失函数才行。损失函数决定了我们构建整个系统的目的，当然，很多时候我们在工程实践中可以忽略掉这些，因为Caffe框架已经把我们需要使用的目标函数的损失函数都设计好了，因此我们只需要调用现成的目标函数即可。

前面为大家列举了传统机器学习中一个非常经典的、支持向量机的损失函数和最终优化目标函数的设计，其与深度学习中损失函数的设计是完全一致的，大家在学习的过程中一定不能把这两个内容割裂开来，深度学习只是机器学习中的一个分支，虽然目前在大多数任务中深度学习表现不错，但是传统的机器学习的基础则是使用好新的机器学习套路的必经之路，有很多经典的理论在深度学习中依然发挥着作用。

深度学习的损失函数包括分类和回归两种类型。典型的分类任务的损失函数包括multinomial_logistic_loss、sigmoid_cross_entropy和softmax_loss等；典型的回归任务的损失函数包括euclidean_loss。还有一些针对不同任务自行设计的函数，比如tripletloss这个函数在人脸识别应用中的人证对比就很好用。

CHAPTER 5

第 5 章

Caffe 的框架设计

5.1 Caffe 中 CPU 和 GPU 结构的融合

在 Caffe 中，CPU 和 GPU 主要使用一个共同的数据存储类 SyncedMemory，下面就来详细讲解一下这个数据类，并通过此类进行 GPU 和 CPU 数据的存储和交换。

5.1.1 SyncedMemory 函数及其功能

首先，我们简单看一下这个类的各个功能和函数。

```
SyncedMemory::~SyncedMemory()
```

功能：析构函数。

实现逻辑具体如下。

1）如果有 CPU 数据，则释放对应的内存空间。

2）如果有 GPU 数据，则释放对应的显存空间。

```
inline void SyncedMemory::to_cpu()
```

功能：将数据从显存中移到内存中以供 CPU 使用。

实现逻辑具体如下。

1）若数据未初始化，则在 CPU 中申请内存（申请为 0）。此时状态为 HEAD_AT_CPU。

2）若数据本来就在 GPU 的显存中，则从显存复制数据到内存。此时状态为 SYNCED。

3）若数据本来就在内存中，则不做任何处理。

4）若数据在 CPU 内存和 GPU 显存中都存在，则不做任何处理。

```
inline void SyncedMemory::to_gpu()
```

功能：把数据放到 GPU 显存上。

实现逻辑具体如下。

1）若数据未进行初始化，则在 GPU 中申请内存（申请为 0）。此时状态为 HEAD_AT_GPU。

2）若数据在 CPU 内存中，则从 CPU 内存中将数据复制到 GPU 显存中。此时状态为 SYNCED。

3）若数据在 GPU 显存中，则不做任何操作。

4）若数据在 CPU 内存和 GPU 显存中都存在，则不做任何操作。

```
const void* SyncedMemory::cpu_data()
```

功能：返回数据在 CPU 中的指针。

```
void SyncedMemory::set_cpu_data(void* data)
```

功能：将 CPU 中的数据的指针指向 data，并将数据的状态更改为 HEAD_AT_CPU。

```
void* mutable_cpu_data()
```

功能：返回数据在 CPU 中的指针，并将数据的状态更改为 HEAD_AT_CPU。

实现逻辑：内部会调用 to_cpu。

```
void* mutable_gpu_data()
```

功能：返回数据在CPU中的指针，并将数据的状态更改为HEAD_AT_GPU。

实现逻辑：内部会调用to_gpu。

5.1.2　SyncedMemory类的作用

在Caffe中，SyncedMemory是Caffe基础数据（Blob）类的成员变量，SyncedMemory作为基础存储结构，负责分别存储本身的数据（data_)、数据维度(shape_data_)和梯度(diff_)。

具体代码如下：

```
protected:
  shared_ptr<SyncedMemory> data_;
  shared_ptr<SyncedMemory> diff_;
  shared_ptr<SyncedMemory> shape_data_;
  vector<int> shape_;
  int count_;
  int capacity_;

  DISABLE_COPY_AND_ASSIGN(Blob);
};  // class Blob
```

从上述代码中，我们不难看出存放数据的所有结构都使用了SyncedMemory类，我们可以将其理解为一个buffer，这个buffer可以在GPU和CPU中灵活地复制数据，还可以用于存储不同的数据，为后续的处理构建良好的基础。

5.2　Caffe训练时层的各个成员函数的调用顺序

Caffe中所有的层均继承自Layer，我们可以看到Layer层中包含了几个虚函数（函数前面带有virtual关键字)，下面列举几个关键函数：

```
   * Checks that the number of bottom and top blobs is correct.
   * Calls LayerSetUp to do special layer setup for individual layer types,
```

```
   * followed by Reshape to set up sizes of top blobs and internal buffers.
   * Sets up the loss weight multiplier blobs for any non-zero loss weights.
   * This method may not be overridden.
   */
  void SetUp(const vector<Blob<Dtype>*>& bottom,
      const vector<Blob<Dtype>*>& top) {
    InitMutex();
    CheckBlobCounts(bottom, top);
    LayerSetUp(bottom, top);
    Reshape(bottom, top);
    SetLossWeights(top);
  }
virtual void LayerSetUp(const vector<Blob<Dtype>*>& bottom,
      const vector<Blob<Dtype>*>& top) {}

  /**
   * @brief Adjust the shapes of top blobs and internal buffers to accommodate
   *        the shapes of the bottom blobs.
   *
   * @param bottom the input blobs, with the requested input shapes
   * @param top the top blobs, which should be reshaped as needed
   *
   * This method should reshape top blobs as needed according to the shapes
   * of the bottom (input) blobs, as well as reshaping any internal buffers
   * and making any other necessary adjustments so that the layer can
   * accommodate the bottom blobs.
   */
  virtual void Reshape(const vector<Blob<Dtype>*>& bottom,
      const vector<Blob<Dtype>*>& top) = 0;
  /** @brief Using the CPU device, compute the layer output. */
protected:
  virtual void Forward_cpu(const vector<Blob<Dtype>*>& bottom,
      const vector<Blob<Dtype>*>& top) = 0;
  /**
   * @brief Using the GPU device, compute the layer output.
   *        Fall back to Forward_cpu() if unavailable.
   */
  virtual void Forward_gpu(const vector<Blob<Dtype>*>& bottom,
      const vector<Blob<Dtype>*>& top) {
    // LOG(WARNING) << "Using CPU code as backup.";
    return Forward_cpu(bottom, top);
  }
```

```
/**
 * @brief Using the CPU device, compute the gradients for any parameters and
 *        for the bottom blobs if propagate_down is true.
 */
virtual void Backward_cpu(const vector<Blob<Dtype>*>& top,
    const vector<bool>& propagate_down,
    const vector<Blob<Dtype>*>& bottom) = 0;
/**
 * @brief Using the GPU device, compute the gradients for any parameters and
 *        for the bottom blobs if propagate_down is true.
 *        Fall back to Backward_cpu() if unavailable.
 */
virtual void Backward_gpu(const vector<Blob<Dtype>*>& top,
    const vector<bool>& propagate_down,
    const vector<Blob<Dtype>*>& bottom) {
  // LOG(WARNING) << "Using CPU code as backup.";
  Backward_cpu(top, propagate_down, bottom);
}
```

SetUp层用于设置基类负责层内部的构建和初始化，其中会调用InitMutex函数（此函数负责在初始化前向和反向的时候等待数据完成的锁)、CheckBlobCounts函数（此函数负责检查输入输出的Blob的数量是否正确)、LayerSetUp函数（此函数负责具体执行子类中的不同于父类的函数)、Reshape函数（此函数负责对输入输出的存储维度进行更新)、SetLossWeights函数（此函数负责设置loss的权重系数，将所有位置的梯度都乘上一个固定的系数，这个在层的参数loss_weight中会有体现)。

Forward_cpu和Forward_gpu分别是具体层的CPU代码执行前向和GPU代码执行前向的具体实现。这里还有一个小的工程技巧，那就是在GPU执行前向的基类中使用CPU执行前向，这样做主要是为了防止出现在没有实现GPU代码的时候不能进行代码调试的问题。

Backward_cpu和Backward_gpu分别是具体层的CPU代码执行反向和GPU代码执行反向的具体实现，同样，在GPU的基类中可以使用CPU执行反向，作用与执行前向中的方法一致。

上述的 Forward_cpu 和 Backward_cpu 都是纯虚接口，需要在子类中进行实现，否则将会无法使用。这样做可以避免我们在实现新的层的时候忘记了实现反向和前向而产生不必要的调试麻烦。

5.3　Caffe 网络构建函数的解析

网络初始化的构建是 NetInit 函数，首先我们来看一下 NetInit 函数的整体流程，在该流程中，LayerRegistry 函数使用工厂模式并根据外部参数来动态创建层；而在具体的数据结构中，使用的则是 stl 中的 map 结构，其中键（key）使用的是字符串类型（string），其对应的值为一个参数，即 LayerParameter 的函数指针。下面来看一下具体的实现代码，如下所示：

```
template <typename Dtype>
class LayerRegistry {
 public:
  typedef shared_ptr<Layer<Dtype> > (*Creator)(const LayerParameter&);
  typedef std::map<string, Creator> CreatorRegistry;
```

LayerRegistry 是工厂，这个工厂内部提供了各种层的创建函数字典（std::map），k 字符串作为查询标记（key），创建函数作为结果（value）。这一方式在很多设计方案中经常被采用。

5.4 节会详细展开介绍工厂模式和反射机制，这里先来看一下网络创建的流程吧，NetInit 函数的调用流程图如图 5-1 所示。

此构建过程使用了工厂模式，5.4.1 节会详细介绍工厂模式，在构建过程中需要插入 split 层，这样做是为了多个 top 的梯度信息在返回的时候能够正确计算本层的梯度。

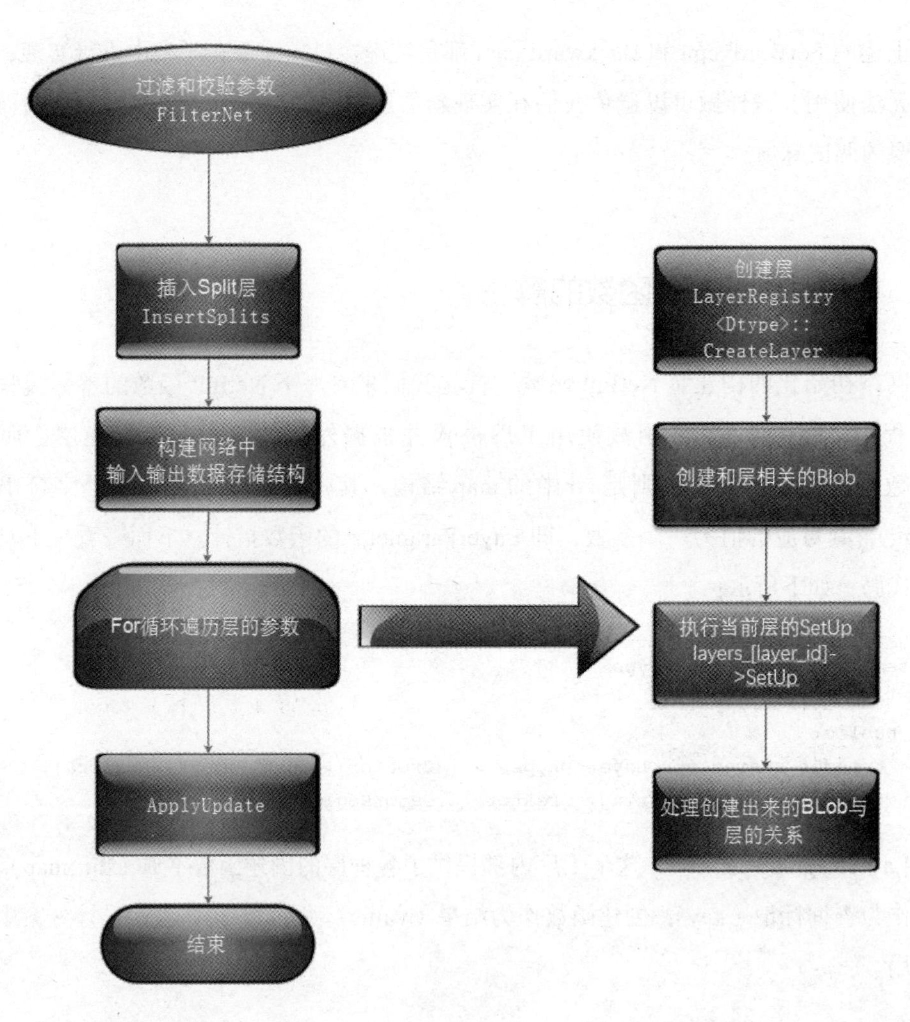

图　5-1

5.4　Caffe 层如何使用 proto 文件实现反射机制

5.4.1　工厂模式

在讲解 proto 实现的反射机制之前，需要先谈谈工厂模式，如果读者已经熟悉了该设计模式，那么可以跳过此部分的内容。

工厂模式属于创建者模式之一，此模式定义了一个创建对象的接口，让其子类决定自己要实例化哪一个产品类，工厂模式使其创建过程延迟到子类再进行，主要解决接口选择的问题。由子类实现父类产品的抽象接口，然后由工厂返回一个抽象的产品。这样调用者想创建一个对象时，只要知道其名称就可以了。如果想增加一个产品，也只需要扩展一个继承抽象产品的具体产品类即可。Caffe 的各个层刚好是使用这样的模式来创建的。若把层当作具体的产品，那么 LayerRegistry 刚好是创建产品的工厂。当然 Caffe 中工厂的使用和其他软件中的使用是一样的，特性也一样。

Caffe 中工厂模式的架构图如图 5-2 所示。

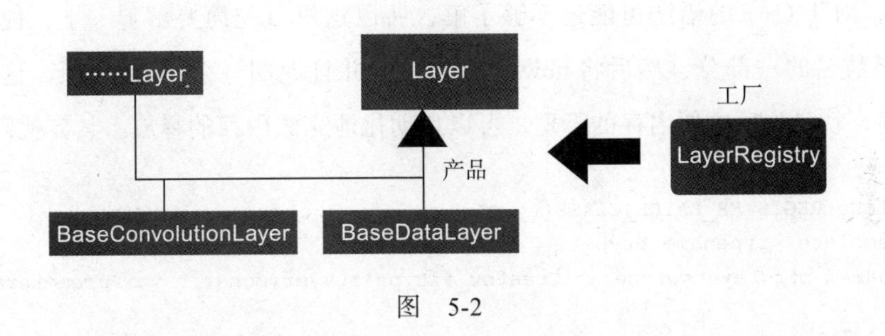

图　5-2

当然，大多数人看了工厂模式的实现代码之后会有什么都没做的错觉，只是使用 new 方法新建一个对象如此简单的使用却能从平凡中见伟大，而且使用 new 方法似乎也没有什么问题？那么下面我们来设想一个场景，某天你心血来潮，修改了一个类名，或者修改了构造参数（增加或者减少了参数），而你的代码中又有数不清的地方使用了这个类。那样的话结果将不堪设想，只能逐个找出来逐个修改，一旦有遗漏系统就会出错，这种情况光想想都觉得不寒而栗。工厂模式可以让使用者不必了解产品本身的构造知识从而降低产品的使用难度。这就好比是在日常生活中，我们都会使用电器，但是我们并不需要掌握复杂的电器构造知识，只需要按几个按钮就可以享受这些电器带来的便捷，工厂模式正是为了进行多人合作的时候可以达到这一效果。当然，Caffe 中的工厂模式其目的不仅限于此，其另一个目的就是让程序能够通过解析 proto 配置文件来构建对应的层，从而实现反射。

下面列举一个通俗易懂的例子，程序员免不了要熬夜加班赶代码，麦当劳的鸡翅和肯德基的鸡翅都是程序员所喜爱的夜宵，虽然两家店的口味各有不同，但是不管你是去麦当劳还是去肯德基点餐，只需要向服务员说“来四只鸡翅”就行了，当然，服务员可能还会进一步询问你的口味，是椒盐的还是蜜汁的，这个例子中鸡翅就是产品名了，而麦当劳和肯德基，可以将其理解为一个生成鸡翅的工厂。

5.4.2 层的创建

了解完了工厂模式之后，接下来再看看应如何创建层，层的创建函数被定义为一个宏，在C++代码中使用宏是一件非常普遍的事情，阅读本书的大多数读者可能都是初学Caffe的，对于C++的语法可能还不够了解，所以这里首先简要解释一下，使用层的名字作为函数名的一部分，然后将new进行包装，并且返回一个shared_ptr，这样做的目的很明确，就是为了方便内存的管理，可以自动化地完成内存的释放。具体代码如下：

```
#define REGISTER_LAYER_CLASS(type)                                              \
  template <typename Dtype>                                                     \
  shared_ptr<Layer<Dtype> > Creator_##type##Layer(const LayerParameter& param) \
  {                                                                             \
    return shared_ptr<Layer<Dtype> >(new type##Layer<Dtype>(param));            \
  }                                                                             \
  REGISTER_LAYER_CREATOR(type, Creator_##type##Layer)
```

在上述代码中，“REGISTER_LAYER_CREATOR(type, Creator_##type##Layer)”这行代码中的“##”表示将前后两个代码段连接在一起，这个宏就生成和定义了各个层的创建函数的代码。

下面使用SplitLayer列举一个示例来解释这段代码，先将SplitLayer的代码放到上述代码里面：

```
INSTANTIATE_CLASS(SplitLayer);
REGISTER_LAYER_CLASS(Split);
```

下面我们对“REGISTER_LAYER_CLASS(Split)；”这行代码进行替换翻译，如果不进行这样的简略编写，那么在每一个类似的层中都会出现一系列重复的代码。下面以Split层为例做一个具体的示范，以便大家能够充分理解上文的工厂模式，然后替换type，参考代码具体如下：

```
template <typename Dtype>                                                    \
shared_ptr<Layer<Dtype> > Creator_SplitLayer(const LayerParameter& param)    \
{                                                                            \
    return shared_ptr<Layer<Dtype> >(new SplitLayer<Dtype>(param));          \
}
```

每个文件中都会多出这样的代码，当然在代码阅读方面对于新手来说还是很方便的，但是对于整个 Caffe 工程来说是极其不利的，这样冗余代码量将会增加，工程架构也不会那么清晰。

Caffe 所有的层都是这么构建创建函数的吗？当然不是，如果参考卷积层的代码，就会发现该层的代码中并未找到调用 REGISTER_LAYER_CLASS 的代码。那么卷积层是如何构建创建函数的呢？卷积层的创建函数在 LayerFactory.cpp 中，具体代码如下（这个代码在我的 Caffe 版本中是 LayerFactory.cpp 的 110 行到 146 行）：

```
template <typename Dtype>
shared_ptr<Layer<Dtype> > GetConvolutionLayer(
    const LayerParameter& param) {
  ConvolutionParameter conv_param = param.convolution_param();
  ConvolutionParameter_Engine engine = conv_param.engine();
#ifdef USE_CUDNN
  bool use_dilation = false;
  for (int i = 0; i < conv_param.dilation_size(); ++i) {
    if (conv_param.dilation(i) > 1) {
      use_dilation = true;
    }
  }
#endif
  if (engine == ConvolutionParameter_Engine_DEFAULT) {
    engine = ConvolutionParameter_Engine_CAFFE;
#ifdef USE_CUDNN
    if (!use_dilation) {
      engine = ConvolutionParameter_Engine_CUDNN;
    }
#endif
  }
  if (engine == ConvolutionParameter_Engine_CAFFE) {
    return shared_ptr<Layer<Dtype> >(new ConvolutionLayer<Dtype>(param));
```

```
#ifdef USE_CUDNN
  } else if (engine == ConvolutionParameter_Engine_CUDNN) {
    if (use_dilation) {
      LOG(FATAL) << "CuDNN doesn't support the dilated convolution at Layer "
                 << param.name();
    }
    return shared_ptr<Layer<Dtype> >(new CuDNNConvolutionLayer<Dtype>(param));
#endif
  } else {
    LOG(FATAL) << "Layer " << param.name() << " has unknown engine.";
  }
}

REGISTER_LAYER_CREATOR(Convolution, GetConvolutionLayer);
```

到此为止，两种类型的Layer的创建函数都已经介绍完毕。这里再简单说明一下，所有非cudnn实现的层都是采用第一种方式实现的创建函数，而带有cudnn实现的层都是采用第二种方式实现的创建函数。

接下来我们再来看看这些创建函数是如何与层的类型进行对应的，这样就将float类型和double类型的层都声明为一个全局的静态对象，该静态对象主要负责进行注册。示例代码如下：

```
#define REGISTER_LAYER_CREATOR(type, creator)                                  \
  static LayerRegisterer<float> g_creator_f_##type(#type, creator<float>);     \
  static LayerRegisterer<double> g_creator_d_##type(#type, creator<double>)    \
```

仔细看一下这个对象的构造函数，可以发现在构造函数中进行了具体层的注册。参考代码具体如下：

```
template <typename Dtype>
LayerRegisterer<Dtype>::LayerRegisterer(
    const string& type,
    shared_ptr<Layer<Dtype> > (*creator)(const LayerParameter&)) {
  // LOG(INFO) << "Registering layer type: " << type;
  LayerRegistry<Dtype>::AddCreator(type, creator);
}
```

上述代码就是将创建函数加入到LayerRegistry中，这与我们自己手动添加并无区别。

下面继续深入这个 AddCreator 函数中以查看究竟，具体代码如下：

```
// Adds a creator.
template <typename Dtype>
void LayerRegistry<Dtype>::AddCreator(const string& type, Creator creator) {
  CreatorRegistry& registry = Registry();
  CHECK_EQ(registry.count(type), 0) << "Layer type " << type
                                     << " already registered.";
  registry[type] = creator;
}
```

AddCreator 函数其实就是将 creator 放到 CreatorRegistry 结构中，这里需要注意下这个结构的定义，代码如下：

```
typedef shared_ptr<Layer<Dtype> > (*Creator)(const LayerParameter&);
typedef std::map<string, Creator> CreatorRegistry;
```

至此，大家就知道了原来是 Caffe 框架把所有创建层的函数都放入了一个 map 结构中，前面是 string 类型，后面是一个函数指针。

接下来再看一个关键函数 CreateLayer，该函数在 net 中被调用，主要用于创建层的函数，此函数的定义具体如下：

```
template <typename Dtype>
shared_ptr<Layer<Dtype> > LayerRegistry<Dtype>::CreateLayer(
    const LayerParameter& param) {
  if (Caffe::root_solver()) {
    LOG(INFO) << "Creating layer " << param.name();
  }
  const string& type = param.type();
  CreatorRegistry& registry = Registry();
  CHECK_EQ(registry.count(type), 1)
      << "Unknown layer type: " << type
      << " (known types: " << LayerTypeListString() << ")";
  return registry[type](param);
}
```

从上述代码可以看到，这里使用了刚才提到的 map 结构，如果创建工厂找到了对应类型的层就创建层，并返回创建的层的指针。此函数被“Net：：Init”函数调用（在我使用的 Caffe 版本中是第 97 行)：

```
97    layers_.push_back(LayerRegistry<Dtype>::CreateLayer(layer_param));
```

很多人可能都会觉得，为何不用 if 来实现这个创建函数的调用，而非得将函数指针放入 map 结构呢？当然，用 if 做逻辑判断肯定是可以的，但是那么多的逻辑分支会使得调用创建的函数体变得非常庞大，还会导致创建函数调用的效率变得低下。

5.5　Caffe 的调用流程图及函数顺序导视

下面就对 Caffe 训练过程中比较关键的几个流程做一个简单的解析，先从 NetInit 函数调用流程开始。这里绘制了一个导视图，如图 5-3 所示。

从图 5-3 中可以看出，在网络初始化的时候，第一个被调用的函数是 FilterNet，此函数主要针对训练网络和测试网络进行针对性选择，初始化对应的层。

第二个 InsertSplits 函数主要在训练中使用，假设有两个层共同用到了某一个层输出的数据块（Blob)，那么我们就需要插入 Split 层，这一层可以分别进行梯度的计算，然后再叠加梯度，将梯度反向传回到上一层。

接下来的代码中主要是对输入和输出的数据块进行存储结构的构建。这块的代码虽然多，但是都比较简单，这里不做赘述。

在接下来的 for 循环中将会用到前文所讲到的工厂模式创建层，以及创建对应的输出数据块（Blob)。在这一函数中还会执行层的 SetUp 函数。然后再处理当前层和数据块之间的关系。

最后的函数调用的是 ShareWeights，该函数主要是在多个层共享参数的时候起作用，该函数负责将两个层之间的权重参数进行同步，使得两个层之间的参数能够随时保持一致，比如，我们在训练孪生神经网络的时候就会使用这一特性。

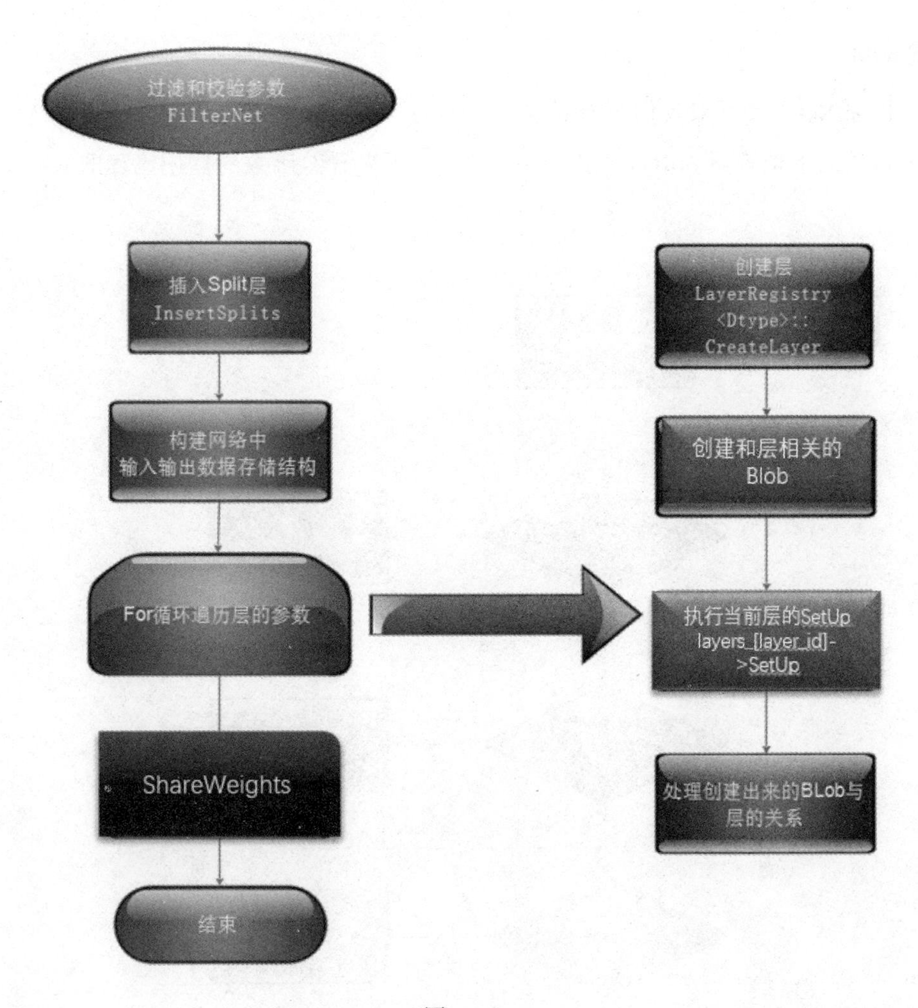

图 5-3

下面对 net 类关键函数的用法做一个小结，具体如下。

- ForwardBackward 只是按顺序调用了 Forward 和 Backward。
- ForwardFromTo(int start, int end) 函数调用从 start 层到 end 层的前向传递，采用简单的 for 循环调用。
- BackwardFromTo 和前面的 ForwardFromTo 函数是一样的。
- ToProto 函数完成了网络的序列化到文件，循环调用了每个层的 ToProto 函数。

Solver

解析完Net，接下来我们再看看Solver类的一些关键流程，该类完成了训练优化，这里先自顶向下地查看Solver类的Solve函数，再来看看函数的调用流程图，如图5-4所示。

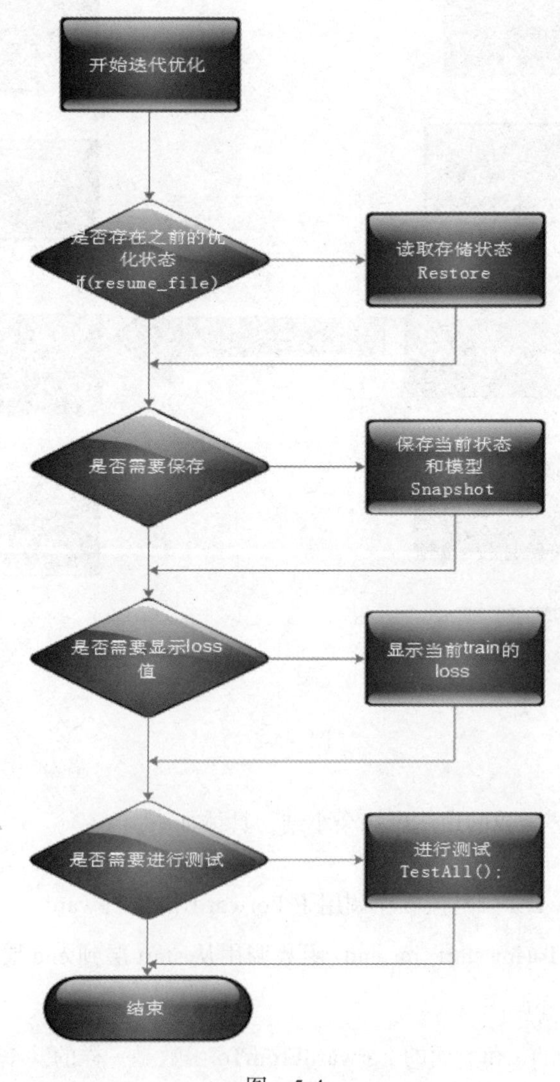

图　5-4

图5-4所示的流程基本是一个最简单的循环流程，它会不断地判断是否完全达到优

化或者达到优化次数，从而判断是否退出循环。

Snapshot 用于判断是否需要保存模型和训练快照，这个功能在突然发生断电或者系统意外崩溃的时候尤为重要，这样可以保证我们只是浪费了一些时间，而不是全部训练的时间都被浪费掉。

TestAll 函数用来测试所有验证集的样本是否正确，并向我们展示出最终模型训练的好坏。

接下来再来看看 Solver 中一个 Step 函数的流程，这也是一个非常关键的函数。这一函数执行了 Net 的 ForwardBackward，并使用平滑过的 loss 来更新训练参数，其流程如图 5-5 所示。

Step 函数是整个 Cafe 中优化流程的一个核心函数，这个函数里面既进行了前向又执行了反向，并且还能根据需要进行模型和训练状态的保存，这样就能将因为断电或者硬件故障导致的训练中断而引发的意外损失降低到最小，展示训练 loss 是为了让开发人员可以及时看到网络是否在收敛，如果已经发生了网络发散的问题则可以及时地打断训练，重新调整网络对问题再次建模后再进行训练。

5.6 Caffe 框架使用的编码思想

5.6.1 Caffe 的总体结构

Caffe 框架包含如下几个组件：Blob、Solver、Net、Layer、Proto 等，其结构图如图 5-6 所示。

Caffe 为了可以更加方便地构建训练网络和优化方案，使用的是 SOA 方式动态构建网络和优化方案，整个设计都是为了实现运行时动态而动态配置的训练网络和 Solver。

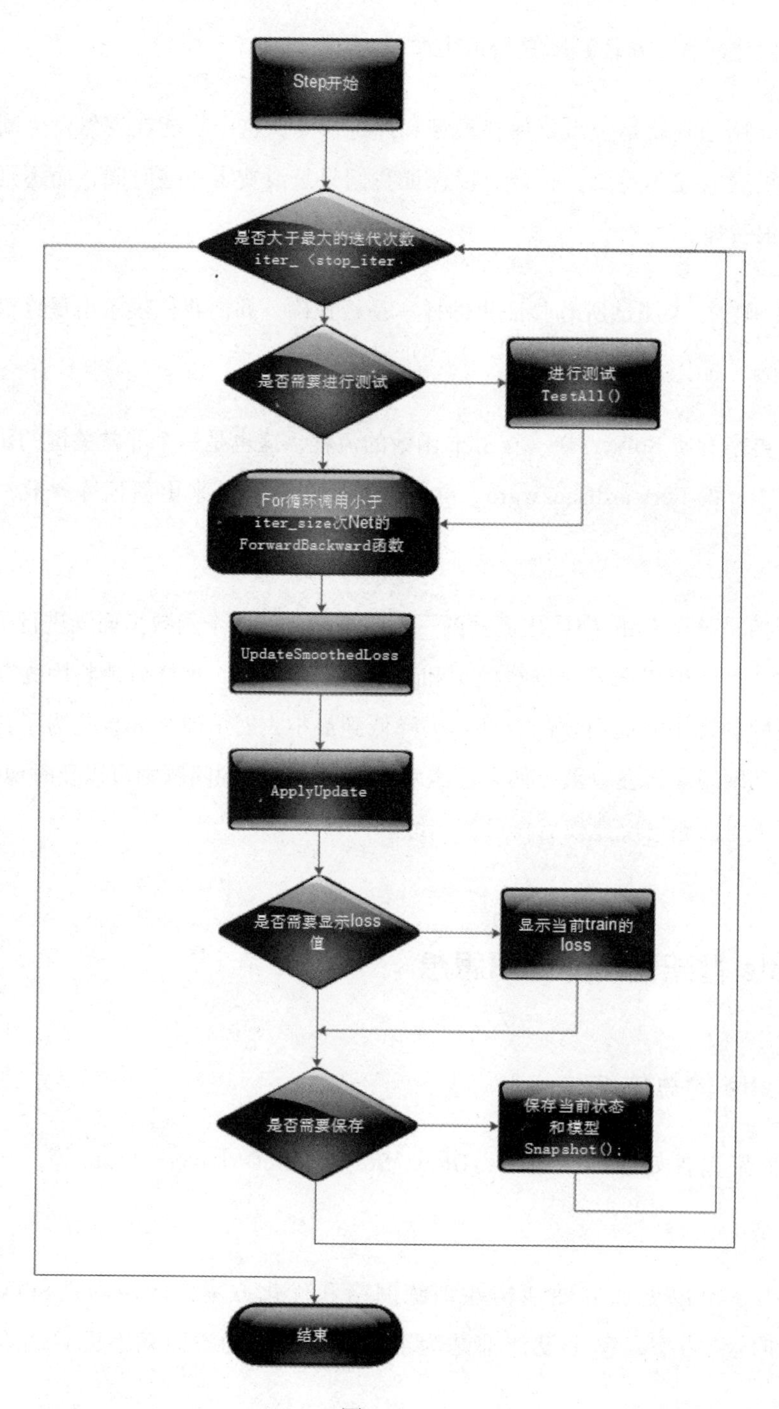
Step开始
是否大于最大的迭代次数
iter_ <stop_iter
是否需要进行测试
进行测试
TestAll()
For循环调用小于
iter_size次Net的
ForwardBackward函数
UpdateSmoothedLoss
ApplyUpdate
是否需要显示loss
值
显示当前train的
loss
是否需要保存
保存当前状态
和模型
Snapshot();
结束

图　5-5

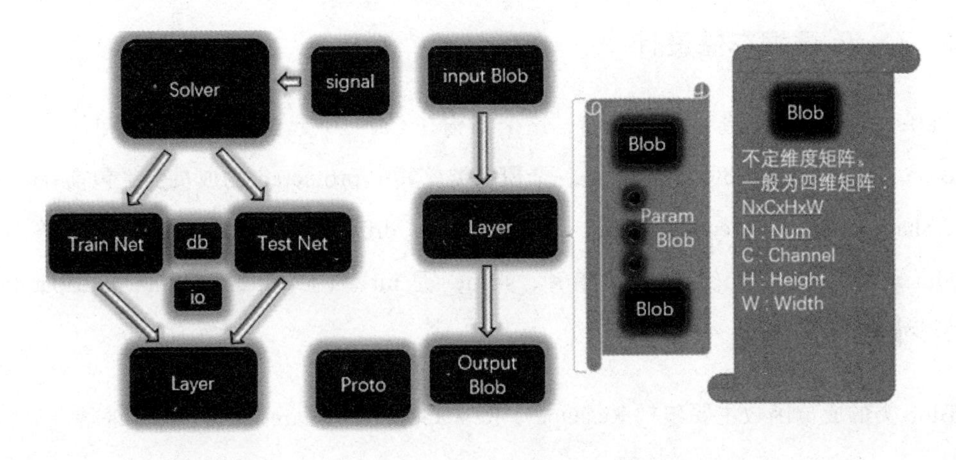

图 5-6

Caffe 中无论是网络还是 Solver，都由 prototxt 文件组成的，这一文件的结构类似于 JSON，大家可以参考 https://github.com/BVLC/caffe/blob/master/src/caffe/proto/caffe.proto，这里面有最新的网络层的构建参数和 Solver 构建的参数。整个 Caffe 所实现的每一层几乎都是有 GPU 的，那些以“.cu”作为后缀的文件都是 cuda 的代码，语法风格类似于 C++。

Caffe 网络的构建由类 JSON 格式的 Proto 类型的文本文件形成，此外，Solver 的选择也是由此文件完成的。

构建 Net 的过程中会调用 ReadProtoFromTextFile 读入所有的网络参数，然后调用如图 5-6 所示的流程进行整个 Caffe 网络的构建。这个文件决定了存在于 Caffe Model 中的每个 Blob 是用来做什么的，如果没有了这个文件，那么 Caffe 的模型文件将无法使用，因为模型中只存储了各种各样的 Blob 数据，里面只有 float 值，而怎样切分这些数据是由 Prototxt 文件来决定的。

Caffe 的架构在框架上采用了反射机制去动态创建层来构建 Net，Protobuf 本质上定义了 graph，反射机制是由宏配合 map 结构形成的，然后使用工厂模式去实现各种各样层的创建，当然区别于一般定义配置采用的 XML 或者 JSON，该项目的写法采用了 Proto 这种文件对组件的组装。

5.6.2 Caffe 数据存储设计

Caffe 中使用 Blob 进行数据存储，这个结构在 Caffe 中起到了数据交换和传递的作用。Blob 在 Caffe 源码 blob.hpp 中是一个模板类。其中 protected 的成员变量包括 data_、diff_、shape_、count_、capacity_ 等，其中 data_ 和 diff_ 是共享 SyncedMemory 类（在 syncedmem 的源码中定义）的智能指针，shape_ 是 int 型的 vector，count_ 和 capacity_ 是整型变量。

Blob 类的成员函数主要包括 Reshape 、ReshapeLike、SharedData、Updata 等。

blob.hpp 包含了 caffe.pb.h，说明 Caffe protobuf 会向 Blob 传递参数。下面就简单说说这个结构的一些关键函数。

- ❑ Reshape 函数，负责将这个结构的存储空间按照输入参数进行修改，输入参数有两种形式，建议大家使用 vector 的形式，这样比较通用。
- ❑ data_ 数据操作函数，cpu_data 返回 CPU 中的数据，gpu_data 返回 GPU 中的数据。
- ❑ 反向传播导数 diff_ 操作函数，cpu_diff 返回 CPU 中的梯度，gpu_diff 返回 GPU 中的梯度。
- ❑ ShareData 函数，将一个 Blob 中的数据和另一个 Blob 中的数据指向同一片空间。
- ❑ Updata 函数，主要是为了针对更新训练参数设计的，这一函数会根据梯度改变 Blob 中的 data 数据。
- ❑ asum_data 函数，对 Blob 中的所有数据求和，这一函数在进行 loss 计算的时候将会用到。
- ❑ asum_diff 函数，是对所有的梯度进行求和的函数。
- ❑ sumsq_data 函数，对 Blob 中的 data 数据求平方和。
- ❑ sumsq_diff 函数，对 Blob 中的 diff 数据求平方和。
- ❑ scale_data 函数，主要是为 Blob 中 data 数据乘以一个系数而设计的。
- ❑ scale_diff 函数，是为 Blob 中的 diff 数据乘以一个系数而设计的。
- ❑ ShapeEquals 函数，用于判断两个 Blob 是不是同一维度的矩阵。

- CopyFrom 函数，用于从其他 Blob 中复制一份一样的数据，并将其填充到当前 Blob 中。
- FromProto 函数，会从 Proto 中加载一个 Blob，在读取训练模型微调或者测试时使用。
- ToProto 函数，用于保存训练快照或者训练模型使用。

这里做一个简单的总结，为了可以进行动态配置，Caffe 的整个架构都由 SOA 方式设计，它的网络（Net）和优化器（Solver）均由类 JSON 的 Proto 的文本文件构成，基本数据存储结构是 Blob，Blob 结构由底层 SyncedMemory 负责 GPU 数据存储和 CPU 数据存储，代码组成包括以下几个部分：公共基础类，这一部分主要是各种计算、文件解析，以及 io 的处理等；具体层的实现部分，层的实现部分占据了最主要的代码组成，主要用于实现具体层的前向和反向的数学公式和数值计算；优化器部分，主要实现了主流的几种梯度下降法来优化求解具体的网络参数；网络部分，主要完成了网络的构建，并使用优化器完成参数的迭代更新，是完成整个训练的核心部分。

CHAPTER 6

第6章

基础数学知识

6.1 卷积层的数学公式及求导

1. 二维空间卷积操作的数学公式

在二维空间，卷积操作的数学表达形式为：

$$I^*(x,y)=(I*f)(x,y)=\sum_{u,v}I(x+u,y+v)f(U/2-u,V/2-v)$$

下面就来简单说明下这个公式是如何作用和推导的。

如图 6-1 所示，其中 x, y 是图像空间像素的坐标；U, V 表示卷积核的大小；u, v 分别表示进行卷积操作时当前的位置与中心位的偏置，u, v 的偏置范围分别为 $u\in[-U/2, U/2]$, $v\in[-V/2, V/2]$。卷积的具体过程如图 6-1 所示。

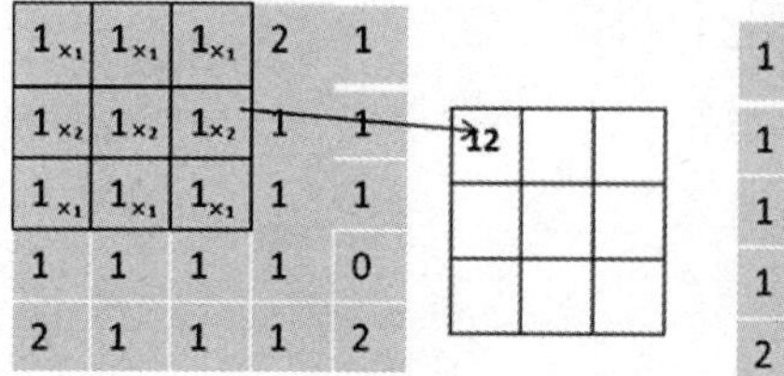

图 6-1

公式中 $I(x+u,y+v)$ 表示图像 $I(x,y)$ 的像素点横向和纵向分别偏移中心位 u 和 v 后的坐标。$f(U/2, V/2)$ 表示的是卷积核的中心，$f(U/2-u, V/2-v)$ 表示的是偏移卷积核中心位 u 和 v 后的坐标，而 $I(x+u, y+v)\,f(U/2-u, V/2-v)$ 则表示该像素点与卷积核相乘的结果。从而也可以推出，图像块 I 的卷积公式为：

$$I^*(x,y)=(I*f)(x,y)=\sum_{u,v}I(x+u,y+v)f(U/2-u,V/2-v)$$

简而言之就是，将卷积核进行中心对称操作之后在图像上进行滑动窗口扫描，然后逐一计算点积运算结果。卷积运算是数字图像处理中比较常用的一种技术，常用于对图像进行去噪、模糊、提取边缘等操作。

2. 梯度的反向传播公式及推导

在卷积网络中，梯度反向传播的方式其实与特征的正向求解过程非常类似。其公式如下所示：

$$\frac{\partial L}{\partial I^*(x,y)}=\sum\frac{\partial L}{\partial I^*(s,t)}\frac{\partial I^*(s,t)}{\partial I(x,y)}$$

其中，L 是网络最终的损失函数，I 是图像块，(x, y) 是像素的坐标，由公式：

$$I^*(x,y)=(I*f)(x,y)=\sum_{u,v}I(x+u,y+v)f(U/2-u,V/2-v)$$

可知，并不是卷积结果的每一个元素 $I^*(s,t)$ 都与图像像素 $I(x,y)$ 有关。

故对公式：

$$I^*(x,y)=(I*f)(x,y)=\sum_{u,v}I(x+u,y+v)f(U/2-u,V/2-v)$$

变形得到：

$$I^*(x-u,y-v)=\cdots\cdots+I(x,y)f(U/2-u,V/2-v)+\cdots\cdots$$

因为 $u \in [-U/2, U/2]$，$v \in [V/2, V/2]$，所以仅当 $s \in [x - U/2, x + U/2]$，$t \in [y - V/2, y + V/2]$ 时，$I^*(s, t)$ 的计算才与图像像素 $I(x,y)$ 有关。

比如，在图 6-2 中，仅当 $s \in [x - 5/2, x + 5/2]$，$t \in [y - 5/2, y + 5/2]$ 时，卷积的计算结果才与 $I(x,y)$ 有关。

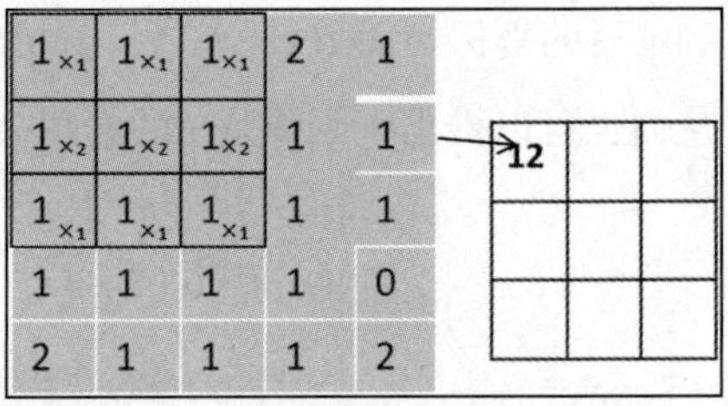

$1_{\times 1}$	$1_{\times 1}$	$1_{\times 1}$	2	1
$1_{\times 2}$	$1_{\times 2}$	$1_{\times 2}$	1	1
$1_{\times 1}$	$1_{\times 1}$	$1_{\times 1}$	1	1
1	1	1	1	0
2	1	1	1	2

12		

图　6-2

公式可以简化为：

$$\frac{\partial L}{\partial I^*(x,y)} = \sum \frac{\partial L}{\partial I^*(x-u,y-v)} \frac{\partial I^*(x-u,y-v)}{\partial I(x,y)}$$

由式子：$I^*(x-u,y-v) = \cdots\cdots + I(x,y)f(U/2-u,V/2-v) + \cdots\cdots$

可知：$\dfrac{\partial I^*(x-u,y-v)}{\partial I(x,y)} = f(U/2-u,V/2-v)$

故原式 $= \sum \dfrac{\partial L}{\partial I^*(x-u,y-v)} f(U/2-u,V/2-v)$

$$= \left(\frac{\partial L}{\partial I^*} * g\right)(x,y)$$

其中 g 是卷积核 f 做完中心对称后的结果，即 $g(U/2+u,V/2+v) = f(U/2-u,V/-v)$

6.2　激活层的数学公式图像及求导

Sigmoid 的数学公式如下：

$$f(x) = \frac{1}{1+e^{-x}}$$

其函数图像如图 6-3 所示。

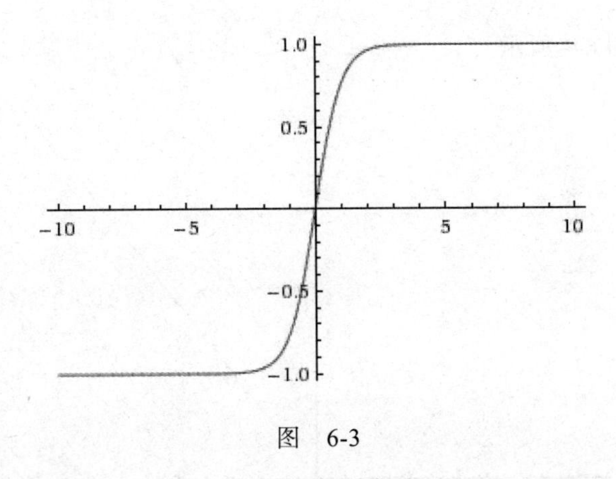

图　6-3

Sigmoid 的求导如下：

$$f'(x)=\frac{e^{-x}}{(1+e^{-x})^2}$$

为了计算方便，我们也会用到下面的公式，在 Caffe 和其他神经网络框架中，实际计算时都会采用下面的这个计算方式，因为在执行前向传播的时候，y 值是已经计算出来的值，直接利用 y 值即可计算反向传播。

$$\begin{aligned}f'(x)&=\frac{e^{-x}}{(1+e^{-x})^2}\\&=\frac{1+e^{-x}-1}{(1+e^{-x})^2}\\&=\frac{1}{1+e^{-x}}-\frac{1}{(1+e^{-x})^2}\\&=y(1-y)\end{aligned}$$

ReLU 的数学公式如下：

$$f(x)=\{$$

$$x(x\geqslant 0);$$

$$0(x<0);$$

$$\}$$

其函数图像如图 6-4 所示。

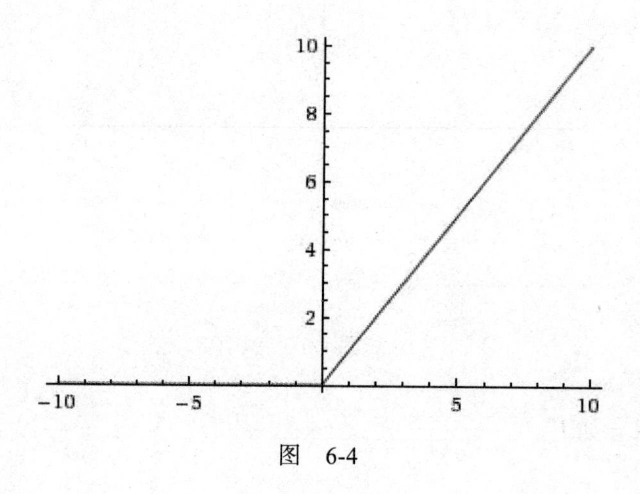

图　6-4

ReLU 函数的求导如下：

$$f'(x)=\begin{cases}0(x<0)\\1(x\geqslant 0)\end{cases}$$

6.3　三种池化层的数学公式及反向计算

池化层的反向计算

对于 max-pooling，在进行前向计算时，选取的是每个 2*2 区域中的最大值，这里需要记录下最大值在每个小区域中的位置。在进行反向传播时，只有那个最大值才会对下一层有贡献，所以会将残差传递到该最大值的位置，区域内其他的 2*2−1=3 个位置置零。具体过程如图 6-5 所示，其中 4*4 矩阵中非零的位置即为前面计算出来的每个小区域的最大值的位置。

最大值池化反向计算过程具体如下。

对于 average pooling，是对平均值池化进行反向计算，对于平均值池化，我们需要把残差平均分成 2*2=4 份，传递到前面小区域的 4 个单元即可。具体过程如图 6-6 所示。

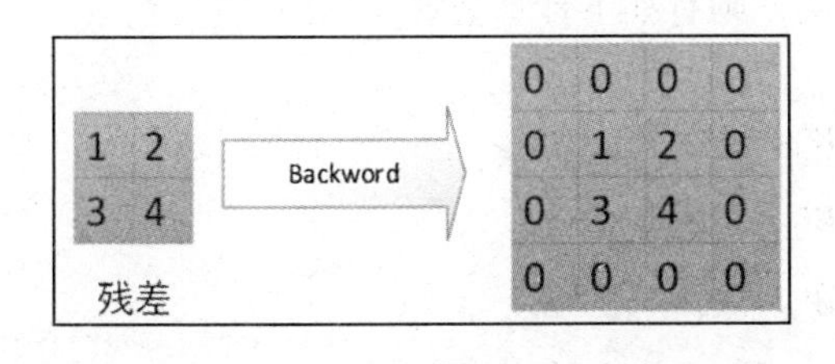

图　6-5

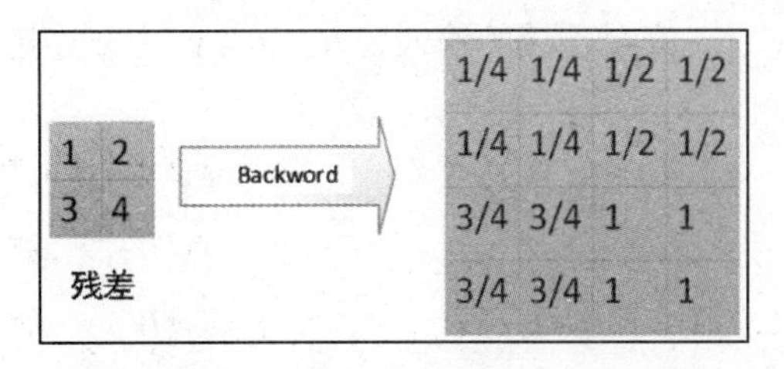

图　6-6

对于 Stochastic Pooling，在进行反向传播求导时，只需要保留前向传播已经记录并被选中节点的位置的值，其他值都为 0，这一点与 max-pooling 的反向传播非常类似，只是被选中的节点的位置不固定而已。

6.4　全连接层的数学公式及求导

全连接层其实也可以看作是一种卷积层，只不过卷积核大小与输入图像的大小是一致的，这是一种理解方式；还有另外一种理解方式，那就是传统的神经网络在一开始就只有全连接层，但是由于开始的时候，全连接的参数个数比较多，而且全连接层的这些参数到最后是没有位置相关性的，它已经丢失了位置信息，所以我们在使用这一层的时候基本上是在网络深层抽象由人类发明的抽象含义中使用，浅层的语义信息一般不使用全连接层来建立。

6.4.1　全连接层的前向计算及公式推导

如图 6-7 所示，连线最密集的地方就是全连接层，x 向量是输入，y 向量是输出，很明显可以看出，其中全连接层的参数的确很多。前向计算过程也就是一个线性的加权求和的过程，全连接层的每一个输出都可以看成是前一层的每一个结点乘以一个权重系数 W，最后再加上一个偏置值 b 得到的。

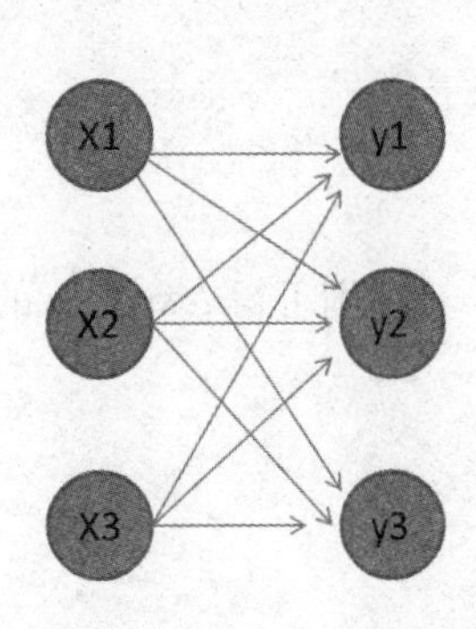

图　6-7

事实上，图 6-7 所示的是一个简单的全连接网络，图中 x_1、

x_2、x_3 为全连接的输入，y_1、y_2、y_3 为全连接层，则有如下计算公式：

$$y_1 = x_1*W_{11} + x_2*W_{12} + x_3*W_{13} + b_1$$
$$y_2 = x_1*W_{21} + x_2*W_{22} + x_3*W_{23} + b_2$$
$$y_3 = x_1*W_{31} + x_2*W_{32} + x_3*W_{33} + b_3$$

通过矩阵可以表示为：

$$\begin{bmatrix} y_1 \\ y_2 \\ y_3 \end{bmatrix} = \begin{bmatrix} W_{11} & W_{12} & W_{13} \\ W_{21} & W_{22} & W_{23} \\ W_{31} & W_{32} & W_{33} \end{bmatrix} * \begin{bmatrix} x_1 \\ x_2 \\ x_3 \end{bmatrix} + \begin{bmatrix} b_1 \\ b_2 \\ b_3 \end{bmatrix}$$

6.4.2　全连接层的反向传播及公式推导

由于需要对 W 和 b 进行更新，因此还需要向前传递梯度，所以我们需要计算如下三个偏导数。

1. 对上一层的输出（当前层的输入）求导

如果传到该层的梯度为 $\frac{\partial loss}{\partial y}$，那么通过链式法则可求得 $loss$ 对 x 的偏导数。

若输出 y_j 对输入 x_i 的偏导数为：

$$\frac{\partial y_i}{\partial x_j} = \frac{\sum_j^N W_{ij} * x_i}{\partial x_j} = W_{ij}$$

则可得 $loss$ 对 x 的偏导数为：

$$\frac{\partial loss}{\partial x_k} = \sum_j^{500} \frac{\partial loss}{\partial y_j} \frac{\partial y_j}{\partial x_k} = \sum_j^{500} \frac{\partial loss}{\partial y_j} * W_{jk}$$

在反向传播过程中，若第 x 层的 a 节点通过权值 W 对 $x+1$ 层的 b 节点有贡献，则在反向传播过程中，梯度会通过权值 W 从 b 节点传播回 a 节点。

2. 对权重 *W* 求导

因为前向计算的公式如下：

$$y_1 = x_1 * W_{11} + x_2 * W_{12} + x_3 * W_{13} + b_1$$

$$y_2 = x_1 * W_{21} + x_2 * W_{22} + x_3 * W_{23} + b_2$$

$$y_2 = x_1 * W_{31} + x_2 * W_{32} + x_3 * W_{33} + b_3$$

则 $\frac{\partial y_i}{\partial x_j} = xj \rightarrow \frac{\partial loss}{\partial W_{kj}} = \frac{\partial loss}{\partial y_k}\frac{\partial y_k}{\partial W_{kj}} = \frac{\partial loss}{\partial y_k} * x_j$

3. 对偏置系数 *b* 求导

由 $\frac{\partial y_i}{\partial x_j} = 1$ 可知，*loss* 对偏置系数的偏导等于上一层的输出偏导数。

基于对上一层的输出（当前层的输入）求导、对权重 W 求导以及对偏置系数 b 求导，即可完成全连接层的反向传播及公式推导。

6.5　反卷积层的数学公式及求导

首先将卷积计算公式假设为：

$$y = Cx$$

其中输入矩阵记作 x，输出记作 y，C 为执行卷积计算的矩阵，平时的卷积计算即为上式，所谓逆卷积其实就是正向时左乘 C^T，而反向时左乘 $(C^T)^T$，即 C 的运算。这个计算本质上都是一个矩阵运算，只是参数矩阵不一样而已。

下面列举如下一个简单的数学公式：

$$\sum_{k=1}^{K_1} z_k^i \oplus f_{k,c} = y_c^i$$

其中 y 是输入图片，c 是图片的 feature map 数量（对应 channel 的数值），z 是 feature map，k 是输入的 feature map 数量，f 是卷积核。

因为计算都是矩阵运算，所以求导可以参考卷积的求导。这里给出一个简化版本：

$$\frac{\partial Loss}{\partial x_j} = \sum^i \frac{\partial Loss}{\partial y_i} \frac{\partial y_j}{partialx_j} = sum^i \frac{\partial Loss}{\partial y_j} C^{*,j} = C_{*,j}^T \frac{\partial Loss}{\partial y}$$

CHAPTER 7

第7章 卷积层和池化层的使用

7.1 卷积层参数初始化介绍

卷积层参数初始化最早采用的是随机和固定值以及高斯的方法，但是这几种方法在实际应用中经常会导致训练不收敛的问题，直到xavier方法的出现，才保证了训练的稳定收敛。下面先来看看xavier，其是一种初始化算法，对于该方法的详细介绍请参看文章“Understanding the difficulty of training deep feedforward neural networks”，这篇文章详细介绍了此方法的好处，对于初学者来说，可以先知道每一个小的细节，就如初始化对于网络训练来说只是一个小的细节，但是却是至关重要的，因为每一种改进都是基于对问题的深刻理解实现的，会对深度学习这一学科产生深远的影响。后面还有一些初始化方法的改进，千万别小看这些小的改动，因为每一步都有可能是人类历史上对问题认识前进的一大步，这个初始化将会直接使得卷积神经网络的收敛难度大大减小，若采用原来的做法，很多时候卷积网络都是非常难收敛的。

（1）uniform初始化方法

其作用就是把权值或者偏置进行均匀分布的初始化。可用min与max来控制它们的上下限，默认值为（0，1）。

（2）constant初始化方法

其作用是把权值或者偏置初始化为一个常数，具体是什么常数，可以自行定义。其值等于“.prototxt”文件中 value 的值，默认为 0。

（3）Gaussian 初始化

给定高斯函数的均值与标准差，然后生成高斯分布就可以了。

不过需要说明的一点是，高斯初始化可以进行稀疏，意思是可以把一些权值设为 0。控制其稀疏程度的参数是 sparse，sparse 表示相对于 num_output 来说非 0 的个数，在代码实现中，会把 sparse/num_output 当作伯努利分布的概率。生成的 bernoulli 分布的数字（为 0 或 1）与原来的权值相乘，就可以实现一部分权值为 0 了。

（4）positive_unitball 初始化

通俗一点来说，positive_unitball 初始化的作用是让每一个单元的输入权值的和为 1。例如，一个神经元有 100 个输入，那么它就会让这 100 个输入的权值的和为 1，但在源码中怎么实现呢？首先对这 100 个权值赋值，使其在（0，1）之间均匀分布，然后，每一个权值再除以它们的和就可以啦。

（5）MSRA 初始化

首先请参看 MSRA 初始化的论文《Delving Deep into Rectifiers：Surpassing Human-Level Performance on ImageNet Classification》。

权值的分布是基于均值为 0，方差为 2 除以输入的个数的高斯分布，这也是 MSRA 与前面的 Xavier Filler（使用 Xavier 构建的填充器）不同的地方；它特别适合激活函数为 ReLU 函数的场景。

（6）Bilinear 初始化

双线性初始化一般用在深度学习的反卷积中，因为反卷积一般可以用来做超分辨或者图像分割。传统的图像算法也包含双线性插值算法，大家可以参考其作用来做前期的理解，深入之后有各种各样的方法来理解此算法（Bilinear 初始化有很多形式化的方法，大家请自行查找相关方法）。

7.2 池化层的物理意义

对于池化层，我个人认为它的主要物理意义在于如下两点。

- invariance（不变性），这种不变性包括 translation（平移）、rotation（旋转）、scale（尺度）。
- 在保留主要特征的同时减少参数（降维、效果类似于 PCA）和计算量，防止过拟合，以提高模型泛化能力。

当我们左右平移发生的范围小于池化层的 kernel 大小时，使用最大的 max-pooling 得到的值是会保持不变的，旋转也一样，尺度的变化也符合这一特点。越深层次的池化层越符合这些特点，因为越深层次的池化层的感受也越大。

至于降维这一特点这里就不做赘述了，因为特征的数量的确减少了，由于减少了特征空间的范围，因此特征描述一些物品的普适性就会变得更强。我们都知道在现在的理学世界中，都是先建立几个简单的公理，然后再通过公理的组合形成各种各样的定理，最后由各种定理的应用形成一个庞大的学科。对于 pooling 这样的操作，可以理解为我们通过大量的信息反向寻找隐藏在这一物品中的公共特性，假设我们拥有足够多的样本，那么这样操作后理论上可以找到一个近似正确的公共属性。

7.3 卷积层和池化层输出计算及参数说明

我们都知道，输入尺寸后可以计算输出的大小，作为理解深度学习的一个基础内容，我在这里向大家做一个简单的介绍。为了方便说明这一问题，这里不再使用 Caffe 中的代码，容我偷个懒，从我自己构建的一个前向库中提取一段计算输入输出大小的代码来作为示例，代码如下：

```
template<class T>
int HolidayConvolutionCPU<T>::Caculate(const int height, const int width,
const int kernel_h, const int kernel_w,
```

```
        const int pad_h, const int pad_w, const int stride_h, const int stride_w,
const int dilation_h, const int dilation_w,
        int& output_h, int& output_w)
    {
        output_h = (height + 2 * pad_h -
            (dilation_h * (kernel_h - 1) + 1)) / stride_h + 1;
        output_w = (width + 2 * pad_w -
            (dilation_w * (kernel_w - 1) + 1)) / stride_w + 1;

        return 0;
    }
```

从上述代码中可以看到卷积层计算输出的公式如下：

$$output=\frac{(input+2\times pad-dilation\times(kernel-1)+1)}{stride}+1$$

唯一不同的是在 Caffe 中卷积层采用向下取整的策略，而池化层则采用向上取整的策略。在这一点上，Caffe 和 mxnet 的框架是不一样的。

7.4　实践：在 Caffe 框架下用 Prototxt 定义卷积层和池化层

7.4.1　卷积层参数的编写

卷积层中，类型（type）必须设置为“Convolution”，卷积层只有一个输入和一个输出，这一点需要注意，也就是说，有且只有一个输入，有且只有一个输出，其他的写法都是错误的。对于卷积层的名字，是可以随意命名的。

具体可以参考如下的示例代码：

```
layer {
  name: "conv1"
  type: "Convolution"
  bottom: "data"
  top: "conv1"
```

bottom 是输入 blob 的名字，top 是输出 blob 的名字。

卷积层的特定参数放置在 convolution_param{} 中，该部分对卷积层的其他参数进行设置，有些参数为必须设置，有些参数为可选（直接使用默认值）。后面会做详细介绍这一结构中的参数。

7.4.2　必须设置的参数

接下来看看 convolution_param 中一些必须设置的参数。

- num_output：该卷积层的 filter 个数。

卷积层的输出个数可以理解为传统算法的特征种类的个数，每一个卷积核都可以理解为一种特征，当然这只能作为直观的理解，不能作为深入了解以后的理解，这里是为了方便使用，姑且建议读者这么理解。

- kernel_size：卷积层中 filter 的大小（直接使用该参数时，表示 filter 的长宽相等，但在 2D 的情况下，也可以设置为不等，此时，可利用 kernel_h 和 kernel_w 这两个参数进行设定）。

7.4.3　其他可选的设置参数

- stride：filter 的步长，默认值为 1。
- pad：是否对输入的 image 进行 padding，默认值为 0，即不填充（注意，进行 padding 会增加图像边缘在卷积网络中的信息存留时间）。
- weight_filter：权值初始化方法，具体可以参考如下的示例方法。

```
weight_filter{
type:"xavier"
}
```

- bias_filter：偏置项初始化方法，具体可以参考如下的示例方法。

```
    bias_filter{
    type:"xavier"
}
```

❑ bias_term：是否使用偏置项，默认值为 True。

至此，Caffe 卷积层中 Prototxt 的编写就介绍完了，大家对其有了一个大致的了解，对于神经网络来说，卷积是非常重要的一个层，从 CNN 中可以得知，这个层的名字在深度学习中非常重要，其重要性不言而喻。

7.4.4 卷积参数编写具体示例

下面的内容是 Alexnet 的第一层卷积的参数，可以看到这里有 96 个卷积核，每个卷积核的大小为 11 × 11，卷积的跨度为 4，卷积权重的系数初始化采用的是 gaussian 策略，偏置参数采用固定值初始化，初始化值为 0，代码具体如下：

```
layer {
  name: "conv1"
  type: "Convolution"
  bottom: "data"
  top: "conv1"
  # learning rate and decay multipliers for the filters
  param { lr_mult: 1 decay_mult: 1 }
  # learning rate and decay multipliers for the biases
  param { lr_mult: 2 decay_mult: 0 }
  convolution_param {
    num_output: 96     # learn 96 filters
    kernel_size: 11    # each filter is 11x11
    stride: 4          # step 4 pixels between each filter application
    weight_filler {
      type: "gaussian" # initialize the filters from a Gaussian
      std: 0.01        # distribution with stdev 0.01 (default mean: 0)
    }
    bias_filler {
      type: "constant" # initialize the biases to zero (0)
      value: 0
    }
  }
}
```

7.4.5 卷积参数编写小建议

这里再给出一些编写卷积层内容时的小建议，具体如下。

- 靠近数据层的卷积的数量一般会比后面的卷积层的输出（num_output）数量少。
- 在输入图像的分辨率较低时，不宜使用跨度太大的 stride_size。
- 卷积层可以很好地保留位置信息，如果要做位置信息提取，那么可以从这个层中提取出来，这是比较合适的。
- 卷积层之间最好是加入激活层，引入非线性特性。而且应该尽量避免连续使用好几个卷积层。
- 对于一些检测任务，卷积层可以作为直接的输出。
- 卷积层也可以作为特征点位置的输出。

CHAPTER 8

第8章 激活函数的介绍

8.1 用 ReLU 解决 sigmoid 的缺陷

众所周知，在很早之前，神经网络中的 Sigmoid 函数一直被用作激活函数，这种用法在神经网络中存在了 20 多年，同时也正是这一结构的缺陷导致神经网络的层数越多，后续的训练就越发困难。

Sigmoid 函数在深度学习应用中的相关特点简单总结如下。

优点

- Sigmoid 函数的输出映射在（0，1）之间，单调连续，输出范围有限，优化稳定，可以用作输出层。
- 求导容易。

缺点

- 由于其具有软饱和性，因此容易造成梯度消失，从而导致训练出现问题。
- 其输出并不是以 0 为中心的。

接下来再看一下 ReLU 函数的一些特性，这里主要是关注对提升深度学习能力有帮助的特性，并对 Sigmoid 函数与 tanh 函数进行对比。

优点

- 相较于函数Sigmoid和tanh，函数ReLU在SGD中能够更快速地收敛（见“ImageNet Classification with Deep Convolutional Neural Networks”）。例如在图8-1所示的实验中，曲线表示的是迭代次数，其从侧面反映了在一个四层的卷积神经网络中各种函数达到错误率0.25的速度，其中，实线代表了ReLU，虚线代表了tanh，可以看出，ReLU比起tanh来，能更快地达到错误率0.25处，据称，这是得益于它线性、非饱和的形式。

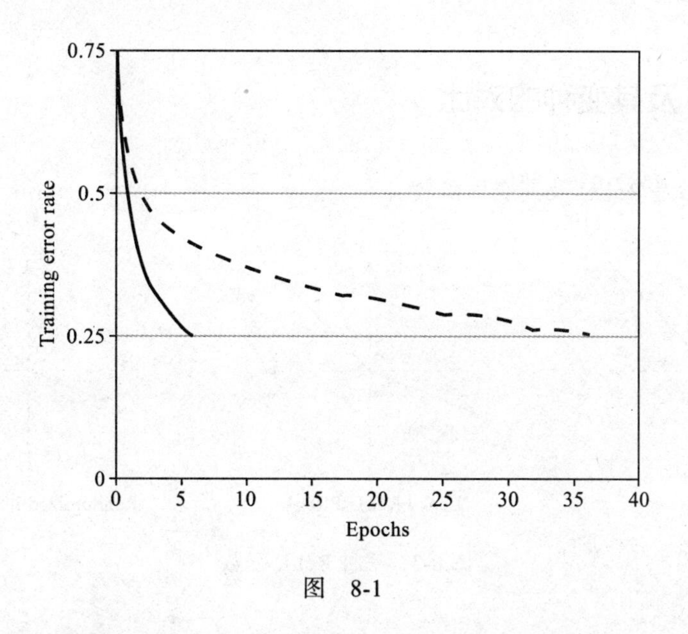

图 8-1

- Sigmoid和tanh涉及了代价非常高的操作（比如指数运算，会涉及计算机计算原理，相关内容可以查看计算机指数预算的实现原理，这里不细说），而ReLU的数学形式更加简单，只有加法和判断的操作。
- 有效缓解了梯度消失的问题。
- 在没有无监督预训练的时候也能有较好的表现（如图8-2所示）。
- 提供了神经网络的稀疏表达能力。

Neuron	MNIST	CIFAR10	NISTP	NORB
With unsupervised pre-training				
Rectifier	1.20%	49.96%	32.86%	16.46%
Tanh	1.16%	50.79%	35.89%	17.66%
Softplus	1.17%	49.52%	33.27%	19.19%
Without unsupervised pre-training				
Rectifier	1.43%	50.86%	32.64%	16.40%
Tanh	1.57%	52.62%	36.46%	19.29%
Softplus	1.77%	53.20%	35.48%	17.68%

图　8-2

8.2　ReLU 及其变种的对比

图 8-3 所示是 ReLU 及其变种函数。

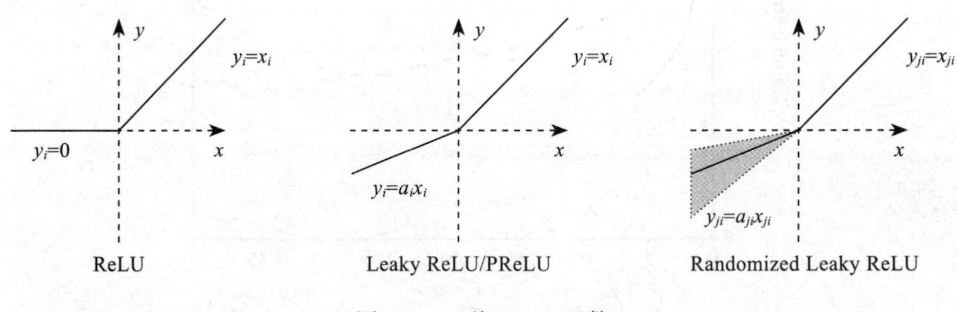

图 8-3　三种 ReLU 函数

通常，在 LReLU 和 PReLU 中，我们会定义一个激活函数，具体如下：

$$f(y_i)=\{a_ix_i;\ \text{if}(x_i \leqslant 0)\}$$

$$f(y_i)=\{x_i;\ \text{if}(x_i > 0)\}$$

1. LReLU

在上述的激活函数公式中，当 a_i 比较小而且固定的时候，我们称之为 LReLU。LReLU 最初的目的是为了避免梯度消失。但在一些实验中，我们会发现 LReLU 对准确率并没有太大的影响。很多时候，当我们想要应用 LReLU 时，必须要非常小心谨慎地进行重复训练，选取出合适的 a_i，LReLU 表现出的结果才比 ReLU 更好。因此有人提出了一种自适应地从数据中学习参数的 PReLU。

2. PReLU

PReLU 是对 LReLU 的改进，可以自适应地从数据中学习参数。PReLU 具有收敛速度快、错误率低等特点（如图 8-4 所示）。PReLU 既可以用于反向传播的训练，也可以与其他层同时进行优化。

在论文《Delving Deep into Rectifiers：Surpassing Human-Level Performance on ImageNet Classification》中，作者就对比了 PReLU 和 ReLU 在 ImageNet model A 中的训练效果，发现大多数区域内 PReLU 都比 ReLU 好很多，如图 8-4 所示。

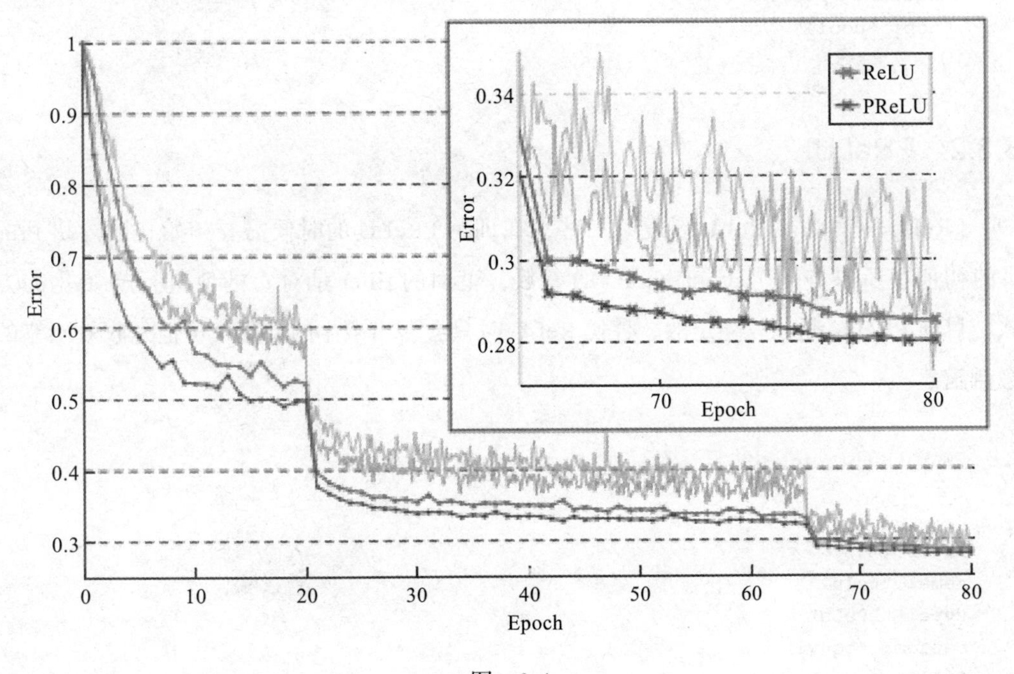

图　8-4

8.3　实践：在 Caffe 框架下用 Prototxt 定义激活函数

8.3.1　ReLU

下面先来看看 ReLU 层在网络中的 Prototxt 是怎么进行编写的，ReLU 层只需要给定层的名字、类型，有且仅有一个输入和有且仅有一个输出，即可在网络中添加一个名为 relu1 的层，类型是 ReLU，它的输入来自名为 pool1 的 Blob 中，输出也在 pool1 的 Blob 中。

ReLU 的 Prototxt 编写代码如下：

```
layer {
  name: "relu1"
  type: "ReLU"
  bottom: "pool1"
  top: "pool1"
}
```

8.3.2　PReLU

PReLU 的写法比 ReLU 要复杂一些，在训练 PReLU 的时候需要初始化刚才讲到的 a_i 的初值。所以有一个 prelu_param 的参数，里面的 filler 是对 a_i 的值进行初始化的方式，目前 PReLU 是比较稳定的、替代 ReLU 时只会多出微小的计算代价但是收效不错的激活函数。

PReLU 的 Prototxt 的具体写法如下：

```
layer {
name: "relu1"
type: "PReLU"
bottom: "conv1"
top: "conv1"
param {
lr_mult: 1
decay_mult: 0
```

```
}
prelu_param {
filler: {
value: 0.33 #: 默认为 0.25
}
channel_shared: false
}
}
```

8.3.3 Sigmoid

接下来，我们看看 Sigmoid 怎么编写，Sigmoid 和 ReLU 是由单个没有参数的函数构成的，所以无论是训练还是测试均无须添加其他信息，除了基本层中的内容（包括名字、类型、输入、输出等）之外，同样，输入和输出均有且只有一个。

Sigmoid 的 Prototxt 的具体写法如下：

```
layer {
  name: "Sigmoid1"
  type: "Sigmoid"
  bottom: "pool1"
  top: "Sigmoid1"
}
```

CHAPTER 9

第9章

损失函数

9.1 contrastive_loss 函数和对应层的介绍和使用场景

1. 数学公式

在 Caffe 的孪生神经网络（siamese network）中，采用的就是 contrastive_loss，对应的层是 contrastive_loss_layer，contrastive_loss 代码的实现其实是验证一对输入是否为同类的数据操作，比如输入的两张人脸图，既可能是同一个人的（正样本），也可能是不同人的（负样本）。在 Caffe 的例子（examples）中，siamese 这个例子所用的损失函数就是该类型的函数。contrastive_loss 损失函数的具体数学表达形式请参考论文《Dimensionality Reduction by Learning an Invariant Mapping》。下面给出一个简单的数学表达式：

$$L = \frac{1}{2N}\sum_{n=1}^{N} yd^2 + (1-y)max(margin - d, 0)^2$$

其中的 $d=||a_n-b_n||^2$，代表两个样本特征的欧氏距离，y 为两个样本是否匹配的标签，y=1 代表两个样本相似或者匹配，y=0 则代表不匹配，margin 为设定的阈值。

虽然 contrastive_loss 最初来自上述的论文中，论文发表于 2006 年，虽然发表时间较早，但是后来该数学表达方式常常被用在识别等领域中，即本来相似的样本，经过层层抽象之后，在特征空间中，两个样本仍然相似；而原本不相似的样本，经过层层抽象后，在特征空间中，两个样本仍然不相似。

观察上述 contrastive_loss 函数的数学表达式我们可以发现，这种损失函数既可以很好地表达成对样本的匹配程度，也能够很好地用于训练以提取特征的模型。当 y=1（即样本相似）时，损失函数只剩下 $\sum yd^2$，即原本相似的样本，如果在特征空间的欧式距离较大，则说明当前的模型不好，因此需要加大损失。而当 y=0 时（即样本不相似）时，损失函数为 $\sum(1-y)\max(\text{margin}-d，0)^2$，即当样本不相似时，其特征空间的欧式距离反而小的话，损失值会变大，这也正好符合我们的要求。

这里暂且借用论文中的图片来做示意说明图，如图 9-1 所示。

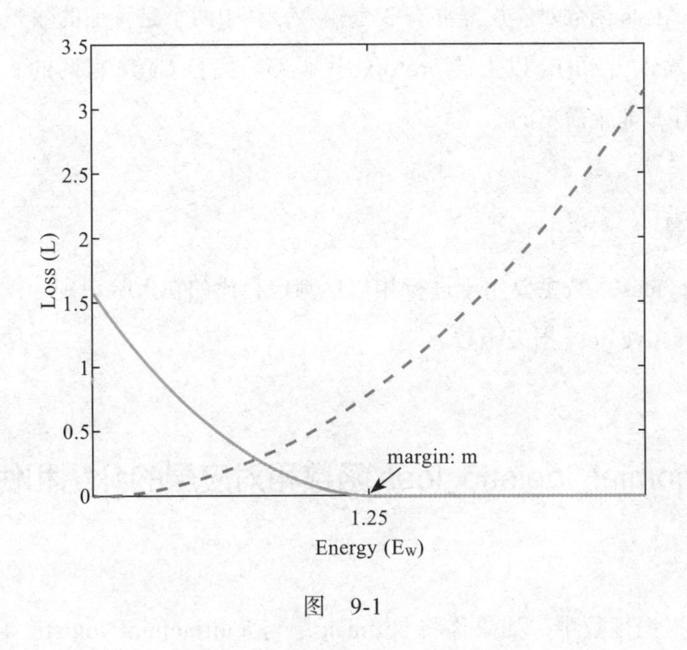

图 9-1

图 9-1 表示的就是损失函数值与样本特征的欧式距离之间的关系，其中虚线部分表示的是相似样本的损失值，实线部分表示的是不相似样本的损失值。

2. 对应层的介绍

通过上面的公式我们也可以知道，contrastive_loss 函数对应层的目的其实就是为了相似的距离更近，这就好比是生活中脾气相近的人总是会走在一起一样，接下来再看一个简单的例子，下面是 contrastive_loss 函数对应层的 prototxt 的编写代码：

```
layer {
  name: "loss"
  type: "ContrastiveLoss"
  bottom: "feat"
  bottom: "feat_p"
  bottom: "sim"
  top: "loss"
  contrastive_loss_param {
    margin: 1
  }
}
```

contrastive_loss 函数对应层需要有 3 个输入，其中两个是特征的输入（feat、feat_p），一个是标签的输入（sim），以上的 prototxt 代码部分摘自 Caffe 官网的 examples/siamese 中，使用起来还是非常简单的。

3. 适用场景

contrastive_loss 函数主要用于进行相似性判定，比如在人脸识别、图像检索等领域，均可使用 contrastive_loss 损失函数。

9.2　multinomial_logistic_loss 函数和对应层的介绍和使用说明

1. 数学公式

在多项式损失函数中，如果你将 softmax 层与 multinomial_logistic_loss 多项式、损失函数对应层连接在一起，那么从数学理论上来说，结果目标可以等同于 softmax_loss。multinomial_logistic_loss 损失函数的数学公式具体如下：

$$E = -\frac{1}{N}\sum_{n=1}^{N} log\left(p_{n,\,label}\right)$$

2. 适用场景

多项式损失函数适用于分类的场景。

3. 使用说明

上文中提到过，将 softmax 层与 MultinomalLogisticLoss 层连接在一起，这样操作就将原来的 SoftmaxWithLoss 操作拆分成了两步，不过这样拆分的效果并不理想，所以 multinomial_logistic_loss 损失函数出现的次数比较少。

使用的 prototxt 具体如下：

```
Layer
{
  name: "loss"
  type: " Softmax"
  bottom: "ip1"
  top: "softmax"
}
Layer
{
  name: "loss"
  type: "MultinomialLogisticLoss"
  bottom: "softmax"
  bottom: "label"
  top: "loss"
}
```

9.3 sigmoid_cross_entropy 函数和对应层的介绍和使用说明

1. 数学公式

sigmoid_cross_entropy 损失函数常被用来处理一张图片具备多个二分类属性的场景，下面先看一下 sigmoid_cross_entropy 损失函数的数学表达式吧。

sigmoid 交叉熵损失函数的数学表达式如下：

$$E = -\frac{1}{n}\sum_{n=1}^{n}\left[p_n \log \hat{p}_n + \left(1-p_n\right)\log\left(1-\hat{p}_n\right)\right]$$

上述数学表达式其实相当于是多项式损失的二分类的情况，对于公式中的 E，在本节后面的公式中会使用 loss 来进行替代。

在 Caffe 的实现中，sigmoid_cross_entropy 损失函数对应的层有两个输入 bottom[0] 和 bottom[1]，bottom[0] 是输入的预测的结果，bottom[1] 是标签值。bottom 的维度都是（NXCXHXW），bottom 的表示符号是 x，$x\in[-\infty, +\infty]$，$\hat{p}_n=\sigma(x_n)\in[0, 1]$，bottom[1] 的表示符号是 p，$p\in[0, 1]$，输出的 loss 维度是（$1\times1\times1\times1$）。

$$\sigma\left(x_n\right)=\frac{1}{1+e^{x_n}}$$

sigmoid_cross_entropy 函数的反向传播的偏导数为：

$$\frac{\partial E}{\partial x_n}=\frac{\partial E}{\partial \hat{p}_n}\frac{\partial \hat{p}_n}{\partial x_n}=-\frac{1}{N}\left(p_n\frac{1}{\hat{p}_n}-\frac{1-p_n}{1-\hat{p}_n}\right)\left(\hat{p}_n\left(1-\hat{p}_n\right)\right)=\frac{1}{N}\left(\hat{p}_n-p_n\right)$$

其中，Caffe 里面计算 loss 的代码看起来与表达式不太相像，可以参考如下的代码：

```
Dtype loss = 0;
  for (int i = 0; i < count; ++i) {
    loss -= input_data[i] * (target[i] - (input_data[i] >= 0)) -
        log(1 + exp(input_data[i] - 2 * input_data[i] * (input_data[i] >= 0)));
  }
  top[0]->mutable_cpu_data()[0] = loss / num;
```

当然在 Caffe 的实现中，很多代码与直观理解都不太一样，这一块就会涉及数值稳定性的问题了。

下面做一个简单的公式推导，X_n 经过 Sigmoid 函数映射为输入出为 1 的概率。

$$\hat{p}_n=sigmoid\left(X_n\right)=\frac{1}{1+e^{-X_n}}$$

sigmoid_cross_entropy loss 函数的数学表达式为：

$$E=-\frac{1}{N}\sum_{n=1}^{N}\left[p_n log\left(\hat{p}_n\right)+\left(1-P_n\right)log\left(1-\hat{p}_n\right)\right]$$

我们将方括号中的内容拿出来：

$$
\begin{aligned}
& p_n log\left(\hat{p}_n\right)+\left(1-P_n\right)log\left(1-\hat{p}_n\right) \\
& =p_n log\left(\frac{1}{1+e^{-x_n}}\right)+\left(1-p_n\right)log\left(\frac{e^{-x}}{1+e^{-x_n}}\right) \\
& =p_n log\left(\frac{1}{1+e^{-x_n}}\right)-p_n log\left(\frac{e^{-x}}{1+e^{-x_n}}\right)+log\left(\frac{e^{-x}}{1+e^{-x_n}}\right) \\
& =P_n x_n+log\left(\frac{e^{-x}}{1+e^{-x_n}}\right)
\end{aligned}
$$

当 e^{-x_n} 很大时，式子 $log\left(\frac{e^{-x}}{1+e^{-x_n}}\right)$ 的计算结果将会不准确，可以使用下面的方法进行计算，即当 e^{-x_n} 的值很大时，分子分母同乘以 e^{x_n}，则可以得到

$$
\frac{e^{-x_n}}{1+e^{-x_n}}=\begin{cases}\frac{e^{-x_n}}{1+e^{-x_n}}, x_n \geqslant 0 \\ \frac{e^{-x_n}}{1+e^{-x_n}}, x_n \leqslant 0\end{cases}
$$

将上面的式子带入之前的 $P_n x_n+log\left(\frac{e^{-x_n}}{1+e^{-x_n}}\right)$ 式子中，即可得到下面的式子：

$$
p_n x_n+log\left(\frac{e^{-x_n}}{1+e^{-x_n}}\right)=\begin{cases}p_n x_n+log\left(\frac{e^{-x_n}}{1+e^{-x_n}}\right)=\left(p_n-1\right)x_n-log\left(1+e^{-x_n}\right), x_n \geqslant 0 \\ p_n x_n+log\left(\frac{e^{-x_n}}{1+e^{-x_n}}\right)=p_n x_n-log\left(1+e^{-x_n}\right), x_n \leqslant 0\end{cases}
$$

上面的式子就是在 Caffe 和目前主流神经网络中实现的代码，我们在自行实现新的层时也需要注意这一点。

2. 适用场景

sigmoid_cross_entropy 损失函数适用于一张图片可能分别隶属于不同的二分类属性的场景，例如苹果的颜色红不红，味道甜不甜，口感脆不脆，这一情况就是 3 个二分

类的联合分布的情况，非常适合使用 sigmoid_cross_entropy 函数作为损失函数。使用 sigmoid_cross_entropy 函数一定不能出现其中某个属性是多分类的情况，对于这种类型的情况，需要使用多任务的构建方式来完成。

3. 使用说明

sigmoid_cross_entropy 函数与其他的 loss 层基本类似，包含一个网络的输入，和一个真实标签的输入，只是层的类型需要做一些修改，代码如下：

```
Layer
{
  name: "loss"
  type: " SigmoidCrossEntropyLoss"
  bottom: "fc3"
  bottom: "label"
  top: "loss"
}
```

9.4 softmax_loss 函数和对应层的介绍和使用说明

1. 数学公式

softmax_loss 的数学公式还是比较简单的，具体如下：

$$L=\frac{1}{N}\sum_{i}L_i+\lambda R(W)$$

其中共有 N 个样本，每个样本所带的 Loss 用 L_i 表示：

$$L_i=-\log p_{y_i}=-\log\left(\frac{e^{f_{y_i}}}{\sum_j e^{f_j}}\right)=-f_{y_i}+\log\sum_j e^{f_j}$$

对于每一个样本 X_i 来说，由于 softmax 的分母对所有的 f_j 进行了累积求和，所以 L_i 对 W 的导数对 W 的每一列都有贡献，即 $\frac{\partial L_i}{W_j}$ 对所有的 j 都不为 0。

当 $j!=y_i$ 时：

$$\frac{\partial L_i}{\partial W_j}=\frac{e^{f_{y_i}}}{\sum_j e^{f_j}}\frac{\partial f_i}{\partial W_j}=\frac{e^{f_{y_i}}}{\sum_j e^{f_j}}X_i^T$$

当 $j==y_i$ 时：

$$\frac{\partial L_i}{\partial W_j}=\frac{e^{f_{y_i}}}{\sum_j e^{f_j}}\frac{\partial f_i}{\partial W_j}=\frac{e^{f_{y_i}}}{\sum_j e^{f_j}}X_i^T-X_i^T$$

对所有样本都求出对应的 Loss，然后累积求和，并加上正则项即可得到最终要求的 Loss 了。

上面函数求导数的过程是把 Loss 对于 W 的导数显式地写出来，然后直接对 W 求导数。虽然在这个简单的例子中可以这样操作，但是一旦网络变得复杂了，就会很难直接写出 Loss 对于要求的表达式的导数了。一种比较好的方式是利用链式法则进行逐级求导：

$$p_k=\frac{e^{f_k}}{\sum_j e^{f_j}}, L_i=-\log p_{y_i}$$

这里的 f_k 是 softmax 层的输出，由上文的公式 1，可以求出 Loss 对 f_k 的导数，即：

$$\frac{\partial L_i}{\partial f_k}=p_k-1\left(y_i=k\right)$$

上述式子表明 Loss 对 softmax 层的输出的导数为 p_k，并且当 $k=y_i$ 时，导数项还要减去 1。

把上式改写为向量形式：

$$\frac{\partial L_i}{\partial f}=p-\left[0\ldots1\ldots\right]\text{（第 } y_i \text{ 维为 1）}$$

现在考虑接近 softmax 的那一层全连接层，这一层的输入是隐藏层的输出 hiddenlayer[$1\times H$]，所以 softmax 的输入 f=hidden_layer.dot(W_2)+b_2。检查一下维度，f 为

C 维向量，W_2 为 $H \times C$ 的二维矩阵，b_2 为 C 维向量，没问题。现在就可以来求 f 对 W_2 的导数了：

$$\frac{\partial f}{\partial W} = hidden\_layer.T \text{（维度为 } H \times 1\text{）}$$

可以看到，$\frac{\partial f}{\partial W}$ 是全连接层的输入向量。综合上述结果可以得到：

$$\frac{\partial L_i}{\partial W} = \frac{\partial f}{\partial W} \frac{\partial L_i}{\partial f}$$

最后，针对所有的 N 个样本进行改写，可以得到如下形式的公式：

$$\frac{\partial L}{\partial f} = p[N \times C] - MaskMat[N \times C]$$
$$\frac{\partial f}{\partial W} = hiddenlayer^T[N \times H]$$
$$\frac{\partial L}{\partial W} = \frac{\partial f}{\partial W} \frac{\partial L}{\partial f}[H \times C]$$

2. 适用场景

softmax_loss 函数是目前主流的深度学习分类任务最常使用的 loss 函数，所以这里不做过多赘述，只能用来做分类任务的 loss 函数。

3. 使用说明

softmax_loss 函数对应层的 prototxt 的编写具体格式如下，将 softmax_loss 函数对应的层的 type 设置为 SoftmaxWithLoss，输入需要有两个 bottom，输出为一个：

```
layer {
      name: "loss"
      type: "SoftmaxWithLoss"
      bottom: "ip1"
      bottom: "label"
```

```
    top: "loss"
}
```

9.5 euclidean_loss 函数和对应层的介绍和使用说明

1. 数学公式

欧式损失函数在所有损失函数中应该算是最好理解的一个，在传统的机器学习中也经常被使用，尤其是在检测任务的场景中，对检测框的位置进行精细化处理的时候都会用到这一损失函数。其核心思想是将相似的距离拉近，欧式损失函数具体的数学公式如下：

$$E = \frac{1}{2N}\sum\|pred - truth\|_2^2$$

2. 适用场景

欧式损失函数适合于回归任务，尤其是输出值为实数时。比如做人脸检测和人脸关键点定位时，其中的回归任务使用的大多都是欧式损失函数，例如香港中文大学汤晓鸥组发表于 ECCV14 的论文《Facial Landmark Detection by Deep Multi-task Learning》中的人脸特征点定位所采用的就是欧式损失。

3. 使用说明

欧式损失函数对应层的 prototxt 的编写格式具体如下，该层的 type 设置为 EuclideanLoss，输入需要有两个 bottom，一个是网络回归出来的数据（ip1），另一个是标签（label），做人脸特征点定位时一般会使用到这一损失函数：

```
Layer
{
    name: "loss"
    type: " EuclideanLoss"
    bottom: "ip1"
```

```
        bottom: "label"
        top: "loss"
    }
```

9.6 hinge_loss函数和对应层的介绍和使用说明

1. 数学公式

hinge_loss函数的数学表达式为：

$$E=\frac{1}{N}\sum_{n=1}^{N}\sum_{k=1}^{K}\left(max\left(0,1-\sigma\left(label==k\right)Score_{nk}\right)\right)^{p}$$

2. 适用场景

hinge_loss函数适用于多分类任务，函数会输出一个向量，表示单个样本在某一类别上的概率。

hinge_loss函数在二分类问题上其实与逻辑回归差不多，也就是与分类最相关的少数点去学习分类器。而逻辑回归通过非线性映射，大大减小了离分类平面较远的点的权重，相对而言就提升了与分类最相关的数据点的权重。两者的根本目的都是一样的。此外，根据需要，两个方法都可以增加不同的正则化选项，如l1、l2等。所以在很多实验中，两种损失函数的结果是很接近的。

hinge_loss损失函数经常用在SVM中，逻辑回归与SVM的对比具体如下，逻辑回归相对来说模型更简单，好理解，实现起来比较方便，特别是进行大规模线性分类时；而SVM的理解和优化相对来说要更复杂一些，但是SVM的理论基础将会更加牢固，其有一套结构化风险最小化的理论基础，虽然使用的人一般不太会去关注。还有一点很重要的是，SVM转化为对偶问题之后，分类只需要计算与少数几个支持向量的距离即可，这一点在进行复杂核函数计算时其优势很明显，能够大大简化模型和计算量。当然在深度学习中，某些任务的hinge_loss损失函数比softmax更好，大多数任务都差不多，而对于某些任务来说softmax更好一些。这一点与传统的机器学习还是有些区别的。深度学习某些时候淡化了这些不同的损失函数之间的区别。

3. 使用说明

```
# L1 Norm
layer {
  name: "loss"
  type: "HingeLoss"
  bottom: "pred"
  bottom: "label"
}

# L2 Norm
layer {
  name: "loss"
  type: "HingeLoss"
  bottom: "pred"
  bottom: "label"
  top: "loss"
  hinge_loss_param {
    norm: L2
  }
}
```

9.7 infogain_loss 函数和对应层的介绍和使用说明

1. 数学公式

infogain_loss 函数通常称为信息增益损失函数。MultinomialLogisticLoss 的泛化版本，其不仅接受预测的每个样本在每类上的概率信息，还接受信息增益矩阵信息。当信息增益矩阵为单位阵的时候两者是等价的。infogain_loss 函数的数学公式如下：

$$E=-\frac{1}{N}\sum_{n=1}^{N}H_{label_n}logP_n=-\frac{1}{N}\sum_{n=1}^{N}\sum_{k=1}^{K}H_{label_n}logP_{n,k}$$

公式中的 H 为信息增益矩阵（可选，默认为单位阵），矩阵维度为 [1，1，K，K]，其中 K 为类别的个数。

大家都知道，在赌桌上暴露的表情越多，信息增益就越大，infogain_loss 函数需要大家对香农提出来的信息熵有一个简单的了解，信息熵用于表示事件的不确定性的大小。

信息熵具有以下三条性质。

- 单调性，即发生概率越高的事件，其所携带的信息熵就越低。极端案例就是“太阳从东方升起”，因为其为确定性事件，所以基本不携带任何信息量。从信息论的角度来说，可以认为这句话没有消除任何不确定性。
- 累加性，即多随机事件同时发生存在的总不确定性的量度是可以表示为各事件不确定性的量度的总和。
- 非负性，即信息熵不能为负。这个很好理解，因为负的信息是不合逻辑的，即你得知了某个信息后，却增加了不确定性。

所以使用 infogain_loss 函数的核心理念主要是从概率的意义出发，通过分布不确定程度的差异来进行损失函数的计算。infogain_loss 函数主要体现的是理想的分布距离，而之前提到的 softmaxwithloss 提供的是参考分布距离。

2. 适用场景

无监督学习中的编码，聚类中经常使用 infogain_loss 函数。当然分类中也可以使用 infogain_loss 函数。

3. 使用说明

InfoGainloss 需要有一个自定义的信息增益矩阵，其他的参数与其他 loss 基本上一样，这里先给出信息增益矩阵生成的写法，具体的 Python 代码如下所示（C++ 代码可以以此代码为参考）：

```
H = np.eye( L, dtype = 'f4' )
import caffe
blob = caffe.io.array_to_blobproto( H.reshape( (1,1,L,L) ) )
with open( 'infogainH.binaryproto', 'wb' ) as f :
```

```
    f.write( blob.SerializeToString() )
```

最后给出 InfoGainloss 的 prototxt 的写法，具体如下：

```
layer {
  bottom: "topOfPrevLayer"
  bottom: "label"
  top: "infoGainLoss"
  name: "infoGainLoss"
  type: " InfogainLoss "
  infogain_loss_param {
    source: "infogainH.binaryproto"
  }
}
```

9.8 TripletLoss 的添加及其使用

9.8.1 TripletLoss 的思想

如图 9-2 所示，Triplet 是一个三元组，这个三元组是这样构成的：从训练数据集中随机选一个样本，该样本称为锚点（Anchor)，然后再随机选取一个与锚点（记为 x_a）属于同一类的样本和不同类的样本，同一类的样本称为正例（Positive)（记为 x_p)，不同类的样本称为反例（Negative)(记为 x_n)，由此构成一个（Anchor,Positive,Negative）三元组。

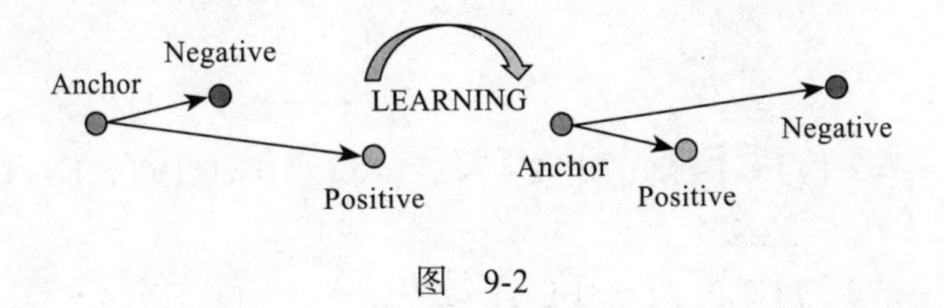

图 9-2

有了上面的 Triplet 的概念，TripletLoss 就好理解了。针对三元组中的每个元素（样本)，训练一个参数共享或者不共享的网络，得到三个元素的特征表达，分别记为：$f(x^a{}_i)$，$f(x^p{}_i)$，$f(x^n{}_i)$。TripletLoss 的目的就是通过学习，使得 x^a 和 x^p 特征表达之间的距离尽可能地小，而 x^a 和 x^n 特征表达之间的距离尽可能地大，并且要让 x^a 与 x^n 之间的距离

相较于 x^a 与 x^p 之间的距离有一个最小的间隔 α。公式化的形式如下：

$$\left\|f\left(x_i^a\right)-f\left(x_i^p\right)\right\|_2^2+\alpha<\left\|f\left(x_i^a\right)-f\left(x_i^n\right)\right\|_2^2 \forall\left(f\left(x_i^a\right), f\left(x_i^p\right), f\left(x_i^n\right)\right) \in \tau.$$

对应的目标函数也就很清楚了，具体如下：

$$\sum_i^N\left[\left\|f\left(x_i^a\right)-f\left(x_i^p\right)\right\|_2^2-\left\|f\left(x_i^a\right)-f\left(x_i^n\right)\right\|_2^2+\alpha\right]_+$$

这里的距离采用欧式距离度量，+ 表示 [] 内的值大于零的时候，取该值为损失；小于零的时候，损失为零。

由目标函数可以看出如下两点。

- 当 x^a 与 x^n 之间的距离小于 x^a 与 x^p 之间的距离加 α 时，[] 内的值大于零，就会产生损失。
- 当 x_a 与 x_n 之间的距离大于等于 x^a 与 x^p 之间的距离加 α 时，损失为零。

9.8.2 TripletLoss 梯度推导

若将上述目标函数记为 L，则当第 i 个 Triplet 损失大于零的时候，仅就上述公式而言，有：

$$\frac{\partial L}{\partial f\left(x_i^a\right)}=2 \cdot\left(f\left(x_i^a\right)-f\left(x_i^p\right)\right)-2 \cdot\left(f\left(x_i^a\right)-f\left(x_i^n\right)\right)=2 \cdot\left(f\left(x_i^n\right)-f\left(x_i^p\right)\right)$$

$$\frac{\partial L}{\partial f\left(x_i^p\right)}=2 \cdot\left(f\left(x_i^a\right)-f\left(x_i^p\right)\right) \cdot(-1)=2 \cdot\left(f\left(x_i^p\right)-f\left(x_i^a\right)\right)$$

$$\frac{\partial L}{\partial f\left(x_i^n\right)}=-2 \cdot\left(f\left(x_i^a\right)-f\left(x_i^n\right)\right) \cdot(-1)=2 \cdot\left(f\left(x_i^a\right)-f\left(x_i^n\right)\right)$$

可以看到，对 x_p 和 x_n 特征表达的梯度刚好利用了求损失时候的中间结果，我们可以从中得到的启示就是，如果在 CNN 中实现了 triplet loss layer，那么在前向传播中应该存储着两个中间结果，反向传播的时候就能避免重复计算。这仅仅是算法实现时候的一个Trick（小技巧）。

9.8.3 新增加 TripletLossLayer

下面简单说明下在 Caffe 中增加一个新的层所需要的步骤。

1）在“./src/caffe/proto/caffe.proto”中增加对应层的参数信息。

2）在“./include/caffe/***layers.hpp”中增加该层的类的声明，“***”表示 common_layers.hpp、data_layers.hpp、neuron_layers.hpp、vision_layers.hpp 和 loss_layers.hpp 等。

3）在“./src/caffe/layers/”目录下新建“.cpp”和“.cu”文件，进行类的实现。

4）在“./src/caffe/gtest/”中增加对应层的测试代码，对所写的层进行前传和反传测试，测试还包括速度的测试。

首先在 message LayerParameter 中追加“optional TripletLossParameter triplet_loss_param=245；”其中 245 是自定义的 LayerParameter message 中唯一的序号标识符号，具体是多少，可以先看 LayerParameter message 里面有什么序号，只要序号不重复即可。

然后增加 Message，内容具体如下：

```
message TripletLossParameter {
     // margin for dissimilar pair
    optional float margin = 1 [default = 1.0];
}
```

其中，margin 就是定义 TripletLoss 的原理以及 9.8.1 节讲解 TripletLoss 梯度推导时提到的 α 值。

下面在“./include/caffe/loss_layers.hpp”中增加 TripletLoss 层类的声明，由于其是一个 loss 层，因此需要让其继承 LossLayer<Dtype>。具体代码如下：

```
/**
 * @brief Computes the triplet loss
 */
template <typename Dtype>
class TripletLossLayer : public LossLayer<Dtype> {
 public:
  explicit TripletLossLayer(const LayerParameter& param)
      : LossLayer<Dtype>(param){}
  virtual void LayerSetUp(const vector<Blob<Dtype>*>& bottom,
      const vector<Blob<Dtype>*>& top);

  virtual inline int ExactNumBottomBlobs() const { return 4; }
  virtual inline const char* type() const { return "TripletLoss"; }
  /**
   * Unlike most loss layers, in the TripletLossLayer we can backpropagate
   * to the first three inputs.
   */
  virtual inline bool AllowForceBackward(const int bottom_index) const {
    return bottom_index != 3;
  }

 protected:
  virtual void Forward_cpu(const vector<Blob<Dtype>*>& bottom,
      const vector<Blob<Dtype>*>& top);
  virtual void Forward_gpu(const vector<Blob<Dtype>*>& bottom,
      const vector<Blob<Dtype>*>& top);

  virtual void Backward_cpu(const vector<Blob<Dtype>*>& top,
      const vector<bool>& propagate_down, const vector<Blob<Dtype>*>& bottom);
  virtual void Backward_gpu(const vector<Blob<Dtype>*>& top,
      const vector<bool>& propagate_down, const vector<Blob<Dtype>*>& bottom);

  Blob<Dtype> diff_ap_;  // cached for backward pass
  Blob<Dtype> diff_an_;  // cached for backward pass
  Blob<Dtype> diff_pn_;  // cached for backward pass

  Blob<Dtype> diff_sq_ap_;  // cached for backward pass
  Blob<Dtype> diff_sq_an_;  // tmp storage for gpu forward pass

  Blob<Dtype> dist_sq_ap_;  // cached for backward pass
  Blob<Dtype> dist_sq_an_;  // cached for backward pass

  Blob<Dtype> summer_vec_;  // tmp storage for gpu forward pass
  Blob<Dtype> dist_binary_;  // tmp storage for gpu forward pass
};
```

现在要在“./src/caffe/layers/”目录下新建 triplet_loss_layer.cpp 实现类。其主要实现以下三个功能。

- LayerSetUp：主要是进行一些 CHECK 工作，然后根据 bottom 和 top 的值对类中的数据成员进行初始化。
- Forward_cpu：前传，计算 loss。
- Backward_cpu：反传，计算梯度。

源文件的代码如下所示：

```
#include <algorithm>
#include <vector>

#include "caffe/layer.hpp"
#include "caffe/loss_layers.hpp"
#include "caffe/util/io.hpp"
#include "caffe/util/math_functions.hpp"

namespace caffe {

template <typename Dtype>
void TripletLossLayer<Dtype>::LayerSetUp(
  const vector<Blob<Dtype>*>& bottom, const vector<Blob<Dtype>*>& top) {
  LossLayer<Dtype>::LayerSetUp(bottom, top);
  CHECK_EQ(bottom[0]->num(), bottom[1]->num());
  CHECK_EQ(bottom[1]->num(), bottom[2]->num());
  CHECK_EQ(bottom[0]->channels(), bottom[1]->channels());
  CHECK_EQ(bottom[1]->channels(), bottom[2]->channels());
  CHECK_EQ(bottom[0]->height(), 1);
  CHECK_EQ(bottom[0]->width(), 1);
  CHECK_EQ(bottom[1]->height(), 1);
  CHECK_EQ(bottom[1]->width(), 1);
  CHECK_EQ(bottom[2]->height(), 1);
  CHECK_EQ(bottom[2]->width(), 1);

  CHECK_EQ(bottom[3]->channels(),1);
  CHECK_EQ(bottom[3]->height(), 1);
  CHECK_EQ(bottom[3]->width(), 1);

  diff_ap_.Reshape(bottom[0]->num(), bottom[0]->channels(), 1, 1);
```

```
  diff_an_.Reshape(bottom[0]->num(), bottom[0]->channels(), 1, 1);
  diff_pn_.Reshape(bottom[0]->num(), bottom[0]->channels(), 1, 1);

  diff_sq_ap_.Reshape(bottom[0]->num(), bottom[0]->channels(), 1, 1);
  diff_sq_an_.Reshape(bottom[0]->num(), bottom[0]->channels(), 1, 1);
  dist_sq_ap_.Reshape(bottom[0]->num(), 1, 1, 1);
  dist_sq_an_.Reshape(bottom[0]->num(), 1, 1, 1);
  // vector of ones used to sum along channels
  summer_vec_.Reshape(bottom[0]->channels(), 1, 1, 1);
  for (int i = 0; i < bottom[0]->channels(); ++i)
      summer_vec_.mutable_cpu_data()[i] = Dtype(1);
  dist_binary_.Reshape(bottom[0]->num(), 1, 1, 1);
    for (int i = 0; i < bottom[0]->num(); ++i)
        dist_binary_.mutable_cpu_data()[i] = Dtype(1);
}

template <typename Dtype>
void TripletLossLayer<Dtype>::Forward_cpu(
    const vector<Blob<Dtype>*>& bottom,
    const vector<Blob<Dtype>*>& top) {
  int count = bottom[0]->count();
  const Dtype* sampleW = bottom[3]->cpu_data();
  caffe_sub(
      count,
      bottom[0]->cpu_data(),  // a
      bottom[1]->cpu_data(),  // p
      diff_ap_.mutable_cpu_data());  // a_i-p_i
  caffe_sub(
       count,
       bottom[0]->cpu_data(),  // a
       bottom[2]->cpu_data(),  // n
       diff_an_.mutable_cpu_data());  // a_i-n_i
  caffe_sub(
       count,
       bottom[1]->cpu_data(),  // p
       bottom[2]->cpu_data(),  // n
       diff_pn_.mutable_cpu_data());  // p_i-n_i
  const int channels = bottom[0]->channels();
  Dtype margin = this->layer_param_.triplet_loss_param().margin();

  Dtype loss(0.0);
  for (int i = 0; i < bottom[0]->num(); ++i) {
    dist_sq_ap_.mutable_cpu_data()[i] = caffe_cpu_dot(channels,
        diff_ap_.cpu_data() + (i*channels), diff_ap_.cpu_data() + (i*channels));
```

```
      dist_sq_an_.mutable_cpu_data()[i] = caffe_cpu_dot(channels,
          diff_an_.cpu_data() + (i*channels), diff_an_.cpu_data() + (i*channels));
       Dtype mdist = sampleW[i]*std::max(margin + dist_sq_ap_.cpu_data()[i] -
dist_sq_an_.cpu_data()[i], Dtype(0.0));
      loss += mdist;
      if(mdist==Dtype(0)){
          //dist_binary_.mutable_cpu_data()[i] = Dtype(0);
          //prepare for backward pass
          caffe_set(channels, Dtype(0), diff_ap_.mutable_cpu_data() +
(i*channels));
          caffe_set(channels, Dtype(0), diff_an_.mutable_cpu_data() +
(i*channels));
          caffe_set(channels, Dtype(0), diff_pn_.mutable_cpu_data() +
(i*channels));
      }
    }
    loss = loss / static_cast<Dtype>(bottom[0]->num()) / Dtype(2);
    top[0]->mutable_cpu_data()[0] = loss;
  }

  template <typename Dtype>
  void TripletLossLayer<Dtype>::Backward_cpu(const vector<Blob<Dtype>*>& top,
      const vector<bool>& propagate_down, const vector<Blob<Dtype>*>& bottom) {
    //Dtype margin = this->layer_param_.contrastive_loss_param().margin();
    const Dtype* sampleW = bottom[3]->cpu_data();
    for (int i = 0; i < 3; ++i) {
      if (propagate_down[i]) {
        const Dtype sign = (i < 2) ? -1 : 1;
        const Dtype alpha = sign * top[0]->cpu_diff()[0] /
            static_cast<Dtype>(bottom[i]->num());
        int num = bottom[i]->num();
        int channels = bottom[i]->channels();
        for (int j = 0; j < num; ++j) {
          Dtype* bout = bottom[i]->mutable_cpu_diff();
          if (i==0) {  // a
            //if(dist_binary_.cpu_data()[j]>Dtype(0)){
                caffe_cpu_axpby(
                    channels,
                    alpha*sampleW[j],
                    diff_pn_.cpu_data() + (j*channels),
                    Dtype(0.0),
                    bout + (j*channels));
            //}else{
            //  caffe_set(channels, Dtype(0), bout + (j*channels));
```

```
          //}
        } else if (i==1) {  // p
          //if(dist_binary_.cpu_data()[j]>Dtype(0)){
              caffe_cpu_axpby(
                  channels,
                  alpha*sampleW[j],
                  diff_ap_.cpu_data() + (j*channels),
                  Dtype(0.0),
                  bout + (j*channels));
          //}else{
          //      caffe_set(channels, Dtype(0), bout + (j*channels));
          //}
        } else if (i==2) {  // n
          //if(dist_binary_.cpu_data()[j]>Dtype(0)){
              caffe_cpu_axpby(
                  channels,
                  alpha*sampleW[j],
                  diff_an_.cpu_data() + (j*channels),
                  Dtype(0.0),
                  bout + (j*channels));
           //}else{
           //   caffe_set(channels, Dtype(0), bout + (j*channels));
           //}
        }
      } // for num
    } //if propagate_down[i]
  } //for i
}

#ifdef CPU_ONLY
STUB_GPU(TripletLossLayer);
#endif

INSTANTIATE_CLASS(TripletLossLayer);
REGISTER_LAYER_CLASS(TripletLoss);

}  // namespace caffe
```

GPU 的代码具体如下：

```
#include <algorithm>
#include <vector>

#include "caffe/layer.hpp"
```

```
#include "caffe/util/io.hpp"
#include "caffe/util/math_functions.hpp"
#include "caffe/vision_layers.hpp"

namespace caffe {

template <typename Dtype>
void TripletLossLayer<Dtype>::Forward_gpu(
    const vector<Blob<Dtype>*>& bottom, const vector<Blob<Dtype>*>& top) {
  const int count = bottom[0]->count();
  caffe_gpu_sub(
      count,
      bottom[0]->gpu_data(),  // a
      bottom[1]->gpu_data(),  // p
      diff_ap_.mutable_gpu_data());  // a_i-p_i
  caffe_gpu_sub(
      count,
      bottom[0]->gpu_data(),  // a
      bottom[2]->gpu_data(),  // n
      diff_an_.mutable_gpu_data());  // a_i-n_i
  caffe_gpu_sub(
      count,
      bottom[1]->gpu_data(),  // p
      bottom[2]->gpu_data(),  // n
      diff_pn_.mutable_gpu_data());  // p_i-n_i

  caffe_gpu_powx(
      count,
      diff_ap_.mutable_gpu_data(),  // a_i-p_i
      Dtype(2),
      diff_sq_ap_.mutable_gpu_data());  // (a_i-p_i)^2
  caffe_gpu_gemv(
      CblasNoTrans,
      bottom[0]->num(),
      bottom[0]->channels(),
      Dtype(1.0),                                          //alpha
      diff_sq_ap_.gpu_data(),  // (a_i-p_i)^2              // A
      summer_vec_.gpu_data(),                              // x
      Dtype(0.0),                                          //belta
      dist_sq_ap_.mutable_gpu_data());  // \Sum (a_i-p_i)^2  //y

  caffe_gpu_powx(
      count,
      diff_an_.mutable_gpu_data(),  // a_i-n_i
```

```
            Dtype(2),
            diff_sq_an_.mutable_gpu_data());  // (a_i-n_i)^2
      caffe_gpu_gemv(
            CblasNoTrans,
            bottom[0]->num(),
            bottom[0]->channels(),
            Dtype(1.0),                                              //alpha
            diff_sq_an_.gpu_data(),  // (a_i-n_i)^2                  // A
            summer_vec_.gpu_data(),                                  // x
            Dtype(0.0),                                              //belta
            dist_sq_an_.mutable_gpu_data());  // \Sum (a_i-n_i)^2   //y

      Dtype margin = this->layer_param_.triplet_loss_param().margin();
      Dtype loss(0.0);
      const Dtype* sampleW = bottom[3]->cpu_data();
      for (int i = 0; i < bottom[0]->num(); ++i) {
          loss += sampleW[i]*std::max(margin +dist_sq_ap_.cpu_data()[i]- dist_sq_
an_.cpu_data()[i], Dtype(0.0));
      }
      loss = loss / static_cast<Dtype>(bottom[0]->num()) / Dtype(2);
      top[0]->mutable_cpu_data()[0] = loss;
    }

    template <typename Dtype>
    __global__ void TripletBackward(const int count, const int channels,
        const Dtype margin, const Dtype alpha, const Dtype* sampleW,
        const Dtype* diff, const Dtype* dist_sq_ap_, const Dtype* dist_sq_an_,
        Dtype *bottom_diff) {
      CUDA_KERNEL_LOOP(i, count) {
        int n = i / channels;  // the num index, to access dist_sq_ap_ and dist_sq_an_
        Dtype mdist(0.0);
        mdist = margin +dist_sq_ap_[n] - dist_sq_an_[n];
        if (mdist > 0.0) {
            bottom_diff[i] = alpha*sampleW[n]*diff[i];
        } else {
            bottom_diff[i] = 0;
        }
      }
    }

    template <typename Dtype>
    void TripletLossLayer<Dtype>::Backward_gpu(const vector<Blob<Dtype>*>& top,
        const vector<bool>& propagate_down, const vector<Blob<Dtype>*>& bottom) {
      Dtype margin = this->layer_param_.triplet_loss_param().margin();
```

```
    const int count = bottom[0]->count();
    const int channels = bottom[0]->channels();

    for (int i = 0; i < 3; ++i) {
      if (propagate_down[i]) {
        const Dtype sign = (i < 2) ? -1 : 1;
        const Dtype alpha = sign * top[0]->cpu_diff()[0] /
            static_cast<Dtype>(bottom[0]->num());
        if(i==0){
            // NOLINT_NEXT_LINE(whitespace/operators)
            TripletBackward<Dtype><<<CAFFE_GET_BLOCKS(count), CAFFE_CUDA_NUM_
THREADS>>>(
                count, channels, margin, alpha,
                bottom[3]->gpu_data(),
                diff_pn_.gpu_data(), // the cached eltwise difference between p and n
                dist_sq_ap_.gpu_data(), // the cached square distance between a and p
                dist_sq_an_.gpu_data(), // the cached square distance between a and n
                bottom[i]->mutable_gpu_diff());
            CUDA_POST_KERNEL_CHECK;
        }else if(i==1){
            // NOLINT_NEXT_LINE(whitespace/operators)
            TripletBackward<Dtype><<<CAFFE_GET_BLOCKS(count), CAFFE_CUDA_NUM_
THREADS>>>(
                count, channels, margin, alpha,
                bottom[3]->gpu_data(),
                diff_ap_.gpu_data(), // the cached eltwise difference between a and p
                dist_sq_ap_.gpu_data(), // the cached square distance between a and p
                dist_sq_an_.gpu_data(), // the cached square distance between a and n
                bottom[i]->mutable_gpu_diff());
            CUDA_POST_KERNEL_CHECK;
        }else if(i==2){
            // NOLINT_NEXT_LINE(whitespace/operators)
              TripletBackward<Dtype><<<CAFFE_GET_BLOCKS(count), CAFFE_CUDA_NUM_
THREADS>>>(
                count, channels, margin, alpha,
                bottom[3]->gpu_data(),
                diff_an_.gpu_data(), // the cached eltwise difference between a and n
                dist_sq_ap_.gpu_data(), // the cached square distance between a and p
                dist_sq_an_.gpu_data(), // the cached square distance between a and n
                bottom[i]->mutable_gpu_diff());
            CUDA_POST_KERNEL_CHECK;


        }
      }
```

```
    }
}

INSTANTIATE_LAYER_GPU_FUNCS(TripletLossLayer);

}  // namespace caffe
```

9.9　Coupled Cluster Loss的添加及其使用

9.9.1　增加loss层

1. 增加loss层的步骤

增加loss层的步骤与前面的内容相似，不过对于其中加层的步骤这里再说明一次，具体如下。

1）在proto文件中增加自己loss层的参数。

2）在LayerParameter中增加自定义的参数变量。

3）继承LossLayer编写具体代码。

2. 关于loss层编码的若干问题

在编写loss层的时候需要注意，大多数时候我们需要让自己的类继承LossLayer，这是基本的原则。具体写法如下：

```
class CoupledClustersLossLayer : public LossLayer<Dtype>
```

在上述代码中，我使用了后面为大家做示例的代码进行说明。LossLayer和Layer几乎没有太多的区别，只是这个层的topdiff不是由它的下一层给出的，而是由自己计算出来的，这是两者之间最不一样的地方，当然它需要有两个输入，一个是网络的输入结果，另一个是标签结果（即人工标注结果）。这一点需要我们有明确的认识。

loss层里面必须实现的函数依然是两个，具体如下。

- Forward_cpu
- Backward_cpu

对于 GPU 的函数，依然是可以实现也可以不实现，当然最好是实现，因为这样可以加快我们的训练速度，减少数据在 CPU 和 GPU 中传递时浪费的时间，GPU 在并行处理的表现上也是非常好的。

9.9.2 实现具体示例

1. Coupled Cluster Loss 层说明

这一层是 TripletLoss 层的一个改进，因此理解这个结构需要先明白 TripletLoss 层，这里将 TripletLoss 中的 [A、P、N] 三元组变成了 [C、P、N] 三元组来完成我们的 loss，A 原来是单个样本，现在变成 C（几个样本的中心），这样对于整个网络来说系统将会更稳定一些。具体内容可以参考下面的论文：

《Deep Relative Distance Learning：Tell the Difference Between Similar Vehicles》

该论文发表自 2016 年的 cvpr，这里是用来作为实践我们实现自己 loss 的示例原理的参考。

2. Coupled Cluster Loss 的公式

Coupled Cluster Loss 的公式具体如下：

$$L\left(W, X^p, X^n\right)=\sum_i^{N^p}\frac{1}{2}max\left\{0,\left\|f\left(x_i^p\right)-c^p\right\|_2^2+\alpha-\left\|f\left(x_*^n\right)-c^p\right\|_2^2\right\}$$

对以上式子求导的过程具体如下。

对 p 求偏导将变成如下公式：

$$\frac{\partial L}{\partial f\left(x_i^p\right)} = f\left(x_i^p\right) - c^p$$

对 n 求偏导将变成如下公式：

$$\frac{\partial L}{\partial f\left(x_i^n\right)} = c^p - f\left(x_i^n\right)$$

这样，我们就可以基于上面的公式进行前向和反向的代码编写了。

3. 定义 proto 消息

首先，我们定义一个 loss 层需要的参数的 proto，具体定义如下所示：

```
message CoupledClustersLossParameter
{
    optional float margin_alpha = 1 [default = 0.2];
    optional float radius_ratio = 2 [default = 0.05];
}
```

在 LayerParameter 中添加如下参数，到时候我们再访问 layerparam 参数的时候就可以读入自己定义的参数了，具体命令如下：

```
optional CoupledClustersLossParameter ccl_param = 402;
```

接下来就可以重新调用 protoc.exe 重新生成我们的 caffe.pb.h 和 caffe.pb.cc 了。

4. 头文件

头文件代码如下：

```
#include <string>
#include <utility>
#include <vector>

#include "caffe/blob.hpp"
#include "caffe/common.hpp"
#include "caffe/layer.hpp"
```

```
#include "caffe/layers/loss_layer.hpp"
#include "caffe/layers/neuron_layer.hpp"
#include "caffe/proto/caffe.pb.h"

namespace caffe {


template <typename Dtype>
class CoupledClustersLossLayer : public LossLayer<Dtype> {
public:
    explicit CoupledClustersLossLayer(const LayerParameter& param) : LossLayer
<Dtype>(param) {}
    virtual void LayerSetUp(const vector<Blob<Dtype>*>& bottom, const vector
<Blob<Dtype>*>&top);
    virtual inline int ExactNumBottomBlobs() const { return 2; }
    virtual inline const char* type() const { return "CoupledClustersLoss"; }
    /* *
    * * Unlike most loss layers, in the TripletLossLayer we can backpropagate
    * * to the first three inputs.
    * */
    virtual inline bool AllowForceBackward(const int bottom_index) const {
        return bottom_index != 3;
    }
protected:
    virtual void Forward_cpu(const vector<Blob<Dtype>*>& bottom, const vector
<Blob<Dtype>*>& top);

    virtual void Backward_cpu(const vector<Blob<Dtype>*>& top,
        const vector<bool>& propagate_down, const vector<Blob<Dtype>*>& bottom);

    virtual void Forward_gpu(const vector<Blob<Dtype>*>& bottom, const vector
<Blob<Dtype>*>& top);
    virtual void Backward_gpu(const vector<Blob<Dtype>*>& top,
        const vector<bool>& propagate_down, const vector<Blob<Dtype>*>& bottom);


    Blob<Dtype> diff_ap_;  // cached for backward pass
    Blob<Dtype> diff_an_;  // cached for backward pass
    Blob<Dtype> diff_pn_;  // cached for backward pass

    Blob<Dtype> diff_sq_ap_;  // cached for backward pass
    Blob<Dtype> diff_sq_an_;  // tmp storage for gpu forward pass

    Blob<Dtype> dist_sq_ap_;  // cached for backward pass
```

```
    Blob<Dtype> dist_sq_an_;  // cached for backward pass

    Blob<Dtype> summer_vec_;  // tmp storage for gpu forward pass
    Blob<Dtype> dist_binary_;  // tmp storage for gpu forward pass


    std::vector<Blob<Dtype>*> center_;  // cached for backward pass
    std::vector<Dtype*> center_points_;

    std::vector<Blob<Dtype>> distance_to_other;  // cached for backward pass

    int pair_counts_;

    int CaculateCenters(const vector<Blob<Dtype>*>& bottom);
    int CaculateDistance(const vector<Blob<Dtype>*>& bottom);

    int CountLabels(const vector<Blob<Dtype>*>& bottom);
    int CaculateLoss(Dtype& loss);

    void MakePairs();

    std::map<int, std::vector<int>> labels_map_;

    std::vector<Blob<Dtype>*> distance_vector_;
    std::vector<Dtype*> distance_points_;

    Dtype marga_alpha_;
    Dtype radius_ratio_;

    bool first_run_;

    int selected_labels_;
    int single_label_counts_;

    int CaculateSingleMap(const Dtype* pbottomdata,
        Dtype* pcenter_data, Dtype* presult_data, int numbers, int channels);
    int ClearDiff(const vector<Blob<Dtype>*>& bottom);

    int CaculateSingleDistance(Dtype* pcenter_data, Dtype* presult_data, int
numbers, int channels,
    std::vector<Dtype>& current_center_distance);

    int CaculateSingleMinDistance(
        std::vector<Dtype>& current_center_distance, int begin, int end, int&
```

```
min_position, Dtype& min_value);

        int CaculateSingleLabelLoss(int channels, int label_index,
            std::vector<Dtype>& current_center_distance, int begin, int end, int&
min_position, Dtype& min_value, Dtype& loss);

        Blob<Dtype> diff_value_;
        std::vector<int> loss_counts_;


    };

    };
```

5. 源文件

源文件具体如下：

```
#include <algorithm>
#include <vector>

#include "caffe/layer.hpp"
#include "caffe/layers/CoupledClustersLossLayer.hpp"
#include "caffe/util/io.hpp"
#include "caffe/util/math_functions.hpp"

#include <boost/random.hpp>

namespace caffe {

    template <typename Dtype>
    void CoupledClustersLossLayer<Dtype>::LayerSetUp(
        const vector<Blob<Dtype>*>& bottom, const vector<Blob<Dtype>*>& top) {
        LossLayer<Dtype>::LayerSetUp(bottom, top);
        CHECK_EQ(bottom[0]->num(), bottom[1]->num());

        CHECK_EQ(bottom[0]->height(), 1);
        CHECK_EQ(bottom[0]->width(), 1);
        CHECK_EQ(bottom[1]->height(), 1);
        CHECK_EQ(bottom[1]->width(), 1);
```

```
        pair_counts_ = bottom[0]->num()/2;

        first_run_ = true;

        CoupledClustersLossParameter ccl_param = this->layer_param_.ccl_param();

        marga_alpha_ = ccl_param.margin_alpha();
        radius_ratio_ = ccl_param.radius_ratio();
    }

    template <typename Dtype>
    void CoupledClustersLossLayer<Dtype>::Forward_cpu(
        const vector<Blob<Dtype>*>& bottom,
        const vector<Blob<Dtype>*>& top)
    {
        if (first_run_)
        {
            first_run_ = false;
            CountLabels(bottom);
        }
        CaculateCenters(bottom);
        CaculateDistance(bottom);
        Dtype loss;
        ClearDiff(bottom);
        CaculateLoss(loss);
        int number = bottom[0]->num();
        top[0]->mutable_cpu_data()[0] = loss;
    }

    template <typename Dtype>
    void CoupledClustersLossLayer<Dtype>::Backward_cpu(const vector<Blob<Dtype>
*>& top,
        const vector<bool>& propagate_down, const vector<Blob<Dtype>*>& bottom)
    {
        if (propagate_down[1]) {
            LOG(FATAL) << this->type()
                << " Layer cannot backpropagate to label inputs.";
        }
        if (propagate_down[0])
        {
            Dtype* bottom_diff = bottom[0]->mutable_cpu_diff();
            Dtype float_normalize= top[0]->cpu_diff()[0] / bottom[0]->num();
            if (float_normalize<1e-7)
            {
```

```
            float_normalize = 0;
        }
        const Dtype alpha = float_normalize;
        const Dtype* diff_data = diff_value_.cpu_data();

        caffe_cpu_axpby(bottom[0]->count(), // count
            alpha,                          // alpha
            diff_data,                      // a
            Dtype(0),                       // beta
            bottom_diff);                   // b

    }
}

bool IsAnyValueInVector(int input_value, std::vector<int>& input_vector)
{
    for (int i = 0; i < input_vector.size();i++)
    {
        if (input_value==input_vector[i])
        {
            return true;
        }
    }
    return false;
}

template <typename Dtype>
void caffe::CoupledClustersLossLayer<Dtype>::MakePairs()
{
    std::vector<int> single_positive_labels;
    std::vector<int> single_negative_labels;
    std::vector<int> positive_labels;
    std::vector<int> tmp_negative_labels;
    std::vector<int> negative_labels;

    int single_label_counts = labels_map_.begin()->second.size();
    boost::uniform_int<> distribution(0, single_label_counts - 1);
    boost::mt19937 engine;
    boost::variate_generator<boost::mt19937, boost::uniform_int<> > myrandom
(engine, distribution);
```

```
        while (single_positive_labels.size() < single_label_counts / 2)
        {
            int value;
            value = myrandom();
            if (!IsAnyValueInVector(value, single_positive_labels))
            {
                single_positive_labels.push_back(value);
            }
        }
        for (int i = 0; i < single_label_counts; i++)
        {
            if (!IsAnyValueInVector(i, single_positive_labels))
            {
                single_negative_labels.push_back(i);
            }
        }

        std::vector<int> label_values;

        for (auto iterator_item = labels_map_.begin(); iterator_item != labels_
map_.end();iterator_item++)
        {
            for (int index_value = 0; index_value < single_positive_labels.
size();index_value++)
            {
                int index_bottom_position_value = iterator_item->second[single_
positive_labels[index_value]];
                positive_labels.push_back(index_bottom_position_value);
            }
            for (int index_value = 0; index_value < single_negative_labels.
size(); index_value++)
            {
                int index_bottom_position_value = iterator_item->second[single_
negative_labels[index_value]];
                tmp_negative_labels.push_back(index_bottom_position_value);
            }

            label_values.push_back(iterator_item->first);
        }

        //tmp_negative_labels.erase()
        //for (int i = 0; i < tmp_negative_labels.size();i++)
        //{
```

```
            //}

        }

        template <typename Dtype>
        int caffe::CoupledClustersLossLayer<Dtype>::CountLabels(const vector<Blob
<Dtype>*>& bottom)
        {
            labels_map_.clear();
            std::vector<int> empty_vector;
            for (int i = 0; i < bottom[1]->num();i++)
            {
                int label_value_current = bottom[1]->data_at(i,0,0,0);
                if (labels_map_.find(label_value_current) == labels_map_.end())
                {
                    labels_map_.insert(std::make_pair(label_value_current, empty_
vector));
                }
                labels_map_[label_value_current].push_back(i);
            }
            int label_counts = labels_map_.size();

            for (int i = 0; i < label_counts;i++)
            {
                Blob<Dtype>* tmp = new Blob<Dtype>(bottom[0]->num(), bottom[0]-
>channels(), 1, 1);
                distance_vector_.push_back(tmp);
            }
            selected_labels_ = label_counts;
            single_label_counts_ = bottom[0]->num() / selected_labels_;

            //center_.resize(label_counts);
            center_points_.resize(label_counts);

            for (int i = 0; i < label_counts; i++)
            {
                std::vector<int> shape;
                shape.push_back(1);
                shape.push_back(bottom[0]->channels());
                Blob<Dtype>* tmp = new Blob<Dtype>(shape);
                center_.push_back(tmp);
                center_points_[i] = center_[i]->mutable_cpu_data();
```

```
        }

        distance_points_.resize(label_counts);
        for (int i = 0; i < label_counts; i++)
        {
            distance_points_[i] = distance_vector_[i]->mutable_cpu_data();
        }
        diff_value_.ReshapeLike(*bottom[0]);
        loss_counts_.resize(bottom[0]->num(), 0);

        return 0;
    }


    template <typename Dtype>
    int caffe::CoupledClustersLossLayer<Dtype>::CaculateCenters(const vector<Blob
<Dtype>*>& bottom)
    {

        int index_center = 0;
        for (auto iterator_item = labels_map_.begin(); iterator_item != labels_
map_.end(); iterator_item++)
        {
            Dtype* current_center = center_points_[index_center];
            for (int i = 0; i < iterator_item->second.size();i++)
            {
                current_center = center_points_[index_center];
                for (int channel_index = 0; channel_index < center_[index_center]
->channels(); channel_index++)
                {
                    *current_center += bottom[0]->data_at(iterator_item-
>second[i], channel_index, 0, 0);
                    current_center++;
                }
            }

            current_center = center_points_[index_center];
            for (int channel_index = 0; channel_index < center_[index_center]-
>channels(); channel_index++)
            {
                *current_center /= iterator_item->second.size();

                current_center++;
            }
```

```
            index_center++;
        }

        return 0;
    }


    template <typename Dtype>
      int caffe::CoupledClustersLossLayer<Dtype>::CaculateDistance(const
vector<Blob<Dtype>*>& bottom)
    {
        int length_counts = distance_vector_.size();


        //distance_points
        for (int i = 0; i < length_counts;i++)
        {
            Dtype* pbottom_data = bottom[0]->mutable_cpu_data();
            Dtype* presult_data = distance_vector_[i]->mutable_cpu_data();
            CaculateSingleMap(pbottom_data, center_points_[i], distance_
points_[i], bottom[0]->num(), bottom[0]->channels());
        }

        return 0;
    }


    template <typename Dtype>
    int caffe::CoupledClustersLossLayer<Dtype>::CaculateSingleMap(const Dtype*
pbottomdata,
        Dtype* pcenter_data, Dtype* presult_data,int numbers,int channels)
    {
        for (int i = 0; i < numbers;i++)
        {
            Dtype* pcurrent_center = pcenter_data;
            for (int j = 0; j < channels;j++)
            {
                *presult_data = *pbottomdata - *pcurrent_center;
                presult_data++;
                pbottomdata++;
                pcurrent_center++;
```

```
            }
        }

        return 0;
    }

    template <typename Dtype>
    int caffe::CoupledClustersLossLayer<Dtype>::CaculateSingleDistance(Dtype*
pcenter_data,
        Dtype* presult_data, int numbers, int channels,
        std::vector<Dtype>& current_center_distance)
    {
        current_center_distance.clear();

        for (int i = 0; i < numbers; i++)
        {
            Dtype current_value = 0.0;
            Dtype* pcurrent_center = pcenter_data;
            for (int j = 0; j < channels; j++)
            {
                current_value += (*presult_data) * (*presult_data);
                presult_data++;
            }
            current_value = std::sqrt(current_value);
            current_center_distance.push_back(current_value);
        }

        return 0;
    }

    template <typename Dtype>
    int caffe::CoupledClustersLossLayer<Dtype>::CaculateSingleMinDistance(
    std::vector<Dtype>& current_center_distance, int begin, int end, int& min_
position, Dtype& min_value)
    {
        int numbers = current_center_distance.size();

        if (begin==0)
        {
            min_value = current_center_distance[end];
            min_position = end;
        }
        else
        {
```

```
            min_position = 0;
            min_value = current_center_distance[0];
        }

        for (int i = 0; i < begin; i++)
        {
            if (min_value > current_center_distance[i])
            {
                min_position = i;
                min_value = current_center_distance[i];
            }
        }

        for (int i = end; i < numbers; i++)
        {
            if (min_value > current_center_distance[i])
            {
                min_position = i;
                min_value = current_center_distance[i];
            }
        }

        return 0;
    }

    template <typename Dtype>
    int caffe::CoupledClustersLossLayer<Dtype>::ClearDiff(const vector<Blob<Dtype>
*>& bottom)
    {
        Dtype* bout1 = bottom[0]->mutable_cpu_diff();
        caffe_set(bottom[0]->channels()*bottom[0]->num(), Dtype(0), bout1);

        Dtype* bout2 = diff_value_.mutable_cpu_data();
        caffe_set(bottom[0]->channels()*bottom[0]->num(), Dtype(0), bout2);

        for (int i = 0; i < loss_counts_.size();i++)
        {
            loss_counts_[i] = 0;
        }

        return 0;
    }
    template <typename Dtype>
    int normalize(std::vector<Dtype> &input_float,Dtype input_value)
```

```
        {
            Dtype sum_sqr = 0.0;
            for (int i = 0; i < input_float.size(); i++)
            {
                sum_sqr += std::pow(input_float[i], 2);
            }

            Dtype sum_sqrt = std::sqrt(sum_sqr);

            for (int i = 0; i < input_float.size(); i++)
            {
                input_float[i] = input_float[i] / sum_sqrt;
                input_float[i] = input_float[i] * input_value;
            }


            return 0;
        }

        template <typename Dtype>
        int caffe::CoupledClustersLossLayer<Dtype>::CaculateSingleLabelLoss(int
channels,int label_index,
        std::vector<Dtype>& current_center_distance, int begin, int end, int& min_
position, Dtype& min_value,Dtype& loss)
        {
            Dtype* bout = diff_value_.mutable_cpu_data();
            Dtype* pcurrent_distance_start = distance_points_[label_index];

            bool has_negetive = false;
            for (int i = begin; i < end; i++)
            {
                Dtype tmp_loss = current_center_distance[i] + marga_alpha_ - min_
value;

                Dtype* pcurrent_bout_p_begin = bout + i*channels;
                Dtype* pcurrent_distance_p = pcurrent_distance_start +i*channels;

                Dtype* pcurrent_bout_n = bout + min_position*channels;
                Dtype* pcurrent_distance_n = pcurrent_distance_start + min_position*
channels;

                std::vector<Dtype> normal_n_float;
                Dtype* normalize_current_distance_n = pcurrent_distance_n;
```

```
        for (int s = 0; s < channels; s++)
        {
            normal_n_float.push_back(*normalize_current_distance_n);
            normalize_current_distance_n++;
        }
        normalize(normal_n_float, min_value * 2*radius_ratio_);

        if (tmp_loss> Dtype(1e-7))
        {
            loss_counts_[i] += 1;
            loss_counts_[min_position] += 1;
            loss += tmp_loss;

            Dtype* normalize_current_distance_p = pcurrent_distance_p;

            std::vector<Dtype> input_float;
            for (int k = 0; k < channels;k++)
            {
                input_float.push_back(*normalize_current_distance_p);
                normalize_current_distance_p++;
            }

            normalize(input_float, min_value * radius_ratio_);

            for (int j = 0; j < channels;j++)
            {
                *pcurrent_bout_p_begin += input_float[j];
                pcurrent_bout_p_begin++;
                pcurrent_distance_p++;

                *pcurrent_bout_n -= normal_n_float[j];
                pcurrent_bout_n++;
                pcurrent_distance_n++;
                has_negetive = true;
            }
        }
        else{}
    }
    if (has_negetive)
    {
        /*loss_counts_[min_position] += 1;
        Dtype* pcurrent_bout_n = bout + min_position*channels;
        Dtype* pcurrent_distance_n = pcurrent_distance_start + min_position*
```

```
channels;
                    for (int j = 0; j < channels; j++)
                    {

                        *pcurrent_bout_n += *pcurrent_distance_n;

                        pcurrent_bout_n++;
                        pcurrent_distance_n++;
                    }*/
                }

                return 0;
            }

            template <typename Dtype>
            int caffe::CoupledClustersLossLayer<Dtype>::CaculateLoss(Dtype& loss)
            {
                loss = 0.0;
                int begin = 0;
                int end = single_label_counts_;
                int channels = distance_vector_[0]->channels();
                int numbers = distance_vector_[0]->num();
                for (int i = 0; i < selected_labels_;i++)
                {
                    std::vector<Dtype> current_center_distance;
                    int min_position;
                    Dtype min_value;
                    CaculateSingleDistance(center_points_[i], distance_points_[i],
numbers, channels, current_center_distance);
                    CaculateSingleMinDistance(current_center_distance, begin, end, min_
position, min_value);
                    CaculateSingleLabelLoss(channels, i, current_center_distance, begin,
end, min_position, min_value, loss);
                    begin += single_label_counts_;
                    end += single_label_counts_;
                }

                Dtype* bout = diff_value_.mutable_cpu_data();
                for (int index_diff = 0; index_diff < diff_value_.num();index_diff++)
                {
                    if (loss_counts_[index_diff] > 0)
                    {
                        for (int i = 0; i < channels; i++)
                        {
```

```
                        *bout /= loss_counts_[index_diff];
                        bout++;
                    }
                }
                else
                {
                    bout += channels;
                }
            }

            return 0;
        }
    #ifdef CPU_ONLY
        STUB_GPU(CoupledClustersLossLayer);
    #endif

        INSTANTIATE_CLASS(CoupledClustersLossLayer);
        REGISTER_LAYER_CLASS(CoupledClustersLoss);
    #ifndef CPU_ONLY
        template <typename Dtype>
        void CoupledClustersLossLayer<Dtype>::Forward_gpu(const vector<Blob<Dtype>
*>& bottom, const vector<Blob<Dtype>*>& top)
        {
            Forward_cpu(bottom, top);
        };
        template <typename Dtype>
        void CoupledClustersLossLayer<Dtype>::Backward_gpu(const vector<Blob<Dtype>
*>& top,
            const vector<bool>& propagate_down, const vector<Blob<Dtype>*>& bottom)
        {
            Backward_cpu(top, propagate_down, bottom);
        };
    #endif
    }  // namespace caffe
```

CHAPTER 10

第10章

Batch Normalize层的使用

10.1 batch_normalize层的原理和作用

通过名字就可以察觉batch_normalize层是做归一化处理的层，该层的主要目的是将网络的值控制在一个范围之内，以防止数据过小或者过大造成溢出。

通常在网络的每一层进行输入的时候，又会插入一个归一化层，也就是先进行归一化处理（归一化至均值为0、方差为1），然后再进入网络的下一层。不过文献归一化层，可不像我们想象的那么简单，归一化层是一个可学习、有参数（γ、β）的网络层。

下面先来看下一维的归一化数学公式，具体如下：

$$x=\left(x^{(1)}\cdots x^{(d)}\right)$$

Batch Normalize层其实就是将这个做法扩展到多维上，并分别针对每一维做归一化。数学公式具体如下：

$$\hat{x}^{(k)}=\frac{x^{(k)}-E\left[x^{(k)}\right]}{\sqrt{Var\left[x^{(k)}\right]}}$$

Batch Normalize层最大的作用就是防止“梯度弥散”。关于梯度弥散，大家都知道一个简单的例子：$0.9^{30}=0.04$。Batch Normalize层通过将activation规范为均值和方差一致的策略，使得原本会减小的activation的scale变大。

下面我们看一下在“Batch Normalization：Accelerating Deep Network Training by Reducing Internal Covariate Shift”一文中对相关算法的描述，如图 10-1 所示。

Input: Values of x over a mini-batch: $\mathcal{B} = \{x_{1...m}\}$;
Parameters to be learned: γ, β
Output: $\{y_i = \text{BN}_{\gamma,\beta}(x_i)\}$

$$\mu_{\mathcal{B}} \leftarrow \frac{1}{m}\sum_{i=1}^{m} x_i \qquad \text{// mini-batch mean}$$

$$\sigma_{\mathcal{B}}^2 \leftarrow \frac{1}{m}\sum_{i=1}^{m}(x_i - \mu_{\mathcal{B}})^2 \qquad \text{// mini-batch variance}$$

$$\widehat{x}_i \leftarrow \frac{x_i - \mu_{\mathcal{B}}}{\sqrt{\sigma_{\mathcal{B}}^2 + \epsilon}} \qquad \text{// normalize}$$

$$y_i \leftarrow \gamma\widehat{x}_i + \beta \equiv \text{BN}_{\gamma,\beta}(x_i) \qquad \text{// scale and shift}$$

Algorithm 1: Batch Normalizing Transform, applied to activation x over a mini-batch.

Input: Network N with trainable parameters Θ;
subset of activations $\{x^{(k)}\}_{k=1}^{K}$
Output: Batch-normalized network for inference, $N_{\text{BN}}^{\text{inf}}$

1: $N_{\text{BN}}^{\text{tr}} \leftarrow N$ // Training BN network
2: **for** $k = 1 \ldots K$ **do**
3: Add transformation $y^{(k)} = \text{BN}_{\gamma^{(k)},\beta^{(k)}}(x^{(k)})$ to $N_{\text{BN}}^{\text{tr}}$ (Alg. 1)
4: Modify each layer in $N_{\text{BN}}^{\text{tr}}$ with input $x^{(k)}$ to take $y^{(k)}$ instead
5: **end for**
6: Train $N_{\text{BN}}^{\text{tr}}$ to optimize the parameters $\Theta \cup \{\gamma^{(k)}, \beta^{(k)}\}_{k=1}^{K}$
7: $N_{\text{BN}}^{\text{inf}} \leftarrow N_{\text{BN}}^{\text{tr}}$ // Inference BN network with frozen // parameters
8: **for** $k = 1 \ldots K$ **do**
9: // For clarity, $x \equiv x^{(k)}, \gamma \equiv \gamma^{(k)}, \mu_{\mathcal{B}} \equiv \mu_{\mathcal{B}}^{(k)}$, etc.
10: Process multiple training mini-batches $\mathcal{B}$, each of size m, and average over them:

$$\text{E}[x] \leftarrow \text{E}_{\mathcal{B}}[\mu_{\mathcal{B}}]$$
$$\text{Var}[x] \leftarrow \frac{m}{m-1}\text{E}_{\mathcal{B}}[\sigma_{\mathcal{B}}^2]$$

11: In $N_{\text{BN}}^{\text{inf}}$, replace the transform $y = \text{BN}_{\gamma,\beta}(x)$ with $y = \frac{\gamma}{\sqrt{\text{Var}[x]+\epsilon}} \cdot x + \left(\beta - \frac{\gamma\,\text{E}[x]}{\sqrt{\text{Var}[x]+\epsilon}}\right)$
12: **end for**

Algorithm 2: Training a Batch-Normalized Network

图 10-1

通过图10-1可以看出，在进行训练的时候是边统计边迭代修改均值的具体值，而在测试的时候则总是使用固定的标准值执行前向操作。

10.2 batch_normalize层的优势

batch_normalize层包含哪些优势呢？具体如下：

- 改善流经网络的梯度。
- 允许更大的学习率，大幅度提高训练速度。

也就是说，你可以选择比较大的初始学习率，让你的训练速度急速提高。以前还需要慢慢调整学习率，甚至在网络训练到一半的时候，还需要考虑将学习率的比例进一步调小到多少才比较合适，现在可以采用初始值很大的学习率了，而且学习率的衰减速度也很大，因为这个算法收敛很快。当然，即使你选择了较小的学习率，这个算法也比以前的收敛速度更快，因为它具有快速训练收敛的特性。

- 减少对初始化的强烈依赖。
- 改善正则化策略。作为正则化的一种形式，batch_normalize层轻微减少了神经网络训练对dropout层的需求（可以减少甚至不用dropout层）。

你再也不用理会过拟合中dropout、L2正则项参数的选择问题了，采用Batch Normalize算法后，就可以移除这两项参数，或者还可以选择更小的L2正则约束参数，因为Batch Normalize具有提高网络泛化能力的特性。

- 不需要再使用局部响应归一化层（局部响应归一化是Alexnet用到的方法，做视觉开发的程序员估计对其会比较熟悉），因为Batch Normalize本身就是一个归一化网络层。
- 可以把训练数据彻底打乱（防止针对某批数据进行训练的时候，某个样本经常被挑选到，文献说batch_normalize层可以提高1%的精度）。

10.3 常见网络结构 batch_normalize 层的位置

在常用网络中，batch_normalize 层常被用来放置梯度弥散，所以其每隔一定的层数就会出现一次，在 10.1 节提到的论文中，batch_normalize 层和 scale 层联合在一起形成了真正的 batch_normalize 公式，但是在实际应用中，我们发现单独使用 batch_normalize 层也是可以的，同样可以达到论文中的效果。

下面通过一个 proto 文件来说明这一层出现的位置。

```
name: "CIFAR10_full"
layer {
  name: "cifar"
  type: "Data"
  top: "data"
  top: "label"
  include {
    phase: TRAIN
  }
  transform_param {
    mean_file: "examples/cifar10/mean.binaryproto"
  }
  data_param {
    source: "examples/cifar10/cifar10_train_lmdb"
    batch_size: 100
    backend: LMDB
  }
}
layer {
  name: "cifar"
  type: "Data"
  top: "data"
  top: "label"
  include {
    phase: TEST
  }
  transform_param {
    mean_file: "examples/cifar10/mean.binaryproto"
  }
  data_param {
    source: "examples/cifar10/cifar10_test_lmdb"
    batch_size: 1000
```

```
    backend: LMDB
  }
}
layer {
  name: "conv1"
  type: "Convolution"
  bottom: "data"
  top: "conv1"
  param {
    lr_mult: 1
  }
  convolution_param {
    num_output: 32
    pad: 2
    kernel_size: 5
    stride: 1
    bias_term: false
    weight_filler {
      type: "gaussian"
      std: 0.0001
    }
  }
}
layer {
  name: "pool1"
  type: "Pooling"
  bottom: "conv1"
  top: "pool1"
  pooling_param {
    pool: MAX
    kernel_size: 3
    stride: 2
  }
}

layer {
  name: "bn1"
  type: "BatchNorm"
  bottom: "pool1"
  top: "bn1"
  param {
    lr_mult: 0
  }
  param {
    lr_mult: 0
```

```
  }
  param {
    lr_mult: 0
  }
}

layer {
  name: "Sigmoid1"
  type: "Sigmoid"
  bottom: "bn1"
  top: "Sigmoid1"
}

layer {
  name: "conv2"
  type: "Convolution"
  bottom: "Sigmoid1"
  top: "conv2"
  param {
    lr_mult: 1
  }
  convolution_param {
    num_output: 32
    pad: 2
    kernel_size: 5
    stride: 1
    bias_term: false
    weight_filler {
      type: "gaussian"
      std: 0.01
    }
  }
}

layer {
  name: "bn2"
  type: "BatchNorm"
  bottom: "conv2"
  top: "bn2"
  param {
    lr_mult: 0
  }
  param {
    lr_mult: 0
  }
```

```
    param {
      lr_mult: 0
    }
  }

  layer {
    name: "Sigmoid2"
    type: "Sigmoid"
    bottom: "bn2"
    top: "Sigmoid2"
  }
  layer {
    name: "pool2"
    type: "Pooling"
    bottom: "Sigmoid2"
    top: "pool2"
    pooling_param {
      pool: AVE
      kernel_size: 3
      stride: 2
    }
  }
  layer {
    name: "conv3"
    type: "Convolution"
    bottom: "pool2"
    top: "conv3"
    param {
      lr_mult: 1
    }
    convolution_param {
      num_output: 64
      pad: 2
      kernel_size: 5
      stride: 1
      bias_term: false
      weight_filler {
        type: "gaussian"
        std: 0.01
      }
    }
  }

  layer {
    name: "bn3"
```

```
    type: "BatchNorm"
    bottom: "conv3"
    top: "bn3"
    param {
      lr_mult: 0
    }
    param {
      lr_mult: 0
    }
    param {
      lr_mult: 0
    }
  }

  layer {
    name: "Sigmoid3"
    type: "Sigmoid"
    bottom: "bn3"
    top: "Sigmoid3"
  }
  layer {
    name: "pool3"
    type: "Pooling"
    bottom: "Sigmoid3"
    top: "pool3"
    pooling_param {
      pool: AVE
      kernel_size: 3
      stride: 2
    }
  }

  layer {
    name: "ip1"
    type: "InnerProduct"
    bottom: "pool3"
    top: "ip1"
    param {
      lr_mult: 1
      decay_mult: 1
    }
    param {
      lr_mult: 1
      decay_mult: 0
    }
```

```
  inner_product_param {
    num_output: 10
    weight_filler {
      type: "gaussian"
      std: 0.01
    }
    bias_filler {
      type: "constant"
    }
  }
}
layer {
  name: "accuracy"
  type: "Accuracy"
  bottom: "ip1"
  bottom: "label"
  top: "accuracy"
  include {
    phase: TEST
  }
}
layer {
  name: "loss"
  type: "SoftmaxWithLoss"
  bottom: "ip1"
  bottom: "label"
  top: "loss"
}
```

在上面的 proto 中，batch_normalize 放在了卷积和激活函数 sigmoid 之间，这是一个非常有意思的方法。这一放置解决了 sigmoid 的梯度消失的问题，当然 batch_normalize 很多时候也会出现在基于 relu 的函数中，我们可以将 batch_normalize 层放在激活函数之前，也可以放在激活函数之后，不过最好是将 batch_normal 层和 scale 层放置在一起，但是我们看到 Caffe 的例子中并没有这么做。不过，单独使用也是可以的，这是仁者见仁智者见智的事情。最好是在每两个卷积层之间就加入 batch_normalize 层，这样做实验效果最好。

10.4　proto 的具体写法

与其他层稍有区别的是，batch_normalize 层训练和测试的时候使用的参数不一样，这是我们需要特别注意的，训练的时候需要更新均值和标准差参数，而在测试的时候则需要将均值和标准差参数固定起来。

```
layer {
    bottom: "res2a_branch2b"
    top: "res2a_branch2b"
    name: "bn2a_branch2b"
    type: "BatchNorm"
    batch_norm_param {
        use_global_stats: false        //训练阶段和测试阶段不同
    }
 include: { phase: TRAIN }

}
layer {
    bottom: "res2a_branch2b"
    top: "res2a_branch2b"
    name: "bn2a_branch2b"
    type: "BatchNorm"
    batch_norm_param {
        use_global_stats: true
    }
 include: { phase: TEST }

}
```

以上就是 batch_normalize 在训练和测试网络中的 prototxt 文件的写法。后面再来介绍其在源码中的形式和结构。

下面这个 prototxt 来自 Google 的 protobuf 库，我们一起来看看这段源码中对这些值的定义，请注意后面的相关注释。

```
message BatchNormParameter {
  // 如果为真，则使用保存的均值和方差，否则采用滑动平均的方法计算新的均值和方差。
  // 该参数为默认值的时候，如果是测试阶段则等价为真，如果是训练阶段则等价为假。
  optional bool use_global_stats = 1;

  // 滑动平均的衰减系数，默认为0.999
  optional float moving_average_fraction = 2 [default = .999];

  // 分母附加值，防止除以方差时出现除0的操作，默认为1e-5
  optional float eps = 3 [default = 1e-5];
}
```

10.5 其他归一化层的介绍

本节简单介绍下 LRN 层，LRN 层的全称为 Local Response Normalization，即局部响应归一化层。顾名思义，局部响应归一化层就是对于某些局部的特征进行一次归一化的处理，因为真实世界并不是局部的，而信息是一个整体，所以 LRN 层逐渐就被本章介绍的 batch_nomalize 层代替了。

LRN 层需要的参数具体如下。

- norm_region：选择是对相邻通道间归一化还是对通道内的空间区域归一化，默认为 ACROSS_CHANNELS，即通道间归一化。
- local_size：有两种表示，一种是通道间归一化时表示求和的通道数；另一种是通道内归一化时表示求和区间的边长；默认值为 5。
- alpha：缩放因子（详细见后面），默认值为 1。
- beta：指数项（详细见后面），默认值为 5。

局部响应归一化层会完成一种“临近抑制”操作，从而实现对局部输入区域的归一化操作。

在通道间归一化模式中，局部区域范围在相邻通道间，但没有空间扩展（即尺寸为 local_size × 1 × 1）。

在通道内归一化模式中，局部区域在空间上扩展，但只针对独立通道进行（即尺寸为 1 × local_size × local_size）。

每个来自上一层的输入值都将除以 $(1+(\alpha/n)\Sigma_i x_i^2)^\beta$。

其中，n 为局部尺寸大小 local_size，至于 α 和 β，前面已经定义过。将在**当前值处于中间位置的局部区域内**进行（如果有必要则进行补零操作）求和。

CHAPTER 11

第11章

回归网络的构建

11.1 如何生成回归网络训练数据

在进行任何训练的时候都需要先准备训练数据，回归任务也不例外，本节就来看看如何准备训练数据。首先，按一定的比例、一定的划分策略将数据集划分为训练集、验证集（根据具体情况可有可无）和测试集。如果要在使用Caffe之前手动进行数据预处理或数据增强，那么应尽量在数据集划分之前就完成。本章是在假设已经完成了数据划分的情况下撰写的。

我们需要采用类似Caffe分类任务的方法来建立一个标识回归任务标签的txt文件。这个文件的内容大致如下。

文件的每一行都代表一个样本，一行中的第一项是图片的名称（名称前还可以有路径），后面是类别标签，具体的任务包含几类图像就对应着有多少个标签，每个标签都是非 -1 到 1 之间的数值，0 代表当前图片进行回归的偏差为 0，回归任务一般会进行回归差值的相对量，即使用绝对量与输入尺寸做除法运算，这样回归出来的数据不会因为图片大小的变化而发生变化，数值稳定性和网络输出稳定性更高。图片名称以及各个标签值之间以空格进行间隔。

具体数据生成的格式为：

1.jpg	0.1692	−0.1154	−0.2393	−0.4312
2.jpg	−0.3096	0.0830	0.0944	−0.1804
3.jpg	−0.1311	−0.2482	−0.4775	0.0309
4.jpg	−0.0393	−0.2096	−0.0747	0.1544
5.jpg	0.4816	0.1171	−0.1873	−0.0924
6.jpg	−0.3436	−0.2347	−0.3385	0.3200
7.jpg	0.3555	0.3244	−0.3212	0.2184
8.jpg	0.1448	0.4827	−0.0771	0.4686
9.jpg	−0.1237	0.2302	−0.4058	0.0313
10.jpg	−0.3091	−0.1561	0.0985	−0.1749
11.jpg	−0.0717	0.0841	−0.0291	−0.3944
12.jpg	−0.0180	−0.3922	0.1959	0.1110
13.jpg	−0.3794	0.4063	0.1999	0.2788
14.jpg	0.0895	0.3797	0.1385	−0.0765
15.jpg	−0.2738	0.3178	−0.4664	−0.4092

11.2 回归任务和分类任务的异同点

分类模型和回归模型的本质是一样的，分类模型可将回归模型的输出离散化，回归模型也可将分类模型的输出连续化。本质上两种任务在数学形式化上是一致的。深度学习同样适用于分类问题。

深度学习目前在某些领域是最先进的技术，如计算机视觉和语音识别等。深度神经网络在图像、音频和文本等数据上的表现很是优异，并且该算法也很容易对新数据使用反向传播算法更新模型参数。它们的架构（即层级的数量和结构）能够适用于多种问题，并且隐藏层也减少了算法对特征工程的依赖。

深度学习也适用于分类音频、文本和图像数据。与分类任务一样，深度神经网络回归需要大量的数据进行训练，所以其并不是一个通用目的的算法。

因为回归训练是连续量的训练，所以我们在实现实际任务的时候，可以设定一个可容忍误差的范围。对于容忍范围内的数据，以及容忍范围外的数据都做一个误差直方图统计，作为最终判定训练结果好坏的依据。

11.3　回归网络收敛性的判断

这里首先说一下应如何判断分类网络收敛，大家都知道，分类网络是通过观察 loss 的值和分类正确性的值来判断网络是不是收敛的，而回归的时候只有 loss 的值了，那么应如何判定回归收敛是不是合适的呢？这似乎是一个难题，因为只有 loss 值，只能通过验证集上的 loss 来判断网络是否收敛，若要在刚开始训练的时候就判断 loss 是否能够收敛确实很难做到，这也是新手经常遇到的问题。

要判断网络能否收敛需要在 Caffe 中记录日志，前文中我们学会了绘制图片，现在可以使用具体的图片来对比哪种情况的网络是收敛的了。

第一种情况，训练的损失随着时间的增加变得越来越小，这种情况的训练一定是收敛的。

具体情况类似于图 11-1。

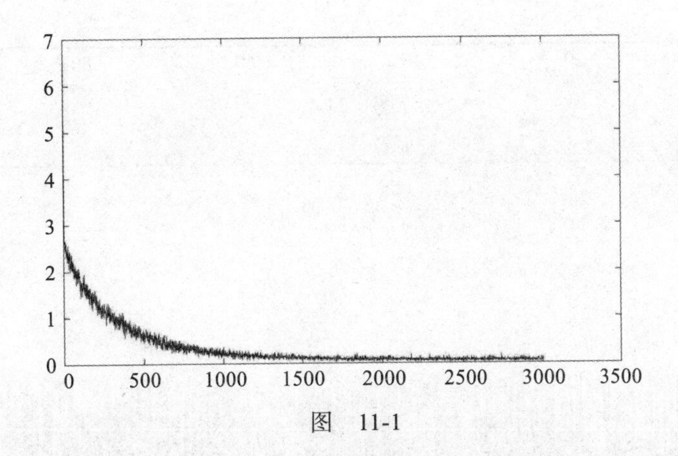

图　11-1

还有可能出现的一种情况是，loss 在不断地震荡，缓慢地收敛，这种情况就比较复杂了，测试模型可能好，也可能不好，随机性比较大。具体情况类似于图 11-2。

很多时候我们在训练回归网络时会出现这样一种情况，初始时 loss 下降了，但是后面 loss 一直在震荡，此时绘制的图片就是图 11-3 所示的状态，这种状态基本上可以说明网络是不收敛的。

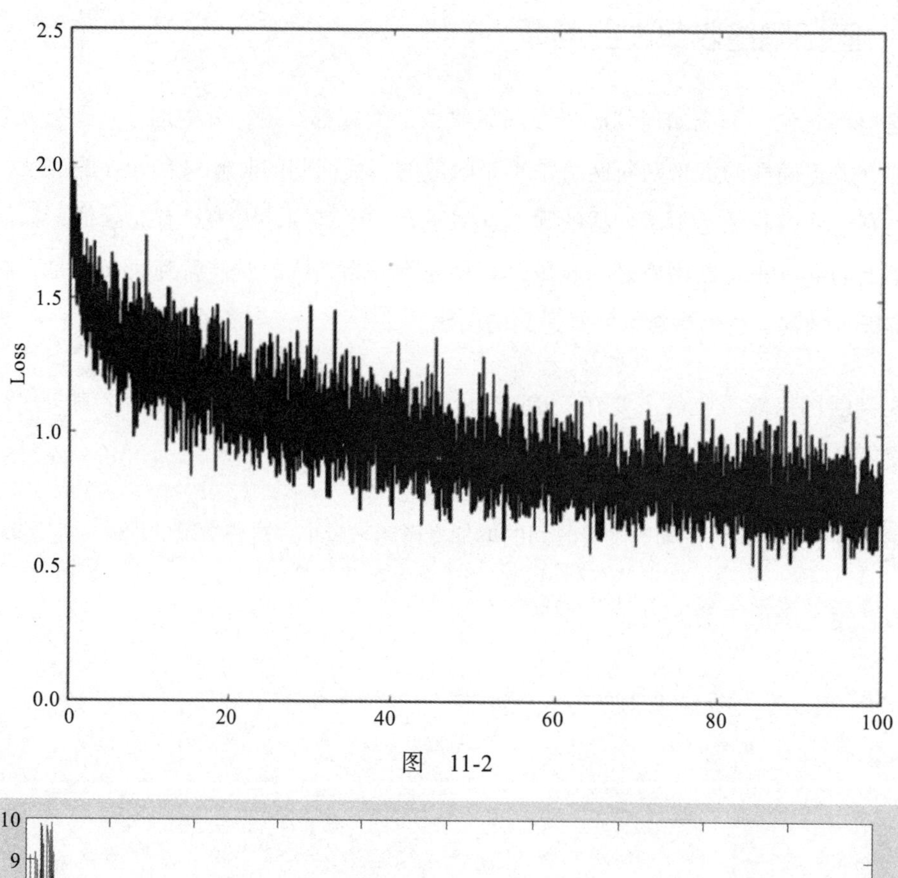

图　11-2

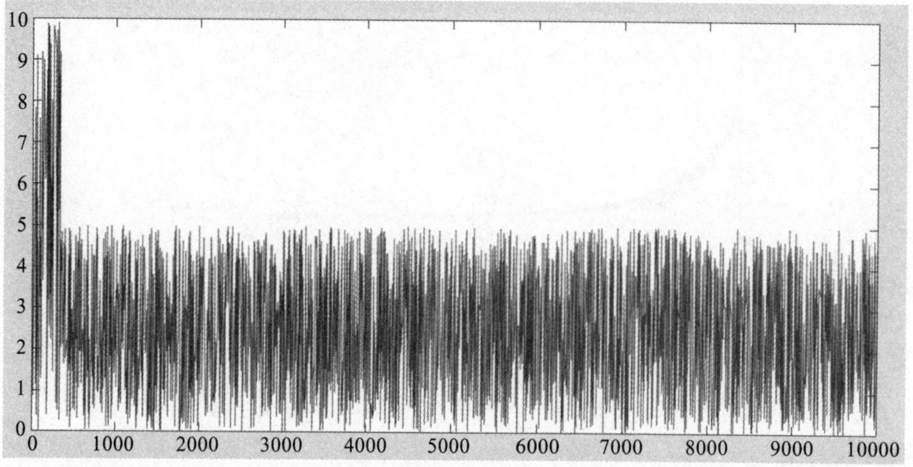

图　11-3

在进行训练的过程中，最理想的状态是没有太多抖动，然后稳定地下降到某一个值。

理想的收敛状态具体如图 11-4 所示。

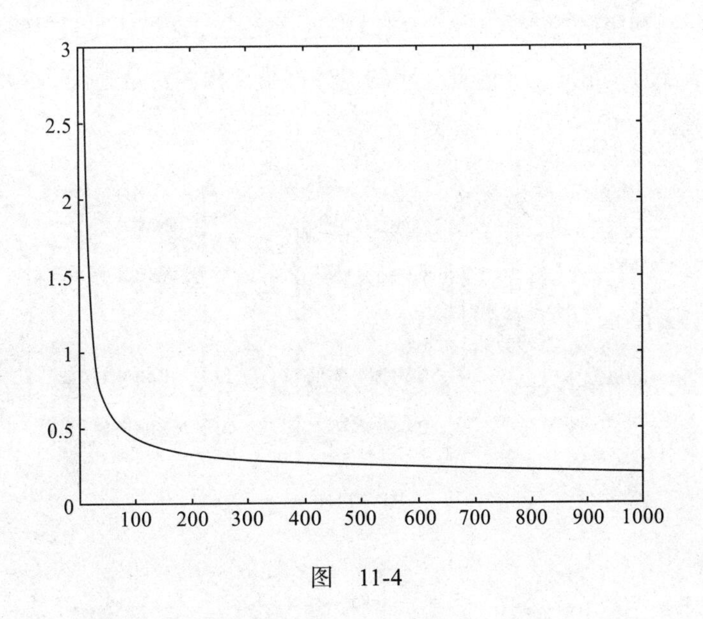

图 11-4

在实践中，loss 收敛也可能是慢慢收敛的，如图 11-5 所示。

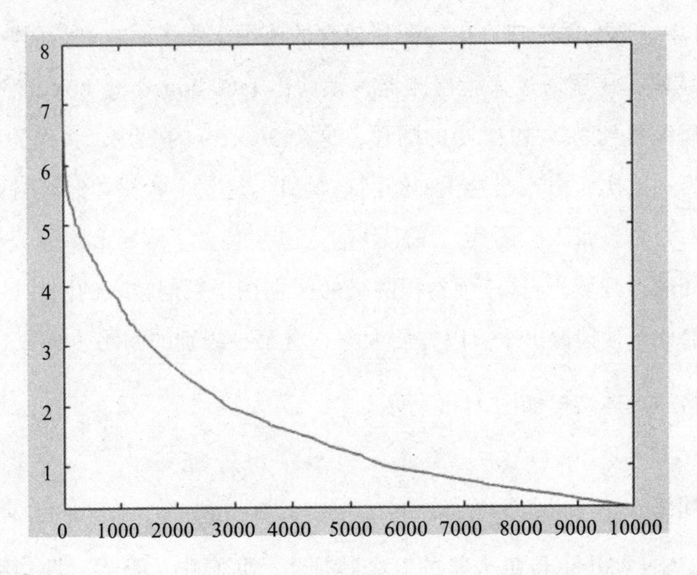

图 11-5

11.4　回归任务与级联模型

2013 年发表的“Deep Convolutional Network Cascade for Facial Point Detection”一文中，使用了回归和级联的方式对人脸关键点进行定位。这可能是最早将回归网络和人脸特征点定位结合的文章之一了。此文中的总体网络架构主要是进行了 3 次级联的网络，具体如图 11-6 所示。

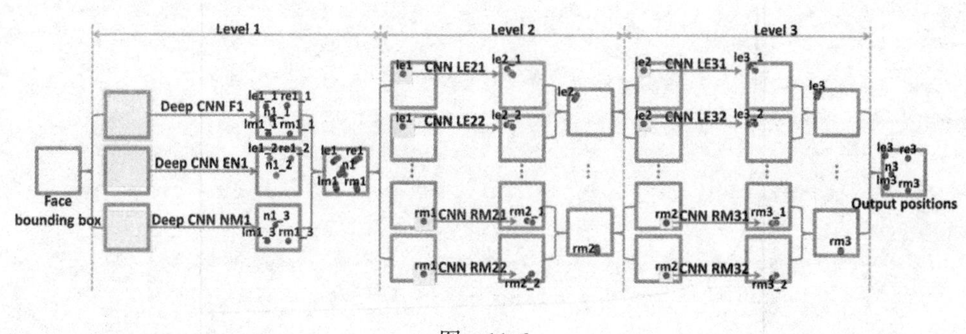

图　11-6

1. 第一级网络

首先要做的第一步，是把人脸图片裁剪出来，而不是将图 11-6 所示的一整张图片直接发送到 CNN 中，因为第一级产生的图片包含的范围太大了，在进行回归训练时，图片裁剪得越精准越好。这里通过人脸检测器，裁剪出 face bounding box，然后将它转换成灰度图像，最后缩放到 39×39 大小的图片，这个 39×39 的图片，将作为我们 level 1 的输入。网络的第一层次，由三个卷积神经网络组成，这三个卷积神经网络可分别命名为：F1（网络的输入为一整张人脸图片）、EN1（输入图片包含了眼睛和鼻子）、NM1（输入图片包含了鼻子和嘴巴区域）。这三个卷积网络的区别在于它们输入的图片区域不同。下面将原图的第一部分单独抽取出来，以方便大家查看第一级别的网络（如图 11-7 所示）。

第一级网络的具体结构如图 11-8 所示。

2. 第二级网络

接着采用 CNN 初步定位出人脸的五个特征点（两眼中、鼻尖、两边嘴角），这一级别的网络对于定位不能也不需要有太高的精准度，只需要粗糙地定位出关键点的位置即可。这里网络要求的精度不能太高，否则训练会无法收敛，具体原因大家在传统方法中也能知道，在较大范围内回归特定的位置在物理上就不是特别现实，这有点类似于用来为汽车载重称重的地泵，被要求用来称重宝石有多少克一样，会表现得非常不稳定。

其具体的网络结构如图 11-9 所示。

经过了第一级网络，我们大体可以知道各个特征点的位置了，接下来要减小搜索的范围，这里以第一层级预测到的特征点，**以第一级网络得到的五个预测特征点为中心，然后分别做一个较小的矩形框（bbox），把各个特征点的小区域范围内的图像裁剪出来，这是训练第二级网络的关键核心。虽然操作比较简单，但是不要忘记上述的方法。**

3. 第三级网络

最后的这一级网络当然是最需要精细化操作的网络了，第三级网络的好坏直接决定了整个系统是否可以直接使用。**level 3 是在 level 2 得到预测点位置的基础上，重新进行了裁剪。通过 level 2 的网络，我们可以进一步得到那 5 个特征点的位置（离正确的点更近了），然后利用 level 2 的预测位置，重新进行裁剪。**

下面我们来看一下第三级网络的结构，如图 11-10 所示。

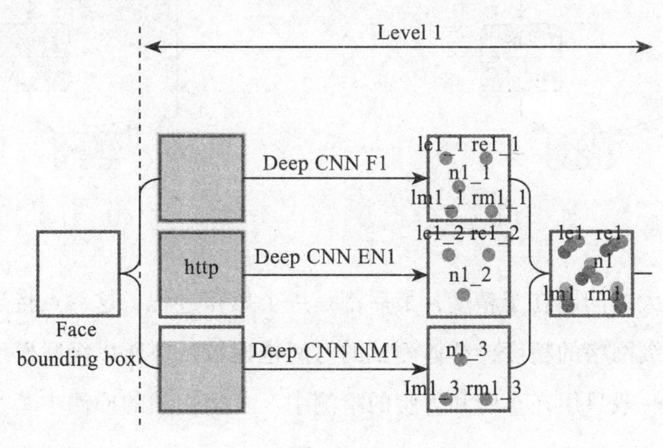

图 11-7

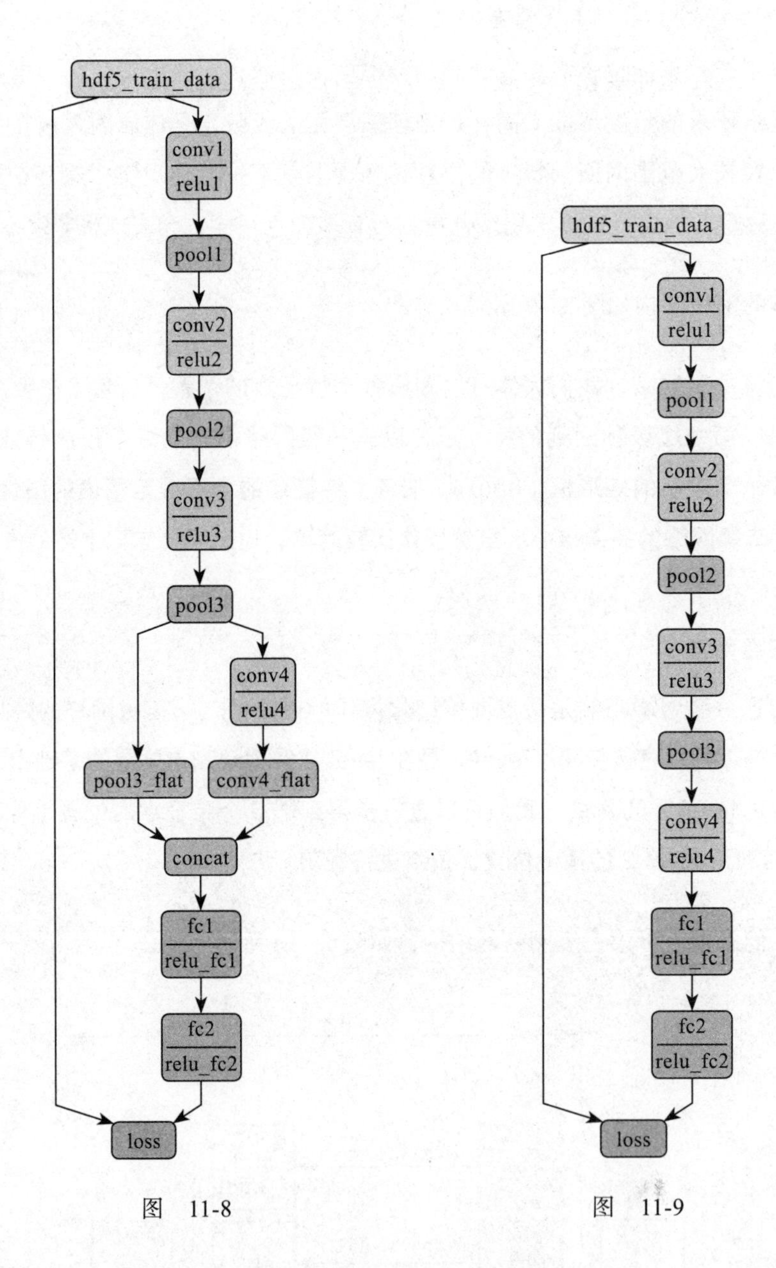

图　11-8

图　11-9

级联模型最大的问题在于精度，最后都是一个累积过程，这一点将导致网络整体的精度受限于每一级网络的精度，整体测试的时间也比较长，所以级联模型在应用中的使用频率并不高，一般只用在车牌和人脸的检测中。多类物品的检测中基本上很少使用级联网络模型。

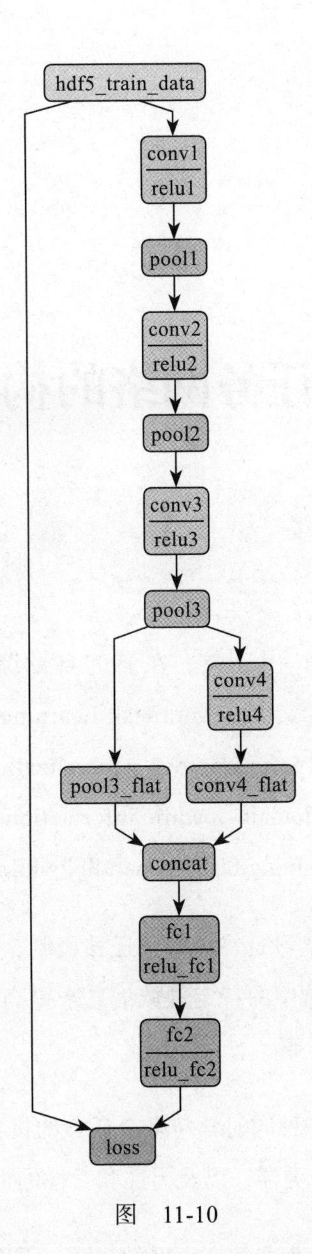

图 11-10

级联模型的训练技巧是后面的网络不能在直接使用标注点的基础上裁剪图片并进行回归，而应该使用前一级网络的输出作为后一级网络的输入，这样才能达到真正的实际可用的模型。

CHAPTER 12

第12章 多任务网络的构建

12.1 多任务历史

多任务学习是机器学习中的一个分支，在 1997 年的综述论文“Multi-task Learning”中对多任务学习给出的定义为：Multitask Learning (MTL) is an inductive transfer mechanism whose principle goal is to improve generalization performance. MTL improves generalization by leveraging the domain-specific information contained in the training signals of related tasks. It does this by training tasks in parallel while using a shared representation。

翻译成中文即为：多任务学习是一种归纳迁移机制，基本目标是提高泛化性能。多任务学习通过相关任务训练信号中的特定领域信息来提高泛化能力，且利用共享表示并采用并行训练的方法学习多个任务。

顾名思义，多任务学习是一种同时学习多个任务的机器学习方法。在图 12-1 中，多任务学习同时学习人类和狗的分类器，以及男性和女性的性别分类器。

多任务为什么有效？这是一个非常有意思的问题，下面给出一些粗浅的观点。

（1）隐式数据增加

多任务学习能够有效地增加我们用于模型训练的样本空间，由于每一种任务都存在着同种程度的噪声，因此当在某一个特定任务 Target1 上进行模型训练时，就可以学习到一个适合 Target1 的表征。理想情况下，这个表征能够忽略与数据相关的噪声，并且具有优秀的泛化能力。由于不同的任务在同一个数据集上拥有不同的噪声模式，所以同时学习两个或者多个任务的模型能够得到更普遍（general）的表征。单独只学习任何一个 target 都有可能对相应的任务造成过拟合，而联合了多个任务的模型能够通过多任务的噪声互相影响，从而获得更好的表征。

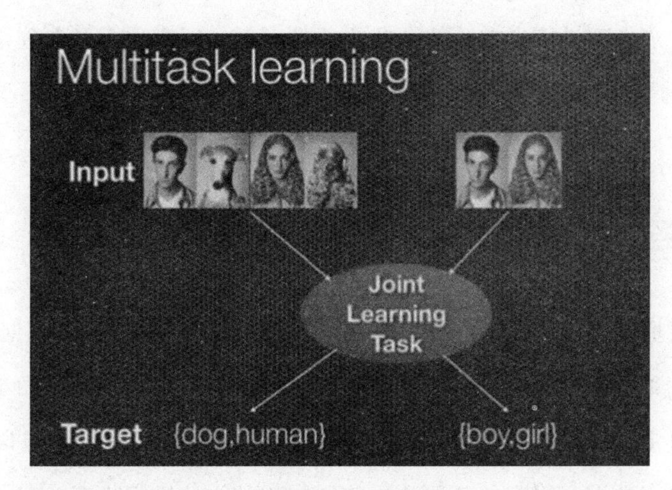

图 12-1[⊖]

（2）特征特化机制

如果一个任务的目标比较杂乱或者数据比较有限并且数据维度很高，那么模型可能非常难以区分相关与不相关的特征。多任务在多个任务同时学习的过程中，可以使特定目标网络结构上的特征与任务高度相关（这部分内容将于后文中进行介绍），因为其他任务也会为这些特征提供额外的信息，证明特征的相关性或者不相关性。

（3）窃听（eavesdroping）

某一特征 Feature_e 很容易被 target_1 学习，但是难以被另一个任务 target_2 学习。这可能是因为 target_2 与特征 Feature_e 的相关性更为复杂，或者是因为其他的特征阻碍了模型学习 Feature_e 的能力。我们可以允许模型窃听，从而通过 target_1 来学习特征 Feature_e。最简单的方法则是通过暗示（详见论文“Learning from Hints in Neural

⊖ 图片引自：http://www.cs.cornell.edu/~kilian/research/multitasklearning/multitasklearning.html

Networks”，1990年）获取更多信息。

（4）正则化

多任务学习认引入归纳偏置作为正则化项，这一操作降低了过拟合的风险以及模型的复杂度（即适应随机噪声的能力）。

以上的4个观点都是笔者本人的一些粗浅的理解，还有很多经典理论希望大家自己去寻找，多任务这一命题给我们留下了很多彩蛋。

12.2 多任务网络的数据生成

多任务的数据生成与回归任务的数据生成类似，只是回归任务的数据是一些连续值，而多任务网络则是混合网络任务，它既有离散的变量，又可能包含回归量的分析。但是无论是连续量还是离散量，都可以使用float值进行表示。理解了这点以后，我们就可以对多任务的输入数据和回归任务的数据使用同样的方法进行生产，对此这里不再进行赘述。

12.3 如何简单建立多任务

准备好生成的数据库之后，我们就可以开始多任务的训练了，多任务并无特殊之处，只是多了一些输入和输出，每一种任务都需要有各自特定的网络结构，这些结构可以保证各个任务都有自己的变化，在构建过程中只要不违反这些大的原则，多任务就可以达到一个不错的效果。

下面就来看一个简单的多任务网络结构示意图，如图12-2所示。

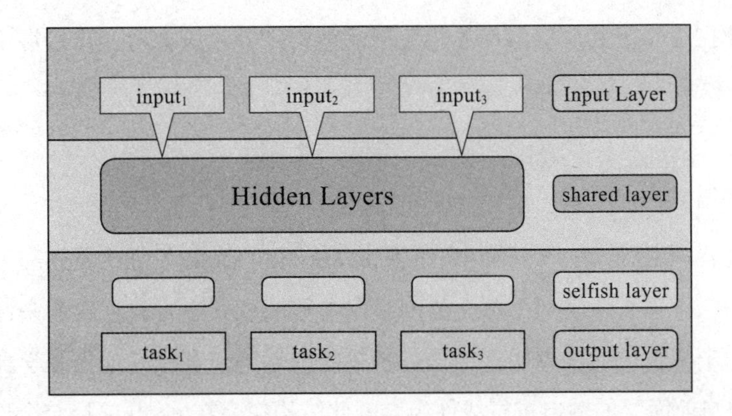

图 12-2

由图 12-2 可以看出，从本质上说，深度学习是多层的神经网络，对输入进行了层级的非线性表示，来自网络可视化的证据表明，深度网络的层级表示在语义上是从底层到高层不断递进的。深度网络强大的表示能力，使得多任务深度学习有了施展的空间。图 12-2 所示的为多任务深度网络结构示意图，其中，Input x 表示不同任务的输入数据，shared layer 部分表示不同任务之间共享的层，selfish layer 表示每个任务特定的层，Task x 表示不同任务对应的损失函数层。在多任务深度网络中，低层次语义信息的共享有助于减少计算量，同时共享表示层可以使得几个有共性的任务能够更好地结合相关性信息，任务特定层则可以单独建模任务的特定信息，以实现共享信息和任务特定信息的统一。

下面列举一个示例，比如衣服图像检索系统，颜色这类的信息可以从较浅层的时候就进行输出判断，而衣服的样式风格这类的信息，则更接近高层语义，需要从更高的层次进行输出，这里的输出指的是每个任务对应的损失层的前一层。

12.4 近年的多任务深度学习网络

1. 深度关系网络

在用于机器视觉的多任务场景中，已有的这些方法通常会共享卷积层，并将全链接层视为任务相关的。“Learning Multiple Tasks with Deep Relationship Networks”这篇文章的新颖之处在于除了共享层与任务相关层的结构之外，该文对全连接层添加了矩阵先验，这将允许模型学习任务间的关系。

2. 十字绣网络

在 cvpr2016 年的文章“Cross-Stitch Networks for Multi-Task Learning”中出现了十字绣网络结构。这篇文章将两个独立的网络用参数的软共享方式连接起来，并描述了如何使用所谓的十字绣单元来说明这些任务相关的网络如何利用其他任务学到知识，然后利用这些知识与前面层的输出进行线性组合。此结构仅会在 pooling 层与全连接层加入十字绣单元。下面给出十字绣网络的结构，如图 12-3 所示。

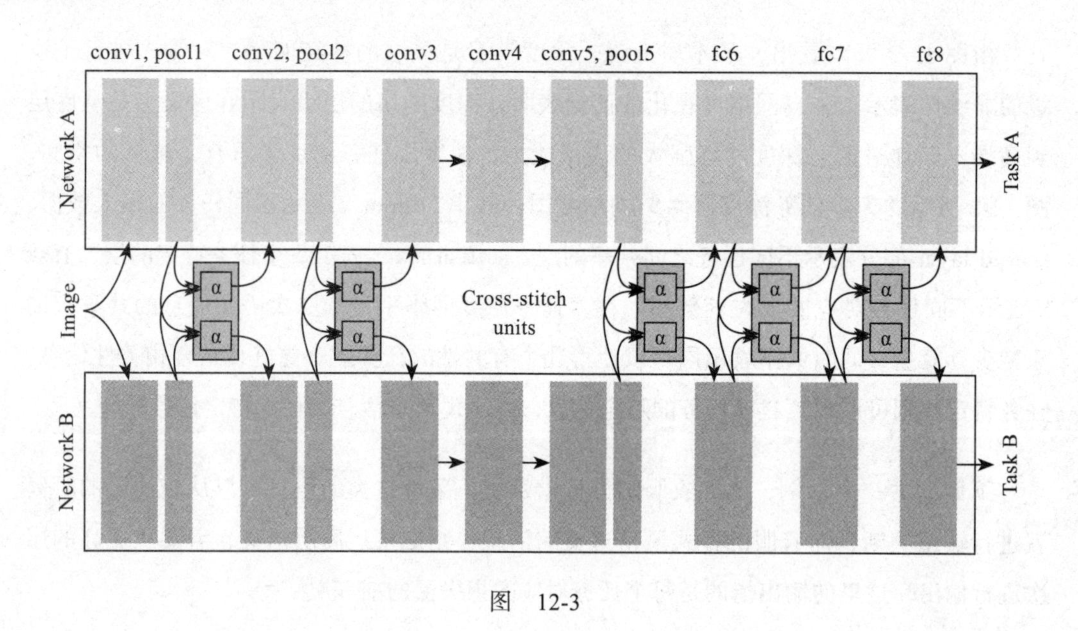

图　12-3

3. 全自适应特征共享

在“Fully-Adaptive Feature Sharing in Multi-Task Networks with Applications in Person Attribute Classification”这篇文章中提出了一个自底向上的方法。从瘦网络（thin network）开始，即可使用对相似任务自动分组的指标，贪心地动态加宽网络。这个加宽的过程会动态创建分支，如图 12-4 所示。然而这种贪心的做法并不能得到全局的最优。

为每个分支分配一个精确的任务，并不能允许模型学到更复杂的任务间的交互。针对这一情况，我们也可以提前根据任务的相关性，人为干预这一分组。

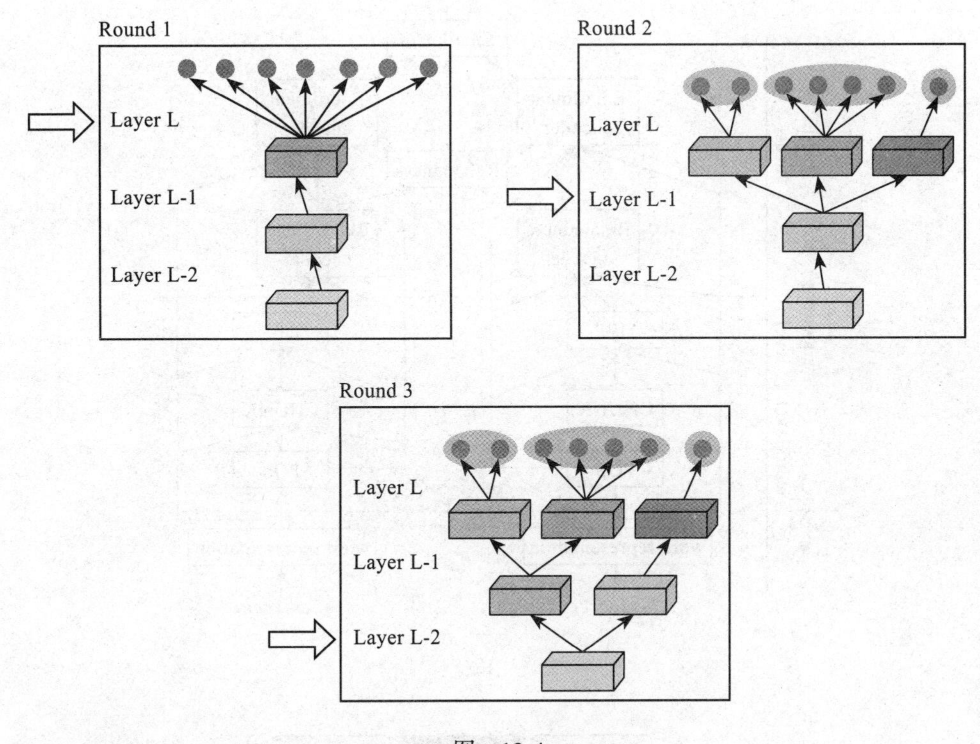

图 12-4

4. 联合多任务模型

在“A Joint Multi-Task Model: Growing A Neural Network for Multiple NLP Tasks”一文中预先定义了一个包含多个 NLP 任务的层次结构，并且可使用这一结构进行联合学习。联合多任务模型的具体结构如图 12-5 所示。

5. 具有不确定性的加权损失

在“Multi-Task Learning Using Uncertainty to Weigh Losses for Scene Geometry and Semantics”一文中采用了一种正交的方式来考虑每一个任务的不确定性，该方式会调整每一个任务在代价函数中的相对权重。基于最大化任务相关的不确定性似然函数原理，来得到多任务学习的目标，具体框架如图 12-5 所示。

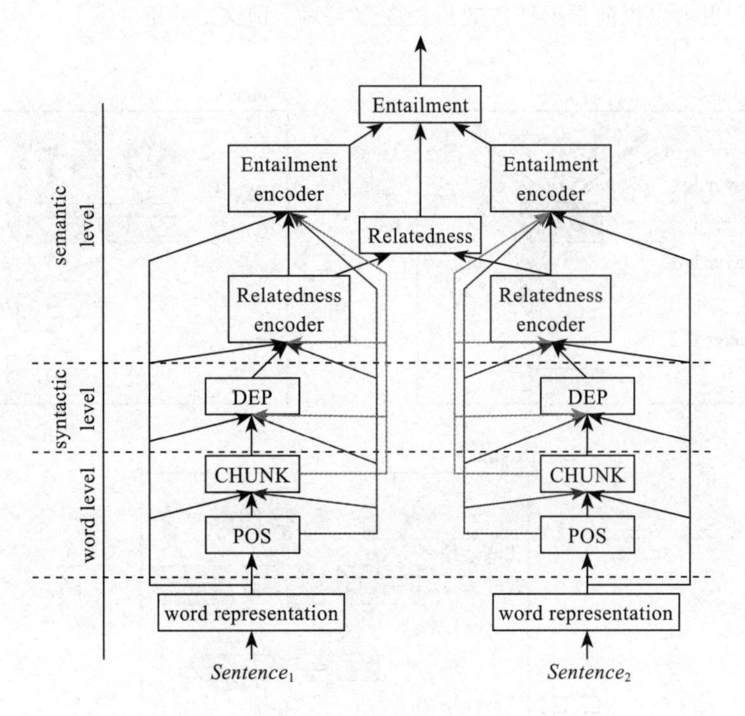

图　12-5

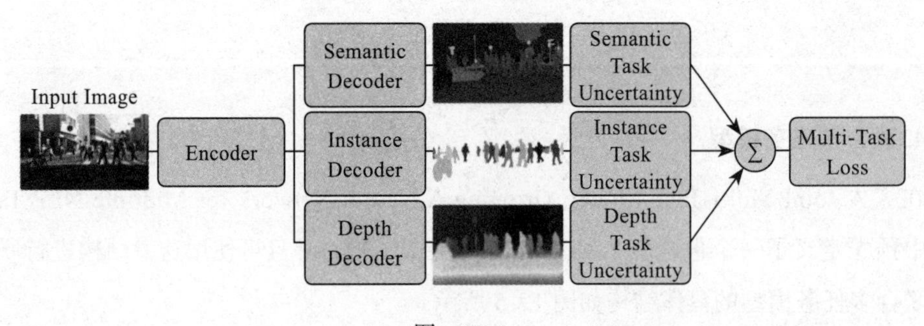

图　12-6

6. 水闸网络

在“Sluice networks: Learning what to share between loosely related tasks”一文中提到的水闸网络是对于深度神经网络的多任务学习方法的泛化，这个模型可以学习到每层中有哪些子空间是必须共享的，以及哪些是用来学习到输入序列的一个好的特征表示，如图 12-7 所示。

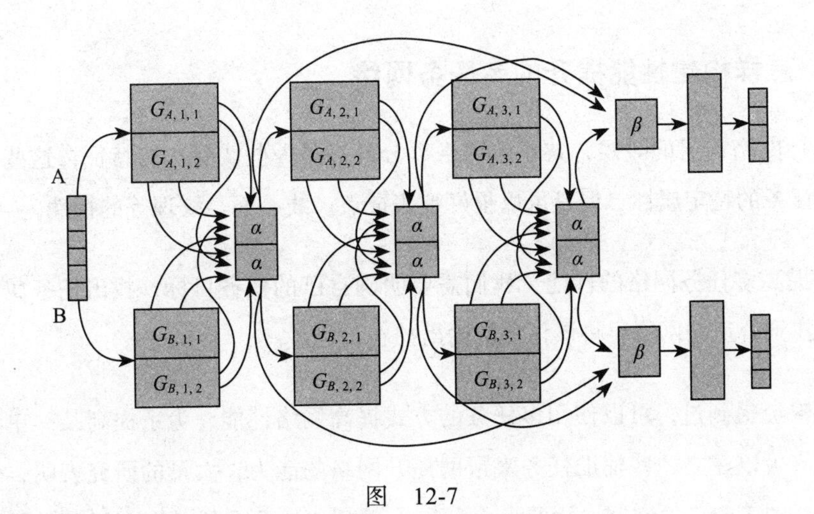

图 12-7

12.5 多任务中通用指导性调参和网络构建结论

12.5.1 如何避免出现多任务后性能下降的情况

在多任务中，大量的隐含信息是非常有用的，比如人脸属性分类中，抹口红和戴耳环有一定的相关性，单独训练的时候是无法利用这些信息的，多任务学习则可以利用任务相关性联合提高多个属性分类的精度，详情可参考文章马里兰大学 Hand 等人的论文“Attributes for Improved Attributes: A Multi-Task Network for Attribute Classification”。

在进行多任务训练时，一般建议将所有任务的权重值都加为 1，如果不设置这个数值，那么可能会导致网络的收敛不稳定，这是因为在多任务学习中对不同任务的梯度进行累加，可能会导致梯度过大，甚至还可能引发参数溢出错误，进而导致网络训练失败。

构建多任务之前，需要先构建单任务的网络，单任务网络是多任务网络的基础，先尝试使用单任务的模型训练某一个任务，然后将其他任务慢慢加入到整个网络中，如果在单任务的情况下数据都不是特别理想，那么进行多任务训练的时候也会受到比较大的影响。

12.5.2 怎样构建性能提升的多任务网络

在进行网络构建的时候，共享的网络部分最好是一些浅层次的特征，这些特征不能表征某些任务的特定属性，但是可以很好地表征点、线、面、纹理等的特性。

为了提高多任务网络的性能，我们需要明确自己的任务目标，找出任务属于哪一层的抽象，找到合适的网络层将该任务的输出挂在该位置。

前面曾经提到过，可以使用多任务的方式提高网络性能，为了提高某一单项的任务性能，我们可以建立一些辅助任务来帮助提升网络的能力，大量的研究表明，任务相似性不是非 0 即 1 的二值空间，而是一个范围，更相似的两个任务在多任务学习中受益更大，反之亦然。目前观察到的情况使得我们的模型能够学习到共享哪些参数可能只是暂时克服了理论上的缺失，以及如何更好地利用联系不紧密的任务。然而，我们也需要认知任务相似性的理论，以帮助我们了解如何选择辅助任务。

CHAPTER 13

第13章 图像检索和人脸识别系统实践

13.1 深度学习如何构建成自动化服务，在内存中做测试

使用Caffe等现成的框架建立服务器是比较方便的，每一个框架都有对应的调用语言，而且每一种语言都有其自身的库，可用来构建相应的服务器，因此，我们只需要在内存中加载图像，做好对外协议交互即可。对于各个语言的服务器框架选择，我们可以使用Boost或者Poco库来构建人脸识别服务。

为了构建这样的服务，我们可能需要自己使用Caffe在内存中提取特征，下面给出一个笔者本人常用的从内存提取特征的办法，首先，修改deploy.proto的第一层为MemoryData，具体修改示例代码如下：

```
layer {
  name: "data"
  type: "MemoryData"
  top: "data"
  top:"label"
transform_param {
    mirror:false
  }
memory_data_param{
  height:320
  width:240
channels:3
batch_size:1
```

```
}
}
```

原来的输入只是一个240（宽）乘以320（高）的普通的3通道图像的data层。后面只要在内存中加载自己的模型，即可使得Caffe这一框架变成一个线上可使用的框架。示例代码如下：

```
#include <opencv2/opencv.hpp>
#include <caffe/caffe.hpp>
#include <caffe/layers/memory_data_layer.hpp>
#include <caffe/layers/conv_layer.hpp>
#include <caffe/layers/lrn_layer.hpp>
#include<caffe/layers/concat_layer.hpp>
#include<caffe/layers/relu_layer.hpp>
#include<caffe/layers/pooling_layer.hpp>
#include<caffe/layers/inner_product_layer.hpp>
#include<caffe/layers/softmax_layer.hpp>//要添加包含各个层的头文件
#include<caffe/layers/concat_layer.hpp>
#include<caffe/layers/eltwise_layer.hpp>
#include<caffe/layers/silence_layer.hpp>
#include<caffe/layers/exp_layer.hpp>
#include<caffe/layers/power_layer.hpp>
#include<caffe/layers/batch_norm_layer.hpp>
#include<caffe/layers/scale_layer.hpp>


#include <caffe/blob.hpp>
#include <caffe/solver.hpp>
#include "HolidayCNN_proto.pb.h"
// these need to be included after boost on OS X
#include <string>  // NOLINT(build/include_order)
#include <vector>  // NOLINT(build/include_order)
#include <fstream>  // NOLINT

//#include "ParseToHolidayLayerDetail.h"

#include "HolidayModelStorage.h"
#include "ReadFromHolidayLayer.h"

#ifndef CPU_ONLY
```

```
#pragma comment("cuda.lib");
#pragma comment("cublas.lib");
#pragma comment("cublas_device.lib");
#pragma comment("cudart.lib");
#pragma comment("curand.lib");
#endif

#include "ConvertTools.h"

#define NetF float

static void CheckFile(const std::string& filename) {
    std::ifstream f(filename.c_str());
    if (!f.good()) {
        f.close();
        throw std::runtime_error("Could not open file " + filename);
    }
    f.close();
}

template <typename Dtype>
caffe::Net<Dtype>* Net_Init_Load(
    std::string param_file, std::string pretrained_param_file, caffe::Phase
phase)
{
    caffe::Caffe::Get().set_mode(caffe::Caffe::Get().CPU);
    CheckFile(param_file);
    CheckFile(pretrained_param_file);

    //param_file--proto文件名 pretrained_param_file---model file name
    caffe::Net<Dtype>* net(new caffe::Net<Dtype>(param_file, phase));

    net->CopyTrainedLayersFrom(pretrained_param_file);


    return net;
}

bool PairCompare(const std::pair<float, int>& lhs,
    const std::pair<float, int>& rhs) {
```

```
        return lhs.first > rhs.first;
    }

    std::vector<int> Argmax(const std::vector<float>& v, int N) {
        std::vector<std::pair<float, int> > pairs;
        for (size_t i = 0; i < v.size(); ++i)
            pairs.push_back(std::make_pair(v[i], static_cast<int>(i)));
        std::partial_sort(pairs.begin(), pairs.begin() + N, pairs.end(),
PairCompare);

        std::vector<int> result;
        for (int i = 0; i < N; ++i)
            result.push_back(pairs[i].second);
        return result;
    }

    int PredictSingleFile(caffe::Net<NetF>* _net, std::string image_filename,
cv::Size image_resize_size, std::string output_feature_name, std::string feature_
file_name)
    {

        do
        {
            if (!_net)
            {
                break;
            }
            caffe::MemoryDataLayer<NetF> *m_layer_ = (caffe::MemoryDataLayer<NetF>
*)_net->layers()[0].get();
            m_layer_->set_batch_size(1);
            cv::Mat src1;
            src1 = cv::imread(image_filename);

            if (src1.empty())
            {
                break;
            }
            cv::Mat rszimage;
            ////  need to resize the input image to your size
            cv::resize(src1, rszimage, image_resize_size);

            /*for (int row = 0; row < rszimage.rows; row++)
            {
                for (int col = 0; col < rszimage.cols; col++)
                {
```

```
                rszimage.at<cv::Vec3b>(row, col) = cv::Vec3b(128, 128, 128);
            }
        }*/

        std::vector<cv::Mat> dv = { rszimage }; // image is a cv::Mat, as I' m
using #1416
        std::vector<int> dvl = { 0 };

        //m_layer_->AddMatVector(dv, dvl);
        //float loss = 0.0;
        //_net->Forward(&loss);

        m_layer_->AddMatVector(dv, dvl);

        int64_t start = cv::getTickCount();
        float loss = 0.0;
        int run_length = 10;
        for (int i = 0; i < run_length; i++)
        {
            _net->Forward(&loss);
        }

        int64_t end = cv::getTickCount();
        double time1 = (end - start) / cv::getTickFrequency() / 10 * 1000;

        std::cout << "all" << ":" << time1 << "ms\n";
        //caffe::ConvolutionParameter con1 = _net->layers()[0];

        caffe::Blob<NetF>* prob1 = _net->output_blobs()[0];

        boost::shared_ptr<caffe::Blob<NetF>> data = _net->blob_by_name(output_
feature_name);
        boost::shared_ptr<caffe::Blob<NetF>> conv1 = _net->blob_by_
name("conv1");
        boost::shared_ptr<caffe::Blob<NetF>> pool5 = _net->blob_by_
name("pool5");
        boost::shared_ptr<caffe::Blob<NetF>> prob = _net->blob_by_
name("prob");
        boost::shared_ptr<caffe::Blob<NetF>> fc8 = _net->blob_by_name("fc8");
        boost::shared_ptr<caffe::Blob<NetF>> norm1 = _net->blob_by_
name("InnerProduct1");


        boost::shared_ptr<caffe::Blob<NetF>> out_blob = data;
```

```
        std::fstream fs2(feature_file_name, std::ios::out);
        //int count = player2->blobs()[0]->num();
        for (int n = 0; n < out_blob->num(); n++)
        {
            for (int c = 0; c <out_blob->channels(); c++)
            {
                for (int i = 0; i < out_blob->height(); i++)
                {
                    for (int j = 0; j < out_blob->width(); j++)
                    {
                        NetF value1 = out_blob->data_at(n, c, i, j);
                        fs2 << value1 << "\t";
                    }
                    fs2 << "\n";
                }

            }

        }
        fs2.close();

    } while (0);

    return 0;
}

int readLabel(std::string label_file, std::vector<std::string>& labels_)
{
    std::ifstream labels(label_file.c_str());
    CHECK(labels) << "Unable to open labels file " << label_file;
    std::string line;
    while (std::getline(labels, line))
        labels_.push_back(std::string(line));
    labels.close();
    return 0;
}

int PredictSingleFile(caffe::Net<NetF>* _net, std::string image_filename,
cv::Size image_resize_size,const std::vector<std::string>& label_vector,
std::string& class_result)
{

    do
    {
```

```
        if (!_net)
        {
            break;
        }
        caffe::MemoryDataLayer<NetF> *m_layer_ = (caffe::MemoryDataLayer<NetF>
*)_net->layers()[0].get();
        m_layer_->set_batch_size(1);

        cv::Mat src1;
        src1 = cv::imread(image_filename);

        if (src1.empty())
        {
            break;
        }
        cv::Mat rszimage;
        ////  need to resize the input image to your size
        cv::resize(src1, rszimage, image_resize_size);
        std::vector<cv::Mat> dv = { rszimage }; // image is a cv::Mat, as I'm
using #1416
        std::vector<int> dvl = { 0 };
        m_layer_->AddMatVector(dv, dvl);
        float loss = 0.0;
        _net->Forward(&loss);

        m_layer_->AddMatVector(dv, dvl);

        double dft0 = cvGetTickCount();
        loss = 0.0;
        int run_length = 10;
        for (int i = 0; i < run_length; i++)
        {
            _net->Forward(&loss);
        }

        double dft1 = cvGetTickCount();
        double dffreq = cvGetTickFrequency();
        std::cout << "all" << ":" << (dft1 - dft0) / dffreq / 1000 / run_
length << "ms\n";

        caffe::Blob<NetF>* prob1 = _net->output_blobs()[0];
        boost::shared_ptr<caffe::Blob<NetF>> conv1 = _net->blob_by_
name("conv1");
        boost::shared_ptr<caffe::Blob<NetF>> pool5 = _net->blob_by_
```

```
name("pool5");
            boost::shared_ptr<caffe::Blob<NetF>> prob = _net->blob_by_
name("prob");

            boost::shared_ptr<caffe::Blob<NetF>> out_blob = prob;
            caffe::Blob<NetF>* output_layer = _net->output_blobs()[1];

            std::vector<float> result_float;

            std::vector<int> out_position;
            out_position.push_back(0);
            out_position.push_back(0);

            for (int i = 0; i<out_blob->shape()[1]; i++)
            {
                out_position[1] = i;
                NetF value1 = out_blob->data_at(out_position);
                result_float.push_back(value1);
            }

            //const float* begin = output_layer->cpu_data();
            //const float* end = begin + output_layer->channels();
            //result_float = std::vector<float>(begin, end);

            std::vector<int> maxN = Argmax(result_float, 5);

            class_result = label_vector[maxN[0]];

        } while (0);

        return 0;
    }

    template<typename Dtype>
    int GetConvolutionLayerParam(caffe::Layer<Dtype>* inputLayer,
std::vector<size_t>& param_vector, Dtype*& value, Dtype*& bias_value)
    {
        caffe::ConvolutionLayer<Dtype>* pconvolutionlayer = (caffe::ConvolutionLay
er<Dtype>*)(inputLayer);

        const caffe::ConvolutionParameter& param = pconvolutionlayer->layer_
param().convolution_param();
        size_t kernel_width, kernel_height;
        size_t stride_width, stride_height;
```

```
        size_t pad_height, pad_width;
        size_t kernel_number, channel;

        param_vector.resize(11, 0);

        int group_ = param.group();

        param_vector[1] = channel = pconvolutionlayer->blobs()[0]->channels();
        param_vector[0] = kernel_number = param.num_output();
        //p

        if (param.kernel_size_size())
        {
            param_vector[2] = param_vector[3] = kernel_height = kernel_width =
param.kernel_size(0);
        }
        if (param.stride_size())
        {
            param_vector[4] = param_vector[5] = stride_height = stride_width =
param.stride(0);
        }
        if (param.has_stride_w())
        {
            param_vector[5] = stride_width = param.stride_w();
        }
        if (param.has_stride_h())
        {
            param_vector[4] = stride_height = param.stride_h();
        }
        if (0 == param_vector[4])
        {
            param_vector[4] = 1;
        }
        if (0 == param_vector[5])
        {
            param_vector[5] = 1;
        }
        if (param.pad_size())
        {
            param_vector[6] = param_vector[7] = pad_height = pad_width = param.
pad(0);
        }

        if (param.has_kernel_h() || param.has_kernel_w())
```

```
        {
            param_vector[2] = kernel_height = param.kernel_h();
            param_vector[3] = kernel_width = param.kernel_w();
        }


        if (param.has_pad_w())
        {
            param_vector[7] = pad_width = param.pad_w();
        }
        if (param.has_pad_h())
        {
            param_vector[6] = pad_height = param.pad_h();
        }

        int dilation_size = param.dilation_size();
        if (1 == dilation_size)
        {
            param_vector[8] = param.dilation(0);
            param_vector[9] = param.dilation(0);
        }
        else if (2 == dilation_size)
        {
            param_vector[8] = param.dilation(0);
            param_vector[9] = param.dilation(1);
        }
        else
        {
            param_vector[8] = 1;
            param_vector[9] = 1;
        }

        if (param.bias_term())
        {
            bias_value = const_cast<Dtype*>(pconvolutionlayer->blobs()[1]->cpu_
data());
            param_vector[param_vector.size() - 1] = 1;
        }
        else
        {
            bias_value = nullptr;
            param_vector[param_vector.size() - 1] = 0;
        }
        const Dtype* point_data_start = pconvolutionlayer->blobs()[0]->cpu_data();
        Dtype* p_kernel_value = new Dtype[param_vector[0] * param_vector[1] *
```

```
param_vector[2] * param_vector[3]];
        Dtype* p_start = p_kernel_value;

        int blob_kenerl_widths = pconvolutionlayer->blobs()[0]->width();
        int blob_kenerl_heights = pconvolutionlayer->blobs()[0]->height();
        int blob_kenerl_channels = pconvolutionlayer->blobs()[0]->channels();
        int blob_kenerl_numbers = pconvolutionlayer->blobs()[0]->num();
        int group_offset = blob_kenerl_widths*blob_kenerl_heights*blob_kenerl_
channels*kernel_number / group_;
        for (int n = 0; n < pconvolutionlayer->blobs()[0]->num(); n++)
        {
            for (int c = 0; c < pconvolutionlayer->blobs()[0]->channels(); c++)
            {
                for (int i = 0; i < pconvolutionlayer->blobs()[0]->height(); i++)
                {
                    for (int j = 0; j < pconvolutionlayer->blobs()[0]->width(); j++)
                    {
                        //int offset = ((n * blob_kenerl_channels + c) * blob_
kenerl_heights + i) * blob_kenerl_widths + j;
                        //*p_start = point_data_start[offset];
                        *p_start = pconvolutionlayer->blobs()[0]->data_at(n, c, i, j);
                        p_start++;
                    }
                }
            }
        }

        value = p_kernel_value;

        return 0;
    };


    int main(int argc, char** argv)
    {

        //std::string prototxt_file_name = "D:/Caffe/models_out/tmp/deploy_
viplfacenetNew3.prototxt";
        //std::string model_file_name = "D:/Caffe/models_out/tmp/
viplfacenetNew3_256x256_lr0.07_M0.9_W0.0002_P0.5_WebFace_100K_iter_100000.
caffemodel";
        //std::string label_file_name = "";// H: / WorkCode / SvnCode /
CaffeNewest / data / ilsvrc12 / synset_words.txt";
```

```
    //std::vector<std::string > label_vector;
    //readLabel(label_file_name, label_vector);

    //std::string image_file_name = "D:/2.jpg";

    /*cv::Mat src1 = cv::imread(image_file_name);
    cv::Mat rszimage;
    cv::resize(src1, rszimage, cv::Size(80,80));
    cv::imwrite("D:/3.jpg", rszimage);*/

    std::string prototxt_file_name = "D:/workCode/TestModel/croplayer/fcn_3m.
prototxt";
    std::string model_file_name = "D:/workCode/TestModel/croplayer/fcn_3m.
caffemodel";

    caffe::Net<NetF>* _net = Net_Init_Load<NetF>(prototxt_file_name,model_
file_name, caffe::TEST);

    caffe::MemoryDataLayer<NetF> *m_layer_ = (caffe::MemoryDataLayer<NetF> *)_
net->layers()[0].get();
    m_layer_->set_batch_size(1);

    std::string feature_file_name = "D:/workCode/TestModel/croplayer/ip1.txt";
    std::string output_feature_name = "softmax_score";
    std::string image_file_name = "D:/workCode/TestModel/croplayer/test.png";
    PredictSingleFile(_net, image_file_name, cv::Size(240, 320), output_
feature_name, feature_file_name);

    //system("pause");
    return 0;
}
```

上述代码即为从内存中读取图片，然后对图片进行特征提取的步骤，这一步骤再加上其他的业务逻辑和服务器逻辑即可构成一个完整的服务器逻辑，下面再来介绍服务器协议的设计方法。

13.2　Poco 库构建服务器指南

本节就来介绍一下使用 Poco 库在本地建立 HTTP Server 的方法，用于响应客户端的 HTTP 请求。

Poco 是基于 C++ 的一个网络库，主要包含以下特点。

- 使用高效的、现代的标准 ANSI/ISO C++，并且基于 STL（C++ 标准库，跨平台性比较好）。
- 高可移植性，支持多种平台，包括 Windows、Linux、OS X 等。
- 使用 Boost Software License 发布，完全免费开源。

网络服务器的实现 HTTPServer

根据官网的介绍，HTTPServer 是 TCPServer 的子类，是使用 HTTP 构建的服务器结构，用于实现一个多种特性的多线程 HTTP Server，使用的时候必须提供一个 HTTPRequestHandlerFactory，并且 ServerSocket 必须提升到监听状态，为了配置服务器端，可以向构造函数传递一个 HTTPServerParams。

Server 支持如下几种传输方式。

- HTTP/1.0 and HTTP/1.1
- 自动处理持久的连接
- 使用分块传输编码自动对请求的消息体解码，并对响应的消息体编码

HTTPRequestHandlerFactory 是 HTTPRequestHandler 对象的一个工厂，子类必须重写 createRequestHandler() 方法。

接下来再看一下 createRequestHandler() 方法的定义，代码如下：

```
virtual HTTPRequestHandler * createRequestHandler(
    const HTTPServerRequest & request
) = 0;
```

方法中需要提供一个 HTTPServerRequest 对象的引用作为参数。

在上面的定义中，HTTPRequestHandler 是由 HTTPServer 创建出来的抽象基类，派生类必须要重写 handleRequest() 方法，此外，还需要提供一个 HTTPRequestHandlerFactory。

并且，handleRequest() 方法必须完整地处理 HTTP 请求，一旦 handleRequest() 方法执行完毕，请求处理的对象就会立即销毁。

接下来看一下 handleRequest() 方法的定义，代码如下：

```
virtual void handleRequest(
    HTTPServerRequest & request,
    HTTPServerResponse & response
) = 0;
```

handleRequest 函数需要两个参数，分别是 HTTPServerRequest 和 HTTPServerRespose 的对象。

为了实现 HTTPServer 程序，最后需要用到一个 Application 类的子类 ServerApplication。它允许程序运行一个 Windows Service 或一个 Unix daemon（守护进程），而不需要额外的代码。

使用 ServerApplication 需要遵循如下一些规则。

- ❑ 子系统需要在构造函数中注册。
- ❑ 所有特殊的初始化必须在方法 initialize() 中完成。
- ❑ main() 函数的末尾需要调用 waitForTerminationRequest() 方法。
- ❑ 新线程只能在 initialize() 和 main() 以及这二者调用的函数中创建，而不能在 Application 类的构造函数和实例变量的构造函数中创建。原因是 fork() 函数将被用来创建守护进程，而在调用 fork() 之前创建线程将不能接管守护进程。

此外，main（argc，argv）函数应按照如下格式使用：

```
int main(int argc, char** argv)
{
    MyServerApplication app;
    return app.run(argc, argv);
}
```

13.3 深度学习服务和传统服务的区别

传统型服务器更加偏重于I/O、网络等优化的思考，而深度学习类型的服务器则在兼顾两者的基础之上，认为计算的优化更为重要。传统服务器可以用一台服务器负责大量并发，而深度学习服务器，基本上是属于一台机器每秒钟只能支持几十个并发，在配置很好的情况下最多也只能做到几百个并发，远远无法达到传统服务器的效果，所以我们在构建深度学习服务的时候需要找准业务场景，以及使用巧妙的负载均衡的方案将单一时刻的并发量降到最低。

深度学习服务中不只是要考虑计算问题，有些时候这一服务可能还会卡在带宽上，在一些处理视频业务的场景中，我们需要处理多路高清摄像头的解码、传输等问题，以及在每一个高清摄像头中进行人车搜索等业务，配合协同往往成为应用的最终难点。此外，在进行视频结构化处理时，存储也是需要考虑的一类问题，虽然这些在传统的视频流媒体服务器中都有体现，但是在今天的新形势下，这些数据往往需要打包结构化处理。类似于找出某一个时间点内在某个区域内出现的某款车型的汽车，这在传统安防领域中是不存在的，但是在今天这已经成为各种公共安全行业内迫切和突出的需求。为了解决这些需求，我们不仅需要考虑存储需要适配大规模检索，还需要考虑速度快的问题。

13.4 深度学习服务如何与传统后台服务进行交互

深度学习服务适合使用C++语言进行编写，这一任务对于计算性能的要求比较高，而且针对cuda的编程，C++接口也是非常方便的，但是C++语言本身的开发效率比较低，对开发人员的素质要求比较高，这一直是被工程师界广为诟病的地方。有了编程语言之后，我们开始制定通信协议，目前大多数程序所用的通信协议比较多的就是TCP或者HTTP。这里采用HTTP进行跨服务器之间的通信。因为传统服务器通常采用Java、Python或者PHP等适合快速开发的语言进行编写。

13.5 人脸识别的数据准备和所使用的相关技术

1. 数据集

这里首先介绍人脸识别数据集，有了数据集我们才能训练自己的人脸识别模型，链接地址是 http://www.cbsr.ia.ac.cn/english/CASIA-WebFace-Database.html。这是一个亚洲人脸库，在公开的数据库中，亚洲的数据库是比较少的，大多数都是欧洲数据库，比如目前很多公开的数据库里面比较有难度的就是 http://megaface.cs.washington.edu/，这个数据库的数据量比较大，但是这个数据里面采集的都是欧美人的脸，国内的大多数实践应用场景都是在亚洲人脸数据集上使用的，所以在大多数情况下，我们需要将这些数据集进行结合。

2. 人脸识别流程

下面先来看一张人脸识别流程图，如图 13-1 所示。

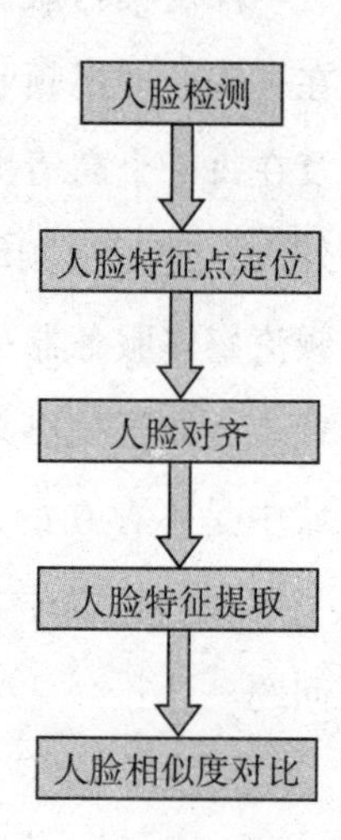

图　13-1

3. 人脸检测

人脸检测的过程，就是将人脸所在图像中的位置找出来，之后在这个检测框中进行左眼、右眼、鼻尖、左边嘴角、右边嘴角的定位，找到这几个点，然后计算出一个旋转矩阵，这个旋转矩阵可以将人脸对齐到平均脸上，每一个人的同样位置在一起进行比较，这样比较所得到的信息才是可靠的，虽然在深度学习的今天，进行过对齐的人脸和没有进行过对齐的人脸在识别的精度上还是会相差 1% 左右，但是大家都知道，在 lfw（一个比较早的、公开的人脸识别相关比赛的数据集，http://vis-www.cs.umass.edu/lfw/index.html）和一些简单的人脸质量比较高的图像中，人脸识别的精度已经达到 99% 左右了，这个级别的 1% 的差距还是有些大的，目前主流的公司所争的其实就是这最后 1% 的精度问题，例如应用在火车站抓逃犯这种每天 30 万人 / 次进出的场景，1% 的人脸识别错误，会导致每天的出警次数高到无法承受。

下面再简单回顾下人脸检测的部分历史，也许不是很准确，大家可以做一个参考。

（1）模板匹配时代

这个时期基本上可以追溯到20世纪六七十年代，一直到2001年，在此期间，各种朴素的人脸检测算法层出不穷，归结起来，这类算法通常假设人脸是由以下几个部件组成的：眉毛、眼睛、鼻子和鼻孔、嘴巴等。通过人工来预设模板或者通过贝叶斯、支持向量机等训练的算法，所以模板匹配是这个纪元的主要特征。一般是通过边缘检测算法提取边缘，然后提取人脸的部件，再通过各部件的相互关联，并与模板进行匹配，如果匹配度高则认为是人脸。但这种模板无法适应人脸姿态的变化和遮挡等情况，所以检测率并不高。

另外，肤色和纹理也属于这个纪元的算法，然而，肤色和纹理很容易受光照的影响，当光源光谱有很大的差别时，人脸肤色则会显现出不同的情况，所以此时算法不再有效，这也是基于肤色和纹理的算法比较脆弱的地方。

这个时期还出现了许多基于学习的算法，如基于神经网络和仲裁模式结合的算法、基于多项式内核的支持向量机的算法、基于贝叶斯分类的算法、基于隐马尔可夫模型HMM的统计类算法等。这些算法未能摆脱朴素特征的阴影，且运算速度很慢，特别是在当时那个时代，计算资源并不像如今这么发达，有各种加速的手段。因此，在这个时间段里，人脸检测算法并没有推向实用化。

（2）AdaBoost时代

该时期初始于2001年，终止于2012年，这一年，基于深度学习的算法夺得ImageNet比赛的冠军。2001年，P.Viola和M.Jones在CVPR上发表了“Rapid object detection using a boosted cascade of simple features”，该文的发表标志着人脸检测进入了AdaBoost纪元。该纪元的人脸检测标志性算法被冠以作者的名字：Viola-Jones人脸检测算法。

Viola-Jones算法包含以下三个重要的特性，使得人脸检测迅速进入实用阶段。这三个特性分别是积分图、AdaBoost学习、分类器级联。

在 Viola-Jones 算法中，积分图用于提取 Haar-like 特征，如图 13-2 所示。

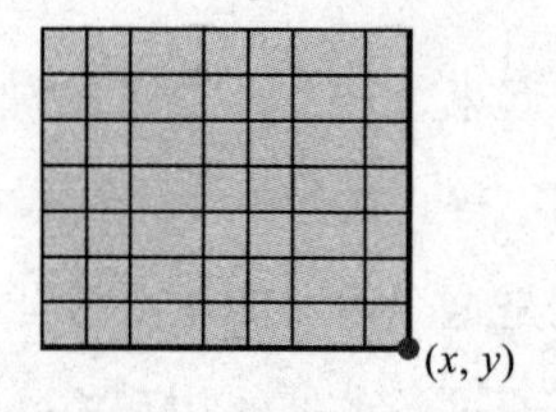

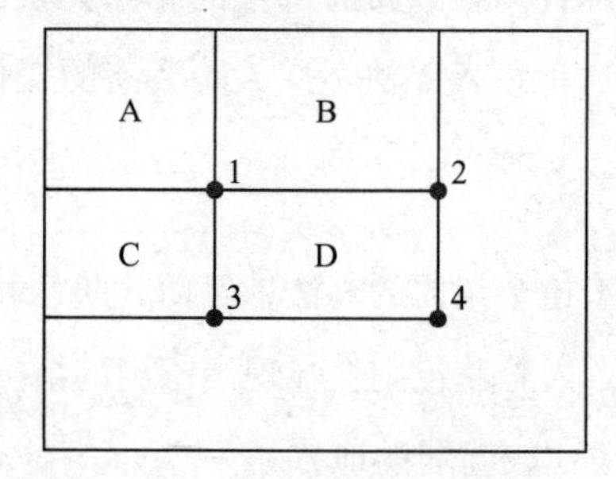

图　13-2

假设坐标原点是 O，我们用矩形对角线字母表示矩形，则矩形 ABCD 的面积可通过矩形 OD 的面积、矩形 OC 的面积、矩形 OB 的面积和矩形 OA 的面积来得到，具体为 SABCD = SOD + SOA−(SOB + SOC)。而积分图则可以利用前面已经计算过的坐标点通过叠加来得到，所以积分图是种加速算法。Haar-like 特征通过灰色矩形和白色矩形做加减法来实现。

虽然这一时期的后期有很多种方法变换各种各样的人工设计的特征来实现人脸检测，但是基本思路一直没有改变过。

（3）深度学习时代

深度学习纪元从 2012 年开始，一直持续到现在。2006 年，深度学习鼻祖 Hinton 就提出了深度信念网络，而在 2012 年，Hinton 利用深度卷积网络训练的分类器夺得了 ImageNet 比赛的冠军，这开启了图像分类和识别的新纪元。而人脸检测属于目标分类和检测的范围，所以自然紧接着也利用深度卷积网络来实现。

在目标检测中，出现了许多经典的基于深度卷积神经网络的算法，如RCNN、Fast RCNN、Faster RCNN、YOLO、SSD、YOLO2等，这些算法框架能够直接检测如人、自行车、汽车、卡车等目标，如果用其训练完成人脸检测也是完全可以的。也有专门基于人脸检测的深度学习网络，经典的Faceness-Net，这个算法首先通过各种卷积神经网络CNN检测人脸组件：头发、眼睛、鼻子、嘴巴、胡须等，然后再用另一个卷积神经网络对检测到的这些人脸组件进行联合优化，输出人脸检测的结果。

这些基于深度学习的人脸检测算法都实现了比传统Boosting算法更高的精度。但计算量很大，常常需要显卡加速，这也限制了它们在实际中的应用。算法在工程实践中只有在高质量的图像获取之后才能体现出威力，在实际环境中需要考虑的更多的是摄像头的光圈、曝光、宽动态等问题，这些对人脸检测和识别的结果影响更大。

4. 人脸特征点定位

个人认为人脸特征点定位方法具有五个里程碑式的发展，具体如下。

1）1995年Cootes的ASM（Active Shape Model）算法。

2）1998年Cootes的AAM（Active Appearance Model）算法。

3）2006年Cristinacce的CLM（Constrained Local Model）算法。

4）2010年Dollar的Cascaded Regression算法。

5）SDM的全名是Supervised Descent Method，来自2013年CVPR的文章“Supervised Descent Method and its Applications to Face Alignment”。

6）2013年的“Deep Convolutional Network Cascade for Facial Point Detection”首次将深度学习方法CNN应用到人脸特征点定位上。

对于这些经典算法，这里不做赘述，大家可以自行百度或者谷歌搜索相关资料。

5. 人脸对齐

人脸对齐只是求解一个旋转矩阵，使用最小二乘法之类的方法求解即可。当然我们也可以利用opencv中的现成函数getPerspectiveTransform或者findHomography，来获取旋转矩阵。这类函数的定义如下：

```
Mat getPerspectiveTransform(const Point2f src[], const Point2f dst[]);
CV_EXPORTS Mat findFundamentalMat( const Mat& points1, const Mat& points2,CV_
OUT vector<uchar>& mask, int method=FM_RANSAC, double param1=3., double
param2=0.99 );
```

这两个函数都能按照一定的规则找到这个旋转矩阵。得到旋转矩阵之后，我们需要将图像进行一定的变化。该过程同样可以使用OpenCV的函数来进行，代码如下：

```
void perspectiveTransform(InputArray src, OutputArray dst, InputArray m)
void warpPerspective(InputArray src, OutputArray dst, InputArray M, Size
dsize, int flags=INTER_LINEAR, int borderMode=BORDER_CONSTANT, const Scalar&
borderValue=Scalar());
```

在上述代码中，第一个函数是获取变换后的坐标点，第二个函数是获取变换后的图像。以下是相关的参数详解。

- InputArray src：输入的图像。
- OutputArray dst：输出的图像。
- InputArray M：透视变换的矩阵。
- Size dsize：输出图像的大小。
- int flags=INTER_LINEAR：输出图像的插值方法，英文的注释如下：

combination of interpolation methods (INTER_LINEAR or INTER_NEAREST) and the optional flagWARP_INVERSE_MAP, that sets M as the inverse transformation (\texttt{dst}\rightarrow\texttt{src})。

- int borderMode=BORDER_CONSTANT：图像边界的处理方式。
- const Scalar& borderValue=Scalar()：边界的颜色设置，一般默认是0。

至此，我们得到了对齐后的人脸图像，接下来就可以提取特征了。

6. 特征抽取和相似度计算

对于特征抽取这里不做过多赘述，和之前的其他任务一样，可使用每个人作为一个id，即训练时候的标签输入，在测试的时候需要注意，**我们使用 softmax 前面紧接的全连接层再前面一层的特征（和 softmax 要相隔一个全连接层的层）作为人脸特征，并且需要将这个特征进行二范数归一化**，然后计算**余弦距离**作为**初级相似度**。

为了向外部提供接口，使得每一次训练所得到的模型对外体现的相似度都一致，这里需要对相似度进行一个统一的拉升，即将某一错误率情况下的召回率作为关键指标进行参考，然后将对应的相似度的值拉升到另一个统一的阈值空间。在实际系统中，要保证接口的稳定性和物理含义，因为每一次训练得到的初级相似度都是一个物理含义不明确的值，有可能这一次 0.4 的阈值是 1% 的错误率，也有可能是 0.5 的阈值是 1% 的错误率。

下面给出余弦距离公式：

$$cos\theta = \frac{x_1y_1 + x_2y_2 + \ldots + x_ny_n}{\sqrt{x_1^2 + x_2^2 + \ldots x_n^2} \times \sqrt{y_1^2 + y_2^2 + \ldots + y_n^2}}$$

因为我们进行了二范数归一化，所以上式的分母是 1，只剩分子部分，具体如下：

$$cos\theta = x_1y_1 + x_2y_2 + \ldots + x_ny_n$$

那么在人脸识别中怎么进行相似度阈值的选择，答案是根据对实际环境和应用场景的把握，宽松的场合需要降低阈值，严格的场合需要提高阈值，这些高低的把握不能仅靠我们的感觉，而是需要在实际测试场景中做具体数据的统计，**一切以数据为准**。

13.6 图像检索任务的介绍

首先说一下图像特征的表达能力，这是基于内容的图像检索最核心却又最困难的重点之一，计算机所“看到”的图片像素层面表达的低层次信息与人所理解的图像多维度高层次信息内容之间有很大的差距，因此我们需要一个尽可能丰富地表达图像层次信息的特征。深度学习是一个对于图像这种层次信息非常丰富的数据有更好表达能力的框架，每一层的中间数据都能表达图像的某些维度的信息。相比较于传统的 Hist、Sift 和 Gist，深度学习表达的信息可能会更丰富一些，因此这里我们用深度学习得出的特征来替代传统图像特征，希望能对图像有更精准和丰富的描绘程度。

图像搜索的流程图如图 13-3 所示。

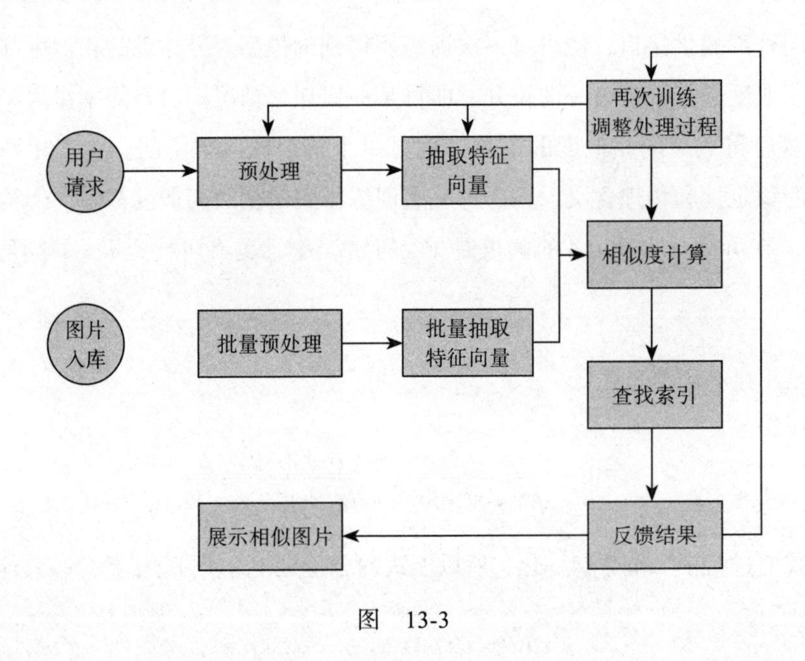

图　13-3

近似最近邻

图像检索任务中，还有一个非常关键的问题，那就是如果采用深度学习提取出来的特征维度特别大，不利于信息的检索使用，例如淘宝的拍照购就是一个典型的相似图像搜索的过程，那么就需要用到传统的机器学习中的一些内容了，比如 ANN（Approximate Nearest Neighbor，近似最近邻）就是一个非常有意思的研究领域，这里只做一个简单的叙述。这一技术的宗旨是在海量样本的情况下，遍历所有的样本，计算距离，精确地找出最接近的 Top K 个样本，这是一个非常耗时的过程，尤其是有时候样本向量的维度相当高，这时候可以牺牲掉一小部分精度，来完成在很短的时间内找到近似的 top K 个最近邻的任务，也就是 ANN，最常见的 ANN 算法包括局部敏感度哈希（locality-sensitive hashing）、最优节点优先（best bin first）和平衡盒分解树（Balanced box-decomposition tree）等。

图像搜索一直是一个被广泛认为有非常多的可能性的技术。我们都知道文字是经过人类加工的数据，而图像则是最天然的数据，最能无损地表达真实的信息，所以寻找相似的图像是人类的一个天然需求，在英文中，这一技术被称为 Image Retrieval。图像特征提取分为两类，低层次的视觉和语义内容层次，低层次的视觉内容主要包括颜色、形状、纹理等；语义内容层次则包含了人类抽象的概念（比如“春江潮水连海平，海上明月共潮生”），这一层次往往需要对物体进行识别和解释，需要借助人类的知识推理。由于计算机视觉和图像理解的发展水平所限，目前还无法真正支持基于语义的图像检索，所以目前研究得较多也比较成熟的检索算法大部分是基于图像的底层特征的，即利用图像的颜色、纹理、形状等特征来进行检索。深度学习目前虽然也提供了一些抽象能力，但是现在依然无法给出好的解释，在图像检索这个领域，我们依然还有很长的路需要走，最近的深度学习方法，促进了检索领域的发展。

当然在实际系统构建中，我们可以把深度学习特征提取这个过程理解成一个黑盒子，这个黑盒子可以输出特征，然后可以计算特征的相似度。

13.7　在 Caffe 中添加数据输入层

在 Caffe 中添加自己的数据输入层时，很多人都希望能够加入自己的训练数据，从而进行网络的训练，这样不但可以进行图像数据的训练，也可以进行其他数据的训练。那么要如何实现呢？下面我们来看一下新建数据层的步骤。

添加新的数据层主要包含 3 个步骤，具体如下。

1）在 proto 文件中新加入自己需要的层的参数。

2）在 proto 文件 LayerParam 中添加自己定义的参数的变量。

3）编写新添加的数据层的代码。

13.7.1 具体示例

下面来看看 proto 文件参数的具体编写方式。

新增数据层参数 message 的具体定义

这里以 ImageData 层（数据输入层中的一种）作为我们模仿的例子，向大家讲解如何添加一个数据输入层。这个新的数据输入层是我为了自己设计的 loss 而添加的数据输入层，这里定义的 proto 参数类型具体如下：

```
message ImageDataForCoupledClustersLossParameter {
  // Specify the data source.
  optional string source = 1;
  // Specify the batch size.
  optional uint32 batch_size = 4 [default = 1];
  // The rand_skip variable is for the data layer to skip a few data points
  // to avoid all asynchronous sgd clients to start at the same point. The skip
  // point would be set as rand_skip * rand(0,1). Note that rand_skip should not
  // be larger than the number of keys in the database.
  optional uint32 rand_skip = 7 [default = 0];
  // Whether or not ImageLayer should shuffle the list of files at every epoch.
  optional bool shuffle = 8 [default = false];
  // It will also resize images if new_height or new_width are not zero.
  optional uint32 new_height = 9 [default = 0];
  optional uint32 new_width = 10 [default = 0];
  // Specify if the images are color or gray
  optional bool is_color = 11 [default = true];
  // DEPRECATED. See TransformationParameter. For data pre-processing, we can do
  // simple scaling and subtracting the data mean, if provided. Note that the
  // mean subtraction is always carried out before scaling.
  optional float scale = 2 [default = 1];
  optional string mean_file = 3;
  // DEPRECATED. See TransformationParameter. Specify if we would like to randomly
  // crop an image.
  optional uint32 crop_size = 5 [default = 0];
  // DEPRECATED. See TransformationParameter. Specify if we want to randomly mirror
  // data.
  optional bool mirror = 6 [default = false];
  optional string root_folder = 12 [default = ""];
  optional uint32 label_data_counts=13 [default = 1];
```

```
    optional uint32 ccl_label_index    =14 [default = 0];
    optional uint32 select_label_counts    =15 [default = 5];
    enum InputFileType {
      image_file = 1;
      input_datum = 2;
      custom_file = 3;
    }

    optional InputFileType is_imagefile = 16 [default = image_file];
  }
```

先将上面的proto定义的格式加入caffe.proto文件。因为我模仿的是ImageData层，所以下面会对ImageData层的参数做一个简单的介绍。

13.7.2 ImageDataParameter参数含义简介

我们可以看到自己添加的这一层前面的参数和ImageDataParameter都是一样的，为了让大家弄清楚这个proto文件的意义，这里先针对ImageDataParameter的参数做一个简单的介绍，具体如下。

- source：表示的是数据源的文件夹。
- batch_size：表示的是batch_size，就是一次处理多少个样本。
- rand_skip：表示是否要随机忽略。
- shuffle：表示是否要随机改变顺序。
- new_height：表示图像的高度。
- new_width：表示图像需要缩放的宽度。
- is_color：表示是不是彩色的。
- scale：表示图像数值的缩放比。
- mean_file：表示图像的均值文件。
- crop_size：表示裁剪的大小。
- mirror：表示是否进行镜像。
- root_folder：表示图像的父路径。

13.7.3　新增加参数的含义简介

13.7.1 节代码段中加灰色底纹的部分是相对于 ImageDataParameter 新增加的参数，具体如下。

- label_data_counts：表示标签的总个数。
- ccl_label_index：表示要进行 coupled cluster loss 的标签的位置。
- select_label_counts：表示每一类选择多少个样本。
- is_imagefile：表示是不是图像数据。

下面做一个简单的科普介绍，protobuf 的关键字有点类似于 C++，enum 表示这个是枚举，而后边的数字序号则是为了向前兼容，做一个在此 message 消息中的唯一标示，不能重复，optional 表示这是单个的值，default 表示默认的取值是什么。如果外部没有设置就取默认值。

13.7.4　将新增加的参数加入 LayerParameter

当然这个新增加的层参数类型也需要加入到 LayerParameter 中，具体操作如下：

```
optional ImageDataForCoupledClustersLossParameter image_data_ccl_param = 401;
```

特别提示，**后面的 id 是不可以与其他的 id 重复的**，这一点需要特别注意哦。为了便于维护，推荐把 id 加到最后。

13.7.5　代码的编写之必写函数

接下来的事情就是开工编写数据输入层的代码了，下面我让自己的类与 ImageDataLayer 一样继承 BasePrefetchingDataLayer，该类中有两个函数需要特别注意，具体如下：

- `DataLayerSetUp`
- `load_batch`

这两个函数很关键，第一个 DataLayerSetUp 函数负责从外部读取参数，并设置参数的初始化，加载文件列表到内存中，并将第一层的大小计算出来，然后 load_batch 函数针对存储数据和 label 的大小进行赋值操作，并构建出随机函数以负责随机类别和随机类别中的样本。

下面使用截图看下如何读取我们在 proto 中定义的参数，如图 13-4 所示。

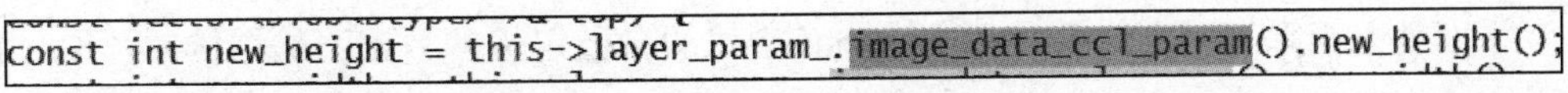

```
const int new_height = this->layer_param_.image_data_ccl_param().new_height();
```

图　13-4

在图 13-4 中，我们采用直接模仿 ImageData 层对图像处理的做法，注意是输入图像进行 resize 过后的大小，而不是 crop 后的大小，对于刚使用 Caffe 的选手来说，这一点需要特别注意。

第二个函数 load_batch 表示加载一个 batch 的数据。它负责将数据导入到数据的存储空间中，并将标签导入标签的存储空间中，分别对应于 prototxt 文件中的 top: "data" 和 top: "label"。

13.7.6　用户自定义函数的编写

剩下的就是自己要处理的函数定义了，这里我定义了几个随机函数，其中一个函数负责进行随机选取类别，另一个函数负责从具体的类别中随机抽取样本。这两个函数是为了进行 coupled cluster loss 计算而设计的抽取样本和样本类别的函数，分别如下：

```
RandomLabels
RandomSamples
```

这样，我们自己构建的这个层基本上就形成了，当然数据选取的策略还有很多种方法，不过这里使用了最粗暴的随机选取方法。

从名字中也可以看出，RandomLabels 这个函数担负了选取类别的责任，主要产生一个标签的向量，后面选取样本的函数会从这几个标签中进行样本的选取。

接下来，RandomSamples就是负责从刚才选取的标签向量中找到与它们自己对应的样本，因为每个样本的数目是不一样的，所以进行随机选取的时候要特别注意这一点。

13.7.7 用户自定义数据的读取

下面就来简单说一下，我使用protobuf构建的自己定义的数据存储结构的读取。首先在proto文件中建立如下格式：

```
message InputDatum {
  optional int32 channels = 1;
  optional int32 height = 2;
  optional int32 width = 3;
  // Optionally, the datum could also hold float data.
  repeated float float_data = 4;
}
```

其中channel、height、width分别表示通道数、高度和宽度，float_data表示具体的存储的值，这个存储方式与Caffe的blob的存储顺序是一样的，这样既可以方便地导入数据，也可以方便地导入非图片数据。有时候，也许我们只想使用从图片中提取出来的某种特征来做训练，这时就可以使用这个方法进行导入。为此我还在此数据层里面加入了一个ReadInputDatum函数负责进行此格式数据的读取，读取和存储使用protobuf都非常方便，这在protobuf的使用中有过介绍，大家可以参考相关内容中的例子来查看后面的代码。

下面的代码主要是负责读取大家自定义的数据格式的代码，这样也可以方便地读取大家自己的数据文件，并放入Caffe的输入数据存储结构中，我没有修改这里的标签，依然是使用空格进行分割，代码如下：

```
int ReadCustomFile(std::string input_file_name, caffe::Blob<Dtype>& Output)
```

13.7.8 代码的实现

这里先来实现一个简单的例子，大家可以作为参考，接下来为大家附上实现的具体代码。

1. 头文件的实现

头文件定义代码具体如下：

```
#ifndef CAFFE_IMAGE_DATA_LAYER_FOR_CCL_HPP_
#define CAFFE_IMAGE_DATA_LAYER_FOR_CCL_HPP_

#include <string>
#include <utility>
#include <vector>
#include <map>

#include "caffe/blob.hpp"
#include "caffe/data_transformer.hpp"
#include "caffe/internal_thread.hpp"
#include "caffe/layer.hpp"
#include "caffe/layers/base_data_layer.hpp"
#include "caffe/proto/caffe.pb.h"
#include "caffe/proto/InputDatum.pb.h"


#include "boost/random/mersenne_twister.hpp"
#include "boost/random/uniform_int.hpp"
#include <boost/random.hpp>

namespace caffe
{

template <typename Dtype>
class ImageDataForCoupledClustersLossLayer :
    public BasePrefetchingDataLayer<Dtype>
{
public:
    explicit ImageDataForCoupledClustersLossLayer(const LayerParameter& param)
        : BasePrefetchingDataLayer<Dtype>(param),gen(time(0))
    {}
    virtual ~ImageDataForCoupledClustersLossLayer();

    virtual void DataLayerSetUp(const vector<Blob<Dtype>*>& bottom,
        const vector<Blob<Dtype>*>& top);

    virtual inline const char* type() const { return "ImageDataForCoupledClust
ersLoss"; }
    virtual inline int ExactNumBottomBlobs() const { return 0; }
```

```
    virtual inline int ExactNumTopBlobs() const { return 2; }
protected:
    shared_ptr<Caffe::RNG> prefetch_rng_;
    virtual void ShuffleImages();

    virtual void RandomLabels(std::vector<int> &output_labels);
    virtual void RandomSamples(const std::vector<int> &output_labels,
std::map<int, std::vector<int>> &output_samples);
    virtual void load_batch(Batch<Dtype>* batch);

    vector<std::pair<std::string, int> > lines_;

    std::vector<std::string> lines_path_;
    std::vector<std::vector<Dtype>*> label_data_;

    std::map<int, std::vector<int>> label_tree_;
    std::vector<int> samples_counts;
    int lines_id_;
    int select_label_counts_;
    int all_label_counts_;
    int batch_size_ccl_;

    boost::variate_generator< boost::mt19937 &, boost::uniform_int<> >
*random_out_;
    std::map<int, boost::variate_generator< boost::mt19937 &, boost::uniform_
int<> > *> random_samples_out;

    void UpdateMap(int current_pos,int lable);
    boost::mt19937 gen;

    std::map<int,boost::mt19937*> m_gen_;

    int is_image_file_;

    int ReadInputDatum(std::string input_file_name, InputDatum& Output);
};



template <typename Dtype>
void  caffe::ImageDataForCoupledClustersLossLayer<Dtype>::UpdateMap(int
current_pos, int lable)
{
    if (label_tree_.find(lable)==label_tree_.end())
```

```
        {
            std::vector<int> tmp_no_item_vector;
            label_tree_.insert(std::make_pair(lable,tmp_no_item_vector));
        }
        label_tree_[lable].push_back(current_pos);
    }

}
#endif//!CAFFE_IMAGE_DATA_LAYER_FOR_CCL_HPP_
```

2. 源文件的实现

源文件实现代码具体如下：

```
#ifdef USE_OPENCV
#include <opencv2/core/core.hpp>

#include <fstream>  // NOLINT(readability/streams)
#include <iostream>  // NOLINT(readability/streams)
#include <string>
#include <utility>
#include <vector>
#include <algorithm>

#include "caffe/data_transformer.hpp"
#include "caffe/layers/base_data_layer.hpp"
#include "caffe/layers/image_data_layer.hpp"
#include "caffe/util/benchmark.hpp"
#include "caffe/util/io.hpp"
#include "caffe/util/math_functions.hpp"
#include "caffe/util/rng.hpp"

#include "ImageDataForCoupledClustersLossLayer.hpp"



namespace caffe {

template <typename Dtype>
ImageDataForCoupledClustersLossLayer<Dtype>::~ImageDataForCoupledClustersLoss
Layer<Dtype>() {
        this->StopInternalThread();
        delete random_out_;
```

```
            for (auto item = random_samples_out.begin();item!= random_samples_out.
end();item++)
            {
                delete item->second;
            }
            random_samples_out.clear();
    }


    template <typename Dtype>
    int caffe::ImageDataForCoupledClustersLossLayer<Dtype>::ReadInputDatum(std::st
ring input_file_name, InputDatum& Output)
    {
        std::string readfromfilestring;
        std::fstream input_file(input_file_name, ios::in | ios::binary);
        int64_t flenth = -1;
        input_file.read((char*)&flenth, sizeof(int64_t));
        readfromfilestring.resize(flenth);
        input_file.read(const_cast<char*> (readfromfilestring.data()), flenth);
        Output.ParseFromString(readfromfilestring);// 解析

        input_file.close();

        return 0;
    }

    template <typename Dtype>
    int ReadCustomFile(std::string input_file_name, caffe::Blob<Dtype>& Output)
    {

        return 0;
    }

    template <typename Dtype>
    void ImageDataForCoupledClustersLossLayer<Dtype>::DataLayerSetUp(const
vector<Blob<Dtype>*>& bottom,
        const vector<Blob<Dtype>*>& top) {
        const int new_height = this->layer_param_.image_data_ccl_param().new_
height();
        const int new_width = this->layer_param_.image_data_ccl_param().new_
width();
        const bool is_color = this->layer_param_.image_data_ccl_param().is_color();
        string root_folder = this->layer_param_.image_data_ccl_param().root_
folder();
```

```
        const int label_data_counts = this->layer_param_.image_data_ccl_param().
label_data_counts();
        const int ccl_label_index = this->layer_param_.image_data_ccl_param().ccl_
label_index();
        select_label_counts_ = this->layer_param_.image_data_ccl_param().select_
label_counts();
        is_image_file_ = this->layer_param_.image_data_ccl_param().is_imagefile();

        CHECK((new_height == 0 && new_width == 0) ||
            (new_height > 0 && new_width > 0)) << "Current implementation requires "
            "new_height and new_width to be set at the same time.";
        // Read the file with filenames and labels
        const string& source = this->layer_param_.image_data_ccl_param().source();
        LOG(INFO) << "Opening file " << source;
        std::ifstream infile(source.c_str());
        string filename;
        Dtype current_value;
        int current_pos = 0;
        while (infile >> filename)
        {
            std::vector<Dtype>* tmp_label_value = new std::vector<Dtype>();
            for (int i = 0; i < label_data_counts; i++)
            {
                infile >> current_value;
                tmp_label_value->push_back(current_value);
            }
            lines_path_.push_back(filename);
            label_data_.push_back(tmp_label_value);
            int tmp_label_for_ccl = (*tmp_label_value)[ccl_label_index];
            UpdateMap(current_pos, tmp_label_for_ccl);
            current_pos++;
            //lines_.push_back(std::make_pair(filename, label));
        }
        all_label_counts_ = label_tree_.size();
        if (this->layer_param_.image_data_ccl_param().shuffle()) {
            // randomly shuffle data
            LOG(INFO) << "Shuffling data";
            /*const unsigned int prefetch_rng_seed = caffe_rng_rand();
            prefetch_rng_.reset(new Caffe::RNG(prefetch_rng_seed));
            ShuffleImages();*/
        }
        LOG(INFO) << "A total of " << lines_path_.size() << " images.";

        lines_id_ = 0;
```

```
// Check if we would need to randomly skip a few data points
if (this->layer_param_.image_data_ccl_param().rand_skip()) {
  unsigned int skip = caffe_rng_rand() %
      this->layer_param_.image_data_ccl_param().rand_skip();
  LOG(INFO) << "Skipping first " << skip << " data points.";
  CHECK_GT(lines_path_.size(), skip) << "Not enough points to skip";
  lines_id_ = skip;
}

vector<int> top_shape;
if (is_image_file_==1)
{
  // Read an image, and use it to initialize the top blob.
  cv::Mat cv_img = ReadImageToCVMat(root_folder + lines_path_[lines_id_],
      new_height, new_width, is_color);
  CHECK(cv_img.data) << "Could not load " << lines_path_[lines_id_];
  // Use data_transformer to infer the expected blob shape from a cv_image.
  top_shape = this->data_transformer_->InferBlobShape(cv_img);

}
else if (is_image_file_ == 2)
{
  InputDatum tmp_datatum;
  ReadInputDatum(root_folder + lines_path_[lines_id_], tmp_datatum);
  top_shape.resize(4);
  top_shape[0] = 1;
  top_shape[1] = tmp_datatum.channels();
  top_shape[2] = tmp_datatum.height();
  top_shape[3] = tmp_datatum.width();
}
else if (is_image_file_ == 3)
{
  Blob<Dtype> tmp_blob;
  ReadCustomFile(root_folder + lines_path_[lines_id_], tmp_blob);
  top_shape[0] = 1;
  top_shape[1] = tmp_blob.channels();
  top_shape[2] = tmp_blob.height();
  top_shape[3] = tmp_blob.width();
}
else
{


}
```

```
        this->transformed_data_.Reshape(top_shape);
        // Reshape prefetch_data and top[0] according to the batch_size.
        const int batch_size = this->layer_param_.image_data_ccl_param().batch_
size();
        CHECK_GT(batch_size, 0) << "Positive batch size required";
        batch_size_ccl_ = batch_size / select_label_counts_;
        top_shape[0] = batch_size;
        for (int i = 0; i < this->PREFETCH_COUNT; ++i) {
            this->prefetch_[i].data_.Reshape(top_shape);
        }
        top[0]->Reshape(top_shape);

        LOG(INFO) << "output data size: " << top[0]->num() << ","
            << top[0]->channels() << "," << top[0]->height() << ","
            << top[0]->width();
        // label
        vector<int> label_shape(1, batch_size);
        label_shape.push_back(label_data_counts);
        top[1]->Reshape(label_shape);
        for (int i = 0; i < this->PREFETCH_COUNT; ++i) {
            this->prefetch_[i].label_.Reshape(label_shape);
        }


        boost::uniform_int<> dist(0, all_label_counts_-1);
        random_out_ = new boost::variate_generator<boost::mt19937&, boost::uniform_
int<>>(gen, dist);

        samples_counts.clear();
        for (auto iterator_index_tree = label_tree_.begin(); iterator_index_tree
!= label_tree_.end(); iterator_index_tree++)
        {
            boost::variate_generator< boost::mt19937 &, boost::uniform_int<> >*
tmp_random_generator;
            int current_sample_number = label_tree_[iterator_index_tree->first].
size();
            samples_counts.push_back(current_sample_number);
            boost::uniform_int<> current_dist(0, current_sample_number-1);
            boost::mt19937 *tmp = new boost::mt19937(time(0));
            m_gen_.insert(std::make_pair(iterator_index_tree->first, tmp));

            tmp_random_generator = new boost::variate_generator<boost::mt19937 &,
boost::uniform_int<>>(*m_gen_[iterator_index_tree->first], current_dist);
```

```
            random_samples_out.insert(make_pair(iterator_index_tree->first, tmp_
random_generator));
        }
    }

    template <typename Dtype>
    void ImageDataForCoupledClustersLossLayer<Dtype>::ShuffleImages() {
        caffe::rng_t* prefetch_rng =
            static_cast<caffe::rng_t*>(prefetch_rng_->generator());
        shuffle(lines_.begin(), lines_.end(), prefetch_rng);
    }

    template <typename Dtype>
    void caffe::ImageDataForCoupledClustersLossLayer<Dtype>::RandomLabels(std::vec
tor<int> &output_labels)
    {
        output_labels.clear();

        while (output_labels.size() <batch_size_ccl_)
        {
            int value;
            value = (*random_out_)();
            auto iterator_index_tree = label_tree_.begin();
            for(int i=1;i<value+1;i++)
            {
                iterator_index_tree++;
            }
            output_labels.push_back(iterator_index_tree->first);

            std::sort(output_labels.begin(), output_labels.end());
            output_labels.erase(unique(output_labels.begin(), output_labels.
end()), output_labels.end());
        }

        //output_labels.push_back(0);
        //output_labels.push_back(1);

    }


    template <typename Dtype>
    void caffe::ImageDataForCoupledClustersLossLayer<Dtype>::RandomSamples(const
std::vector<int> &output_labels, std::map<int, std::vector<int>> &output_samples)
    {
```

```
    output_samples.clear();
    std::vector<int> empty_vector;

    for (int i = 0; i < output_labels.size(); i++)
    {
        output_samples.insert(make_pair(output_labels[i], empty_vector));
        //int k = 0;
        for (; output_samples[output_labels[i]].size() < select_label_counts_;)
        {
            int value;
            value = (*random_samples_out[output_labels[i]])();
            //value = k;
            output_samples[output_labels[i]].push_back(value);
            //k++;
        }
    }

}

template <typename Dtype>
int CopyInputDatumToPoint(InputDatum& input_datum, Dtype* data_point)
{
    Dtype* start_point= data_point;
    int sstart_begin = 0;
    for (int i = 0; i < input_datum.channels();i++)
    {
        for (int j = 0; j < input_datum.height();j++)
        {
            for (int k = 0; k < input_datum.width();k++)
            {
                *start_point = input_datum.float_data(sstart_begin);
                sstart_begin++;
                start_point++;
            }
        }
    }
    return 0;
}

template <typename Dtype>
int CopyBlobToPoint(Blob<Dtype>& input_Blob, Dtype* data_point)
{
    Dtype* start_point1 = input_Blob.mutable_cpu_data();
```

```
        Dtype* start_point = data_point;
        int sstart_begin = 0;
        memcpy(start_point, start_point1, input_Blob.count()*sizeof(Dtype));
        return 0;
    }


    // This function is called on prefetch thread
    template <typename Dtype>
    void ImageDataForCoupledClustersLossLayer<Dtype>::load_batch(Batch<Dtype>*
batch) {
        CPUTimer batch_timer;
        batch_timer.Start();
        double read_time = 0;
        double trans_time = 0;
        CPUTimer timer;
        CHECK(batch->data_.count());
        CHECK(this->transformed_data_.count());
        ImageDataForCoupledClustersLossParameter image_data_param = this->layer_
param_.image_data_ccl_param();
        const int batch_size = image_data_param.batch_size();
        const int new_height = image_data_param.new_height();
        const int new_width = image_data_param.new_width();
        const bool is_color = image_data_param.is_color();
        string root_folder = image_data_param.root_folder();
        const int label_data_counts = image_data_param.label_data_counts();
        is_image_file_ = image_data_param.is_imagefile();

        std::vector<int> random_selected_labels;
        std::map<int, std::vector<int>> output_samples;

        RandomLabels(random_selected_labels);

        RandomSamples(random_selected_labels, output_samples);
        // Reshape according to the first image of each batch
        // on single input batches allows for inputs of varying dimension.
        std::vector<int> top_shape;
        if (is_image_file_ == 1)
        {
            cv::Mat cv_img = ReadImageToCVMat(root_folder + lines_path_[lines_id_],
                new_height, new_width, is_color);
            CHECK(cv_img.data) << "Could not load " << lines_path_[lines_id_];
            // Use data_transformer to infer the expected blob shape from a cv_img.
            top_shape = this->data_transformer_->InferBlobShape(cv_img);
```

```
        }
        else if (is_image_file_ == 2)
        {
            InputDatum tmp_datatum;
            ReadInputDatum(root_folder + lines_path_[lines_id_], tmp_datatum);
            top_shape.resize(4);
            top_shape[0] = 1;
            top_shape[1] = tmp_datatum.channels();
            top_shape[2] = tmp_datatum.height();
            top_shape[3] = tmp_datatum.width();
        }
        else if (is_image_file_ == 3)
        {
            Blob<Dtype> tmp_blob;
            ReadCustomFile(root_folder + lines_path_[lines_id_], tmp_blob);
            top_shape[0] = 1;
            top_shape[1] = tmp_blob.channels();
            top_shape[2] = tmp_blob.height();
            top_shape[3] = tmp_blob.width();
        }
        else
        {

        }

        this->transformed_data_.Reshape(top_shape);
        // Reshape batch according to the batch_size.
        int all_need_input_counts = batch_size;
        top_shape[0] = batch_size;
        batch->data_.Reshape(top_shape);

        Dtype* prefetch_data = batch->data_.mutable_cpu_data();
        Dtype* prefetch_label = batch->label_.mutable_cpu_data();

        const int lines_size = lines_path_.size();
        int item_id = 0;
        int tmp_current_labels_index = 0;
        for (auto item_iterator = output_samples.begin(); item_iterator != output_
samples.end(); item_iterator++)
        {
            for (int i = 0;i< item_iterator->second.size();i++)
            {
                int tmp_position = label_tree_[item_iterator->first][item_
iterator->second[i]];
```

```
            CHECK_GT(lines_size, tmp_position);

            std::string image_path_tmp = root_folder + lines_path_[tmp_position];

            int offset = batch->data_.offset(item_id);
            this->transformed_data_.set_cpu_data(prefetch_data + offset);
            if (is_image_file_ == 1)
            {
                cv::Mat cv_img = ReadImageToCVMat(image_path_tmp,
                    new_height, new_width, is_color);

                this->data_transformer_->Transform(cv_img, &(this->transformed_
data_));

            }
            else if (is_image_file_ == 2)
            {
                InputDatum tmp_inputdatum;
                ReadInputDatum(image_path_tmp, tmp_inputdatum);
                Dtype* transformed_data = this->transformed_data_.mutable_cpu_
data();

                CopyInputDatumToPoint(tmp_inputdatum, transformed_data);
            }
            else if (is_image_file_ == 3)
            {
                Dtype* transformed_data = this->transformed_data_.mutable_cpu_
data();
                Blob<Dtype> data;
                ReadCustomFile(image_path_tmp, data);
                CopyBlobToPoint(data, transformed_data);
            }
            else
            {

            }

            for (int j = 0; j < label_data_counts;j++)
            {
                prefetch_label[item_id*label_data_counts + j] = label_data_
[tmp_position]->at(j);
            }

            item_id++;
```

```
        }
        tmp_current_labels_index++;
    }
    batch_timer.Stop();

    // datum scales
    //const int lines_size = lines_path_.size();
    //for (int item_id = 0; item_id < all_need_input_counts; ++item_id) {
    //  // get a blob
    //  timer.Start();
    //  CHECK_GT(lines_size, lines_id_);
    //  std::string image_path_tmp = root_folder + lines_path_[lines_id_];
    //  cv::Mat cv_img = ReadImageToCVMat(image_path_tmp,
    //      new_height, new_width, is_color);

    //  CHECK(cv_img.data) << "Could not load " << lines_path_[lines_id_];
    //  read_time += timer.MicroSeconds();
    //  timer.Start();
    //  // Apply transformations (mirror, crop...) to the image
    //  int offset = batch->data_.offset(item_id);
    //  this->transformed_data_.set_cpu_data(prefetch_data + offset);
    //  this->data_transformer_->Transform(cv_img, &(this->transformed_data_));
    //  trans_time += timer.MicroSeconds();

    //  prefetch_label[item_id] = label_data_[lines_id_]->at(0);
    //  // go to the next iter
    //  lines_id_++;
    //  if (lines_id_ >= lines_size) {
    //      // We have reached the end. Restart from the first.
    //      DLOG(INFO) << "Restarting data prefetching from start.";
    //      lines_id_ = 0;
    //      if (this->layer_param_.image_data_ccl_param().shuffle()) {
    //          ShuffleImages();
    //      }
    //  }
    //}
    //batch_timer.Stop();
    DLOG(INFO) << "Prefetch batch: " << batch_timer.MilliSeconds() << " ms.";
    DLOG(INFO) << "     Read time: " << read_time / 1000 << " ms.";
    DLOG(INFO) << "Transform time: " << trans_time / 1000 << " ms.";
}

INSTANTIATE_CLASS(ImageDataForCoupledClustersLossLayer);
REGISTER_LAYER_CLASS(ImageDataForCoupledClustersLoss);
```

```
}  // namespace caffe
#endif  // USE_OPENCV
```

这一结构完整地实现了 CoupledClustersLoss 函数，在人脸识别的大数据场景的 1 比 1 应用中（典型例子是在火车站确认所拿的证件是否为本人的），这一函数是非常合适的。在人脸识别 1 比 n 的应用场景中也非常合适（典型的例子就是抓逃犯）的。在实际问题中，一个好的 loss 函数的设计会起到决定性的作用，这代表着你对问题的理解。

CHAPTER 14

第14章 深度学习的调参技巧总结

14.1 不变数据的调参的基本原则

1）对于数据集固定的网络，要分成多个组，这点与传统方法一致。每次选取一个组做测试，其他组做训练，多个组分别完成训练，进行多次测试，才能检验网络的泛化能力。

2）一般来说，当训练集不大时，训练的网络极其容易过拟合，换而言之就是train-loss 一定会收敛，但是 test-loss 不会收敛。

3）训练集不大时，尽量选取简单的网络开始训练，比如将一万张图片作为训练集时，网络会被简化到只有一个 con、一个 pooling、一个全连接。

4）根据 train-loss 和 test-loss 曲线判断网络是否已经训练好，最终会得到一个比较理想的模型，其 train-loss 和 test-loss 曲线应该几乎重合，或者说非常靠近。

5）根据训练好的 model 去测试训练集和测试集，如果 train-error 远小于 test-error，那么该模型一定是过拟合，如果 test-error 和 train-error 都很大，那么就是欠拟合了。

6）图片量少，网络简单的情况下，一般来说应该不会出现 test-error 远小于 train-error 的情况，一个比较理想的模型应该是 test-error 与 train-error 比较接近。

7）对于过拟合和欠拟合，改变网络结构的效果一般会比较明显。

14.2 Caffe fine-tuning 调参的原则和方法

首先，找到自己需要调整的层，在这个需要调整的层中我们只需要修改该层的名字即可，例如图 14-1 中所示的，我们想把分类数从原来的 1000 类变成 10 类，这时候我们就需要进行微调（fine-tuning），这里先给出 Fine-tune 的 Caffe 设置，如图 14-1 所示。

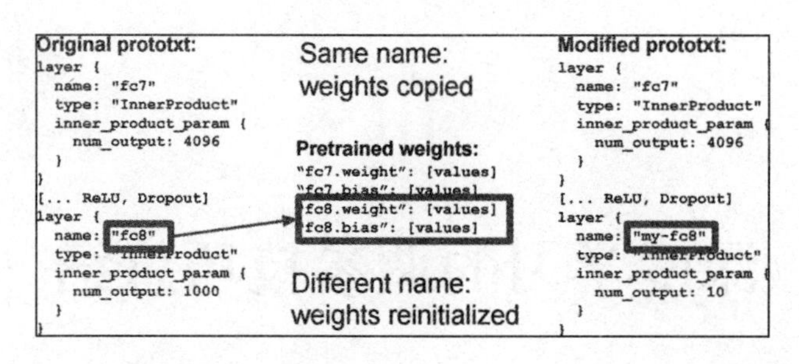

图　14-1

这里给出微调的两个原则，具体如下。

1）从通用领域到特殊领域，不要反过来操作，如果反过来操作，则性能不但没有提升，可能还会下降。（比如先训练各种生物的类别，然后使用这个来进行房间风格识别的微调，从生物的通用特征变成房间风格的专有特征，从各种生物的分类任务变成只区分猫和狗的分类任务。）

下面列举一个简单的例子，如图 14-2 所示。

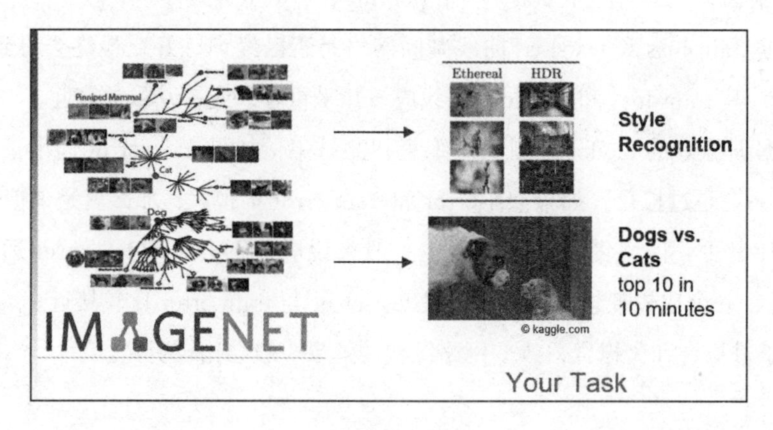

图　14-2

2）使用数据量更大的数据集做第一次训练，然后对小数据量的数据做微调。

比如做年龄估计的时候，我们可以使用人脸识别的网络做初始化，因为人脸识别既包括人类的年龄，也包括人类的地域等信息，而且人脸识别的数据库比人脸年龄估计的数据库相对来说要好找得多，人脸识别的数据库的样本数量更大，因此我们在选择的时候会用识别去做年龄估计的初始化网络，而不会反过来。

14.3 综合数据调参的指导性建议

1. 检测数据输入

检查输入数据的正确性是所有工作正常开始的前提。例如，有的时候我们容易在图像宽度和高度上弄混淆；有的时候我们也会将输入的训练数据错误地变成零值而不自知，或者使用同一个 batch 的数据不断地执行梯度下降，因此要打印显示若干批量的输入和目标输出，以及检查你的标注，以确保这些东西是正确的，这是最简单的最确实有效的避免各种问题的前提。永远不要相信你的代码是正确的，测试验证永远要排在所有事情的最前面，这个就像人需要吃饭一样，无论你干什么都需要吃饭。

2. 检查加载数据的代码

前面已经讲过如何编写自己的数据层，也许我们标注的数据很好，而且都是正确的，但是如果自己编写的数据加载层出现了问题，当然也可能是从网上下载的别人的代码，那就更得小心了，你可以编写一段测试代码将数据的内容打印到屏幕上看看，检测与自己预想的是不是一样。

3. 尝试输入预定数据

输入固定的数据而不是真实的数据，看看错误是如何发生的，逐层进行调试，然后复盘整个数据的传递过程。之后再换一组数据进行同样方式的输入，对比两者之间的差别。如果发生了同样的错误，那么可以说明你的网络将数据变成了垃圾，不过，这是比较好调整的，只需要逐层找到发生问题的点即可；如果问题不一样，那么可以说你很幸运，也许你可能发现了神经网络里面的一些新问题，仔细查看发生问题的地方，确定问题的根源，使用数值计算中的一些理论尝试克服这样的问题。

4. 确保输入输出的相关性

输入数据和输出数据最好能有直觉的相关性，至少这样可以保证逻辑上的思考是正确的，当然很多时候也许我们没有发现真实世界的规律。但是作为一个刚开始入门的新手，这种发现新大陆的事情还是小概率的，我们先从打好基础开始吧。

5. 数据脏乱差

数据中如果噪声超过了5%以上，那么采用这样的数据进行训练，风险系数将会变得非常大。当我们在有噪声的数据上进行训练的时候，就需要做一些数据清理的工作，先对一小部分数据进行清洗，然后再用训练出来的模型对更多的数据进行清理，接着不断混合入新的数据，进行自动化的清洗。迭代训练是一个好主意。

6. 随机打乱数据

如果你的数据是排排坐，那么特定的标签在同一个位置进行随机梯度下降的时候就会出现问题，具体可以参考随机梯度下降的算法原理，你需要对数据集进行随机打乱，并确保数据和标签是同样的索引。还好Caffe在生成数据集的时候就帮我们完成了这个事情，你只需要指定下shuffle的参数即可。

7. 数据不均衡

从机器学习诞生之日起，就有很多大师败在了样本不均衡这个问题上，他们提出了很多解决这种不均衡数据问题的方法，然而都不是特别理想，所以我们还是从数据的源头上入手，将样本少的类别进行增广吧，操作简单效果也好。

8. 数据量少

巧妇难为无米之炊，数据就是深度学习中的“米”，任你是行业专家还是顶级大师，如果面对没有数据的东西进行训练，那么效果都将是大打折扣的。数据量小的时候只能去收集更多的数据，或者对现有的数据进行增广。

9. 训练、验证、测试集预处理

cs231n 的课程中曾经写到过，任何数据的预处理都只在训练集上进行，比如计算均值要在数据集划分之后，不能在全集上计算了均值，然后再将数据分成训练、验证、测试等集合。正确的方法应该是先进行划分，然后只在训练集上计算均值，最后再将这个均值应用到验证和测试集上，这样就可以保证我们的网络模型的泛化能力，而不是因为过拟合导致结果好。

10. 增加迭代次数

训练次数的多少几乎决定了网络的收敛程度，当然你需要在训练的时候同时调整一下梯度下降算法中的各个参数，比如降低学习率，迭代次数的增加可以更好地寻找到鞍点。因为这是个非凸问题，所以没有办法找到最优的参数，只能找到一个次优解。

11. 合适的 batch-size

巨大的 batch-size 会降低模型的泛化能力，关于这点可以参考“On Large-Batch Training for Deep Learning: Generalization Gap and Sharp Minima”一文。当然文章中没有提过小的 batch-size 会怎样，batch-size 过小的话会导致训练无法收敛，尤其是对于进行随机初始化的网络来说。

12. 合理使用正则

对输入数据进行均值归零和方差归一的处理。

13. 合理增强数据

过量的数据增强会使得网络欠拟合，主要是指数据本身的正则化，还有其他形式的正则化（例如权值二范数归一化，中途退出效应等）。过量的 BN 也会导致网络拟合不足。

14. 使用预训练模型

预训练模型和训练模型对于数据处理最好保持一致，比如是否进行了像素数据归一化 0-1，是否进行了减均值等。

15. 使用正确的损失函数

我们在执行分类任务的时候，经常使用 softmax 损失函数，在执行回归的时候使用欧式损伤函数。这只是基础，可能没有人告诉你在执行回归的时候他们将回归数值归一化到 0 ～ 1 之间，这些细节操作虽然简单，但很容易忘记，各种问题累积起来也会让你的训练功亏一篑。这是一个防止梯度溢出的问题，当然我们还可以反着用，当我们的损失非常小的时候，可以想办法将损失值扩大。此间运用完全存乎一心。

16. 验证自己设计的损失函数的正确性

如果你参考本书前面的章节设计了自己的损失函数，那么我们还需要验证设计函数是不是正确的，先采用固定的数据进行输入，然后计算其损失，验证计算出的损失值与自己设计的是否一样，在某些特殊的情况下，我们还得校验损失之前的数据，以确保整体运行的正确性。偶尔还可以在样本不平衡的情况下调整一下损失函数。

17. 梯度消失和爆炸

检查激活层前后的数据，修改初始化的参数，这些往往可以修复这一类问题。之前曾讲过用 Relu 代替 sigmoid 来解决梯度消失的问题，原因也可以从数学的角度去分析。

18. 关于梯度溢出（NAN）

如果出现 NAN 现象则要仔细检查网络的参数，这时候你需要试着调小学习率。NAN 现象是由于零做了除数而导致的。关于这种问题的产生有很多种可能，大多数都需要调入层内部以发现问题。

19. 尝试新的网络结构

加入新的网络结构一般可以提升网络的泛化能力，可以达到更好的效果。新的网络结构如 Google 的 Inception 结构和微软的 Residual Network，这两种结构已通过了多种任务的验证。

14.4　2012 年以后的经典网络结构概述

14.4.1　Google 的 Inception 结构

我们首先从第一代 Inception 结构说起，第一次出现这一结构可能是在“ Network In Network”这一篇文章中，下面我们就来看看第一代的 Inception 结构是什么样子的。这一结构使用更少的训练参数，更短的训练时间，但是却达到了与训练时间更长、参数量更大的网络同样的效果，具体参见图 14-3。

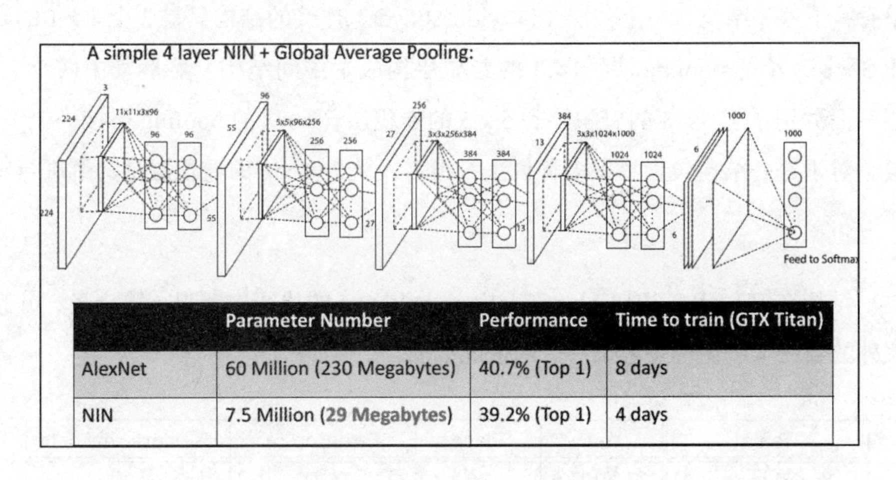

	Parameter Number	Performance	Time to train (GTX Titan)
AlexNet	60 Million (230 Megabytes)	40.7% (Top 1)	8 days
NIN	7.5 Million (29 Megabytes)	39.2% (Top 1)	4 days

图　14-3

接下来再来看一下最初的 Inception 的结构是什么样子的，谷歌第一次使用这一结构应该是在“Going deeper with convolutions”一文中，该结构的第一版本还是非常简单的，2014 年年中，所有的深度学习文章中基本上都有讲到此结构，这一结构应该算是比较有代表性的，它将网络扩展成不同类型卷积层混合在一起的结构，而不再是感受野不变的网络结构，信息通路增强了，所以得到的模型也更加强大，具体的结构如图 14-4 所示。

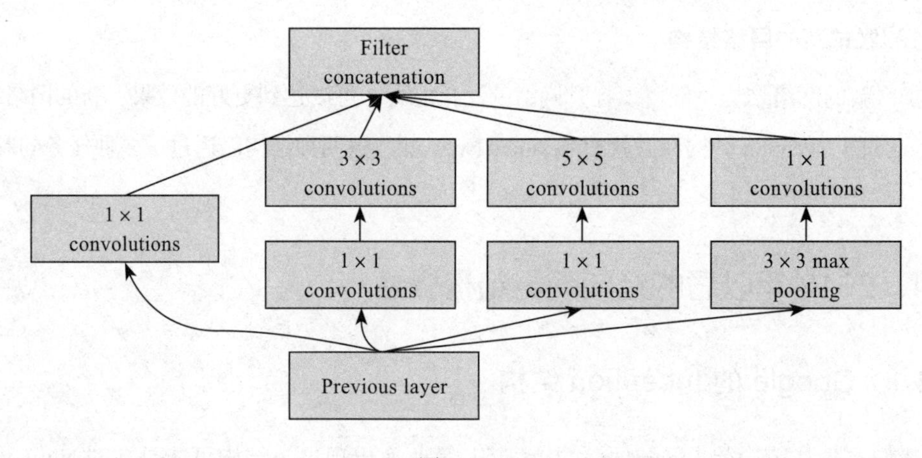

图　14-4

这种最直接且平凡的想法并不是每一个人都能想得到的，也许实现的时候只需要花费很短的时间，而第一时间想到这种方法的能力就是每一个 IT 人士需要增强的能力。下面简单看一下这一结构，与上一层（Previous Layer）连接的结构只是 3 个 1×1 的卷积加上一个 3×3 大小的 pooling 层。1×1 的卷积层构成了中间结构，然后其中两个 1×1 的卷积层后面分别接上 3×3 的卷积层和 5×5 的卷积层，3×3 的 pooling 层接一个 1×1 的卷积层。对于这一结构包含了很多种说法，很多人认为 1×1 的卷积层是为了进行感知信息的压缩。

这一结构在 ILSVRC 2014 classification challenge 的比赛中获得了第一名，并且没有使用额外的数据，该比赛每年第一名的情况如图 14-5 所示。

Team	Year	Place	Error(top-5)	Uses external data
SuperVision	2012	1st	16.4%	no
SuperVision	2012	1st	15.3%	Imagenet 22k
Clarifai	2013	1st	11.7%	no
Clarifai	2013	1st	11.2%	Imagenet 22k
MSRA	2014	3rd	7.35%	no
VGG	2014	2nd	7.32%	no
GoogLeNet	2014	1st	6.67%	no

图　14-5

图 14-6 到图 14-8 构成了谷歌最开始的 Inception 论文中的结构图，这个网络被称为 googlenet。

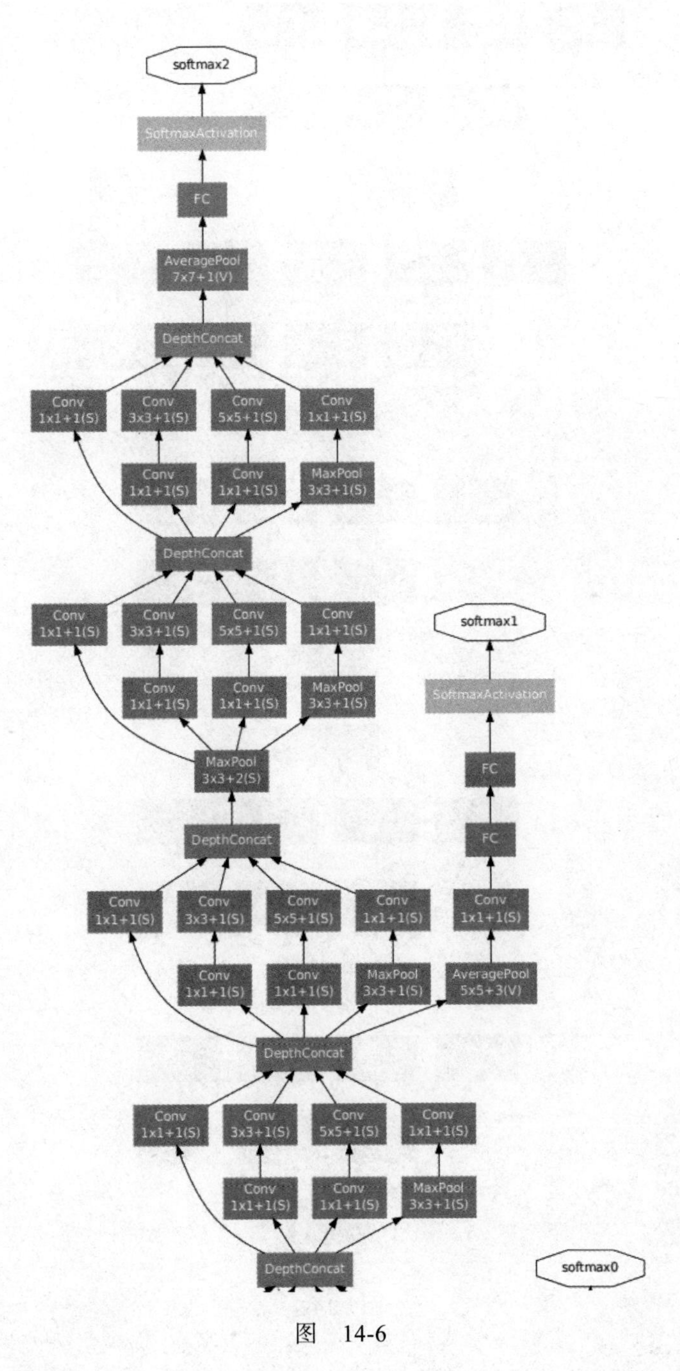

图　14-6

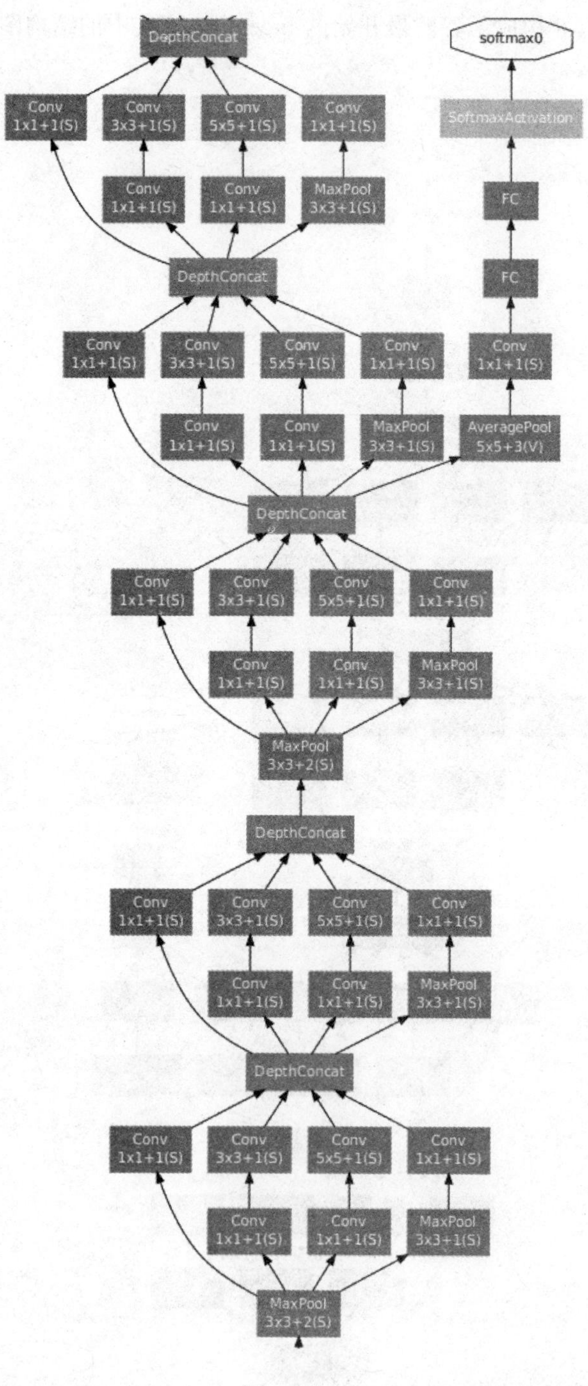
DepthConcat
softmax0
Conv 1x1+1(S)
Conv 3x3+1(S)
Conv 5x5+1(S)
Conv 1x1+1(S)
SoftmaxActivation
Conv 1x1+1(S)
Conv 1x1+1(S)
MaxPool 3x3+1(S)
FC
DepthConcat
FC
Conv 1x1+1(S)
Conv 3x3+1(S)
Conv 5x5+1(S)
Conv 1x1+1(S)
Conv 1x1+1(S)
Conv 1x1+1(S)
Conv 1x1+1(S)
MaxPool 3x3+1(S)
AveragePool 5x5+3(V)
DepthConcat
Conv 1x1+1(S)
Conv 3x3+1(S)
Conv 5x5+1(S)
Conv 1x1+1(S)
Conv 1x1+1(S)
Conv 1x1+1(S)
MaxPool 3x3+1(S)
MaxPool 3x3+2(S)
DepthConcat
Conv 1x1+1(S)
Conv 3x3+1(S)
Conv 5x5+1(S)
Conv 1x1+1(S)
Conv 1x1+1(S)
Conv 1x1+1(S)
MaxPool 3x3+1(S)
DepthConcat
Conv 1x1+1(S)
Conv 3x3+1(S)
Conv 5x5+1(S)
Conv 1x1+1(S)
Conv 1x1+1(S)
Conv 1x1+1(S)
MaxPool 3x3+1(S)
MaxPool 3x3+2(S)

图　14-7

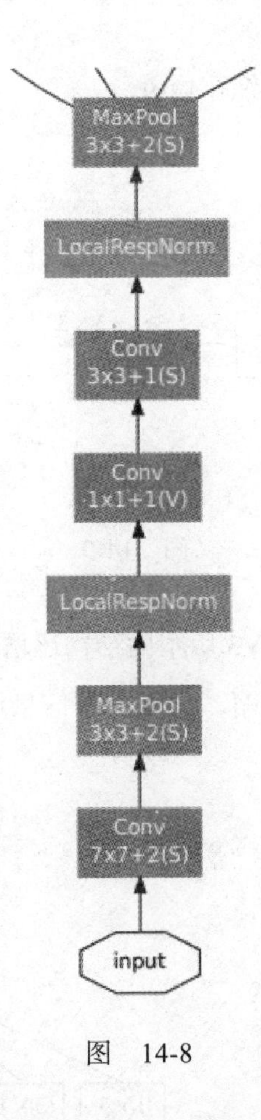

图 14-8

googlenet 这一网络深度共有 24 层，网络中使用了两个辅助损失层，使用了多个 Inception 结构进行串联，这一结构基本上将当时新出的技术特点都结合在一起进行了使用。我们在做工程实践的时候也需要这样去做，这样做每次都能带来很大的收益。

关于 Inception V2 的结构这里就不做赘述了，它与前文中提到的 Batch Normalize 结构是同一篇文章，它与最初的 Inception 结构最大的区别是引入了 Batch Normalize，它是实现快速稳定的训练网络的基础。

接下来再看一下这一结构的 V3 版本，在“Rethinking the Inception Architecture for Computer Vision”一文中，提出了将一个 5×5 的卷积拆成两个 3×3 的卷积，这样做不但可以减少参数，还可以提升整个网络的性能，这一点也符合增加深度可以提升网络性能的宏观指导意见。具体结构请参考图 14-9。

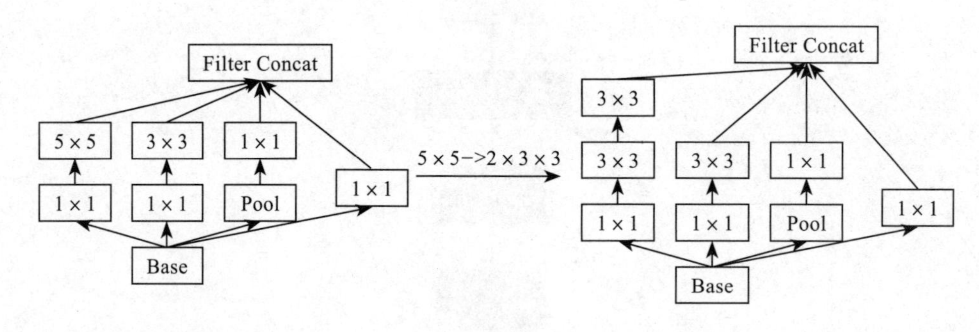

图　14-9

除了上述操作之外，Inception V3 版本的结构还增加了 1×n 和 n×1 的卷积层，这一结构既保证了网络参数可以得到压缩，又保证了信息可以得到充分的保留。具体结构请参考图 14-10。

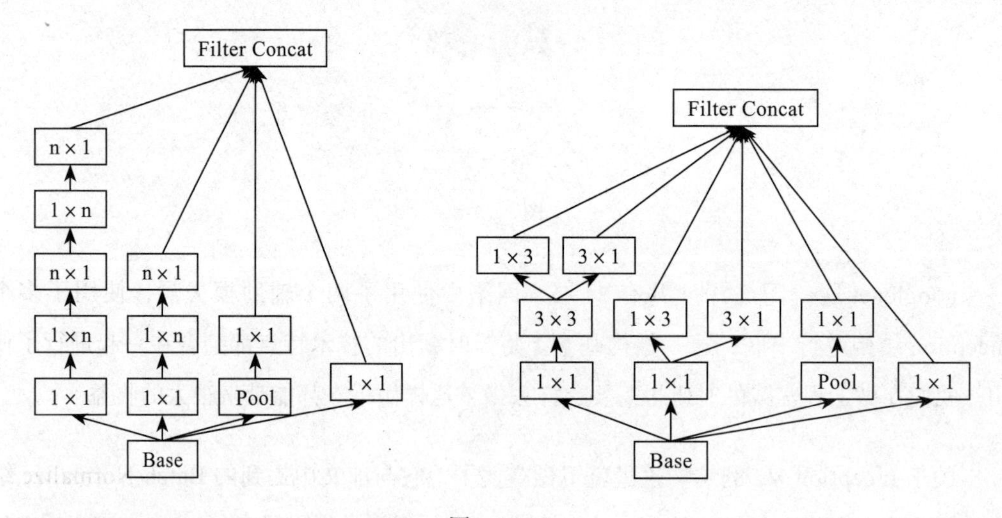

图　14-10

接下来我们再来看一下 Inception V4 的结构，这一结构出现在"Inception-v4, Inception-ResNet and the Impact of Residual Connections on Learning"一文中。在 V4 版本的结构中，我们先将网络结构进行拆解，先来看看 Inception-A 模块，该模块包含 1 个均值池化层、4 个 1×1 的卷积层、4 个 1×7 的卷积、2 个 7×1 的卷积层。具体结构如

图 14-11 所示。

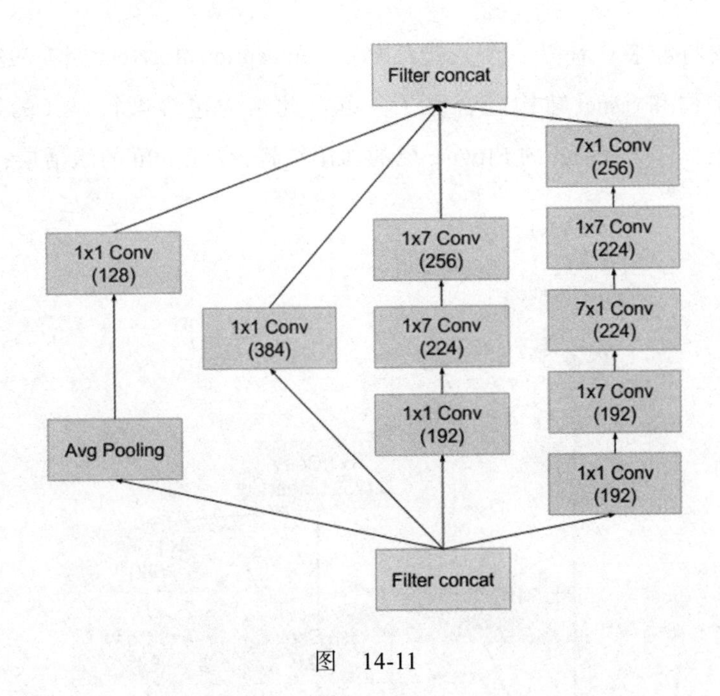

图 14-11

另一个 Inception 结构也比较简单的，这里就不做赘述了，大家直接参考图 14-12 即可。

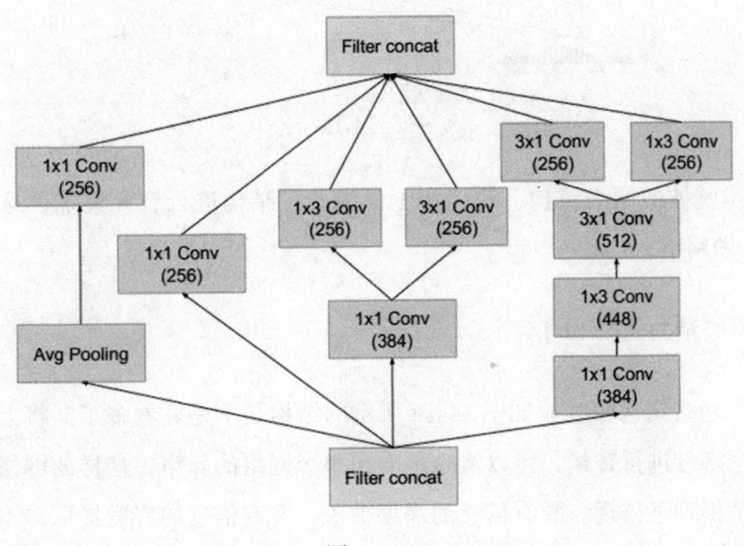

图 14-12

这个结构就是 Inception-B 的结构，整体的网络结构后面会做详细介绍。

之后，我们再来看看另一个关键结构——Inception-ResNet 结构，这一结构里面将 Inception 结构和 resnet 结构融合在了一起。此结构包含 4 个 1×1 的卷积层、3 个 3×3 的卷积层、一个 resnet 的 Eltwise 层的加法结构，2 个 relu 的激活层，具体结构如图 14-13 所示。

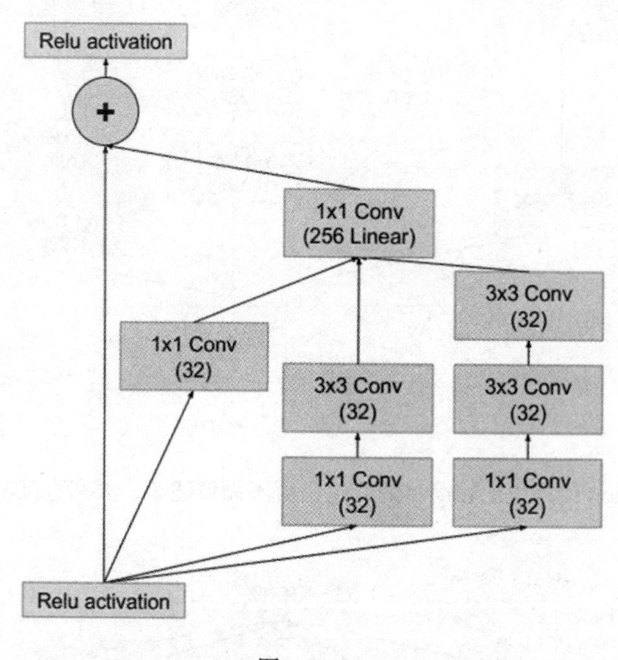

图 14-13

为了构建整体的网络结构，我们将上面的两种结构进行合并叠加，这样就形成了 Inception V3 的网络。

整体的网络结构如图 14-14 所示。

将厚重的网络结构图改成如图 14-14 所示的结构是不是好看多了？将上面的几种结构分别用一个字母进行替代，可以清晰地看出整个网络的脉络，这样的网络结构相当于深度和广度都得到了体现。既有信息的深度抽象，又有信息的广度提取，不同类型的信息都得到了充分的抽取，这一结构也算是 2016 年里年度贡献比较大的结构。

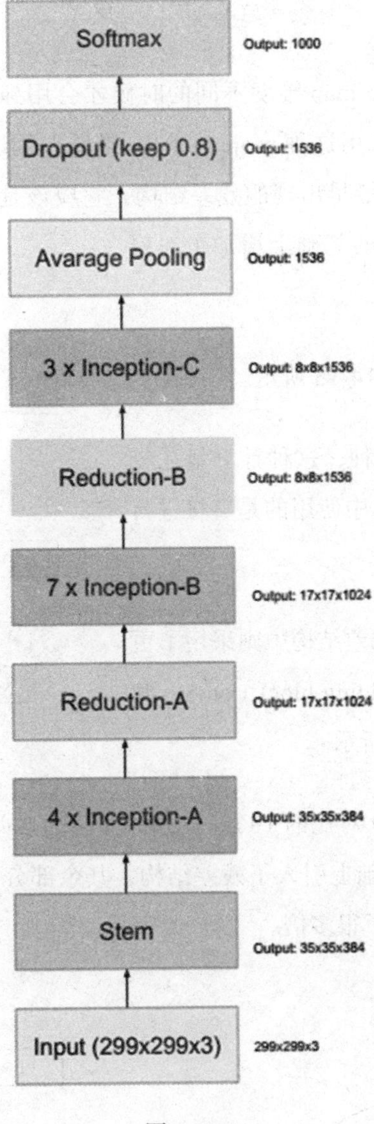

图 14-14

14.4.2 微软的 Residual Network 结构

Residual Network 由微软亚洲研究院出品，相关论文是“Deep Residual Learning for Image Recognition”，网络中残差的表达式可以统一写成如下公式：

$$y = F(X, \{W_i\}) + W_s X$$

其中，W_s 只有在 feature map 维度不同的时候才会用到，可以是 pad 零，也可以是 1×1 卷积核（文中大部分采用这种 projection）。当残差用于两层全连接层的时候，其 $F = W_2\sigma(W_1X)$。这个结构是最早出现的残差结构，它应该是借鉴了 highway networks 的想法，在 highway networks 的基础上增加了对残差的思考。

该版本的残差结构如图 14-15 所示。

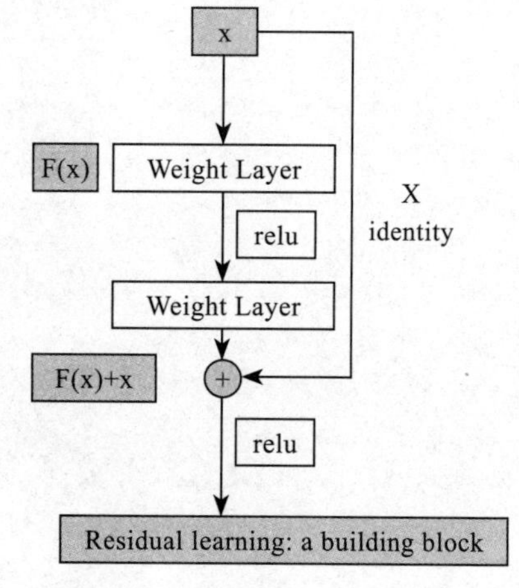

图　14-15

论文中的残差结构有两种，这种计算量比较大的残差结构在 34 层的网络中使用的是直接进行跨层连接，如图 14-16 所示。

而在 50 层到 152 层的残差结构中则采用了更节约计算量的残差结构（building block（on 56_56 feature maps）)，如图 14-17 所示。

通过图 14-18 和图 14-19 对比的 19 层 vgg 和 34 层的残差结构，可以发现 34 层的残差结构只是在 vgg19 层的基础上引入了残差结构，其余部分没有做任何改变，但是完成相同任务得到的性能却提升了很多倍。

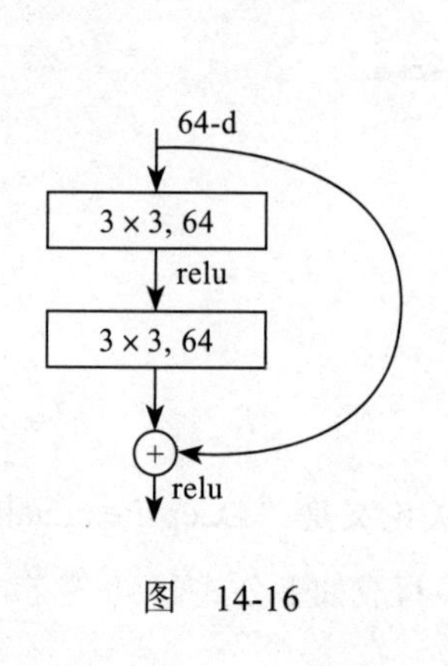

图　14-16

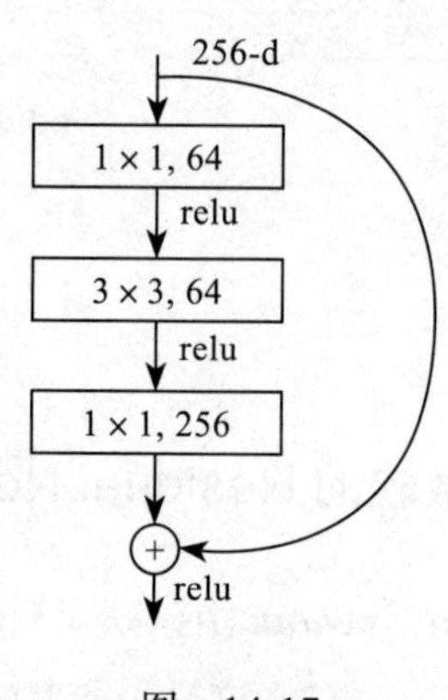

图　14-17

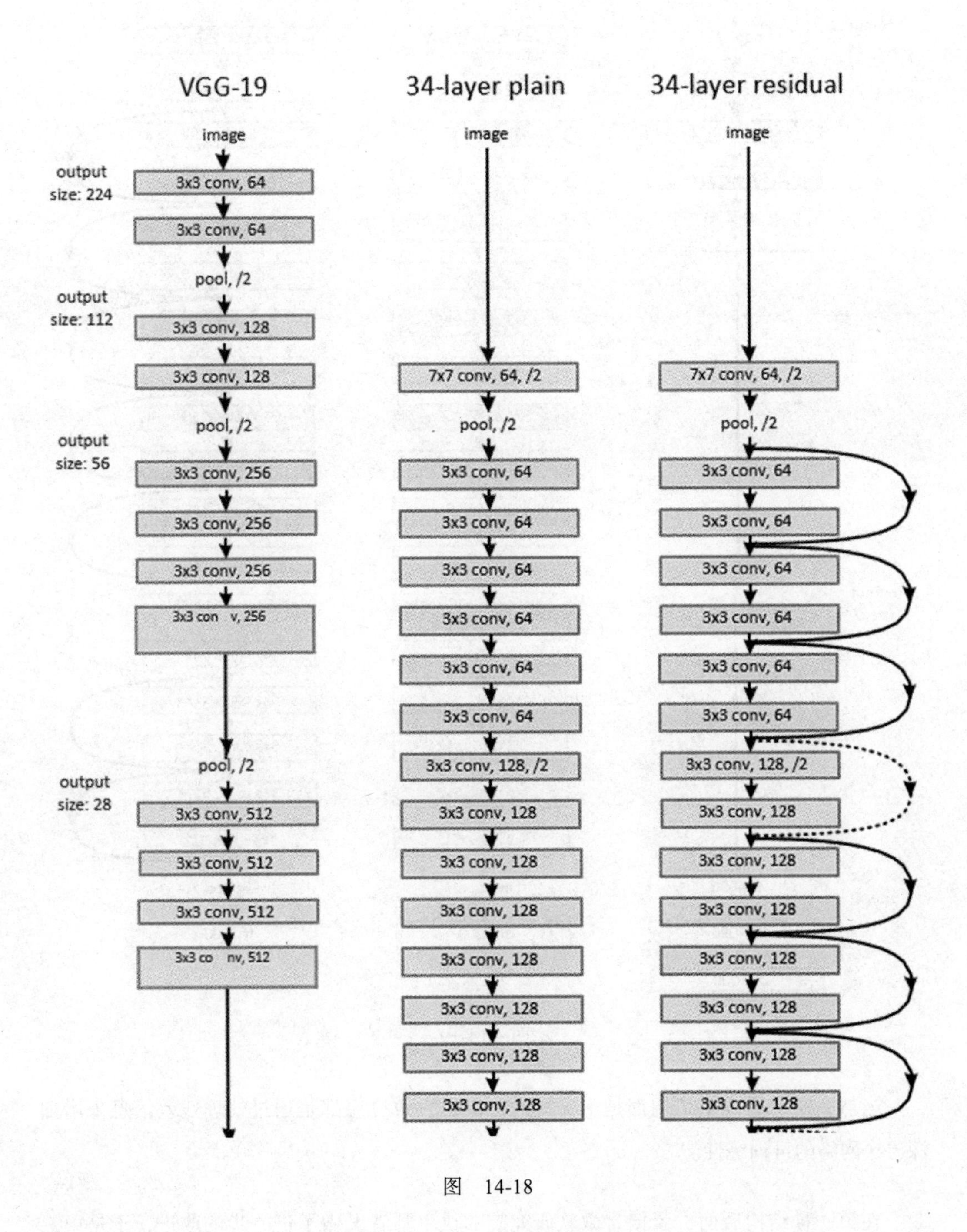
VGG-19
34-layer plain
34-layer residual
image
output size: 224
3x3 conv, 64
3x3 conv, 64
pool, /2
output size: 112
3x3 conv, 128
3x3 conv, 128
pool, /2
output size: 56
3x3 conv, 256
3x3 conv, 256
3x3 conv, 256
3x3 conv, 256
pool, /2
output size: 28
3x3 conv, 512
3x3 conv, 512
3x3 conv, 512
3x3 conv, 512
7x7 conv, 64, /2
pool, /2
3x3 conv, 64
3x3 conv, 128, /2
3x3 conv, 128

图 14-18

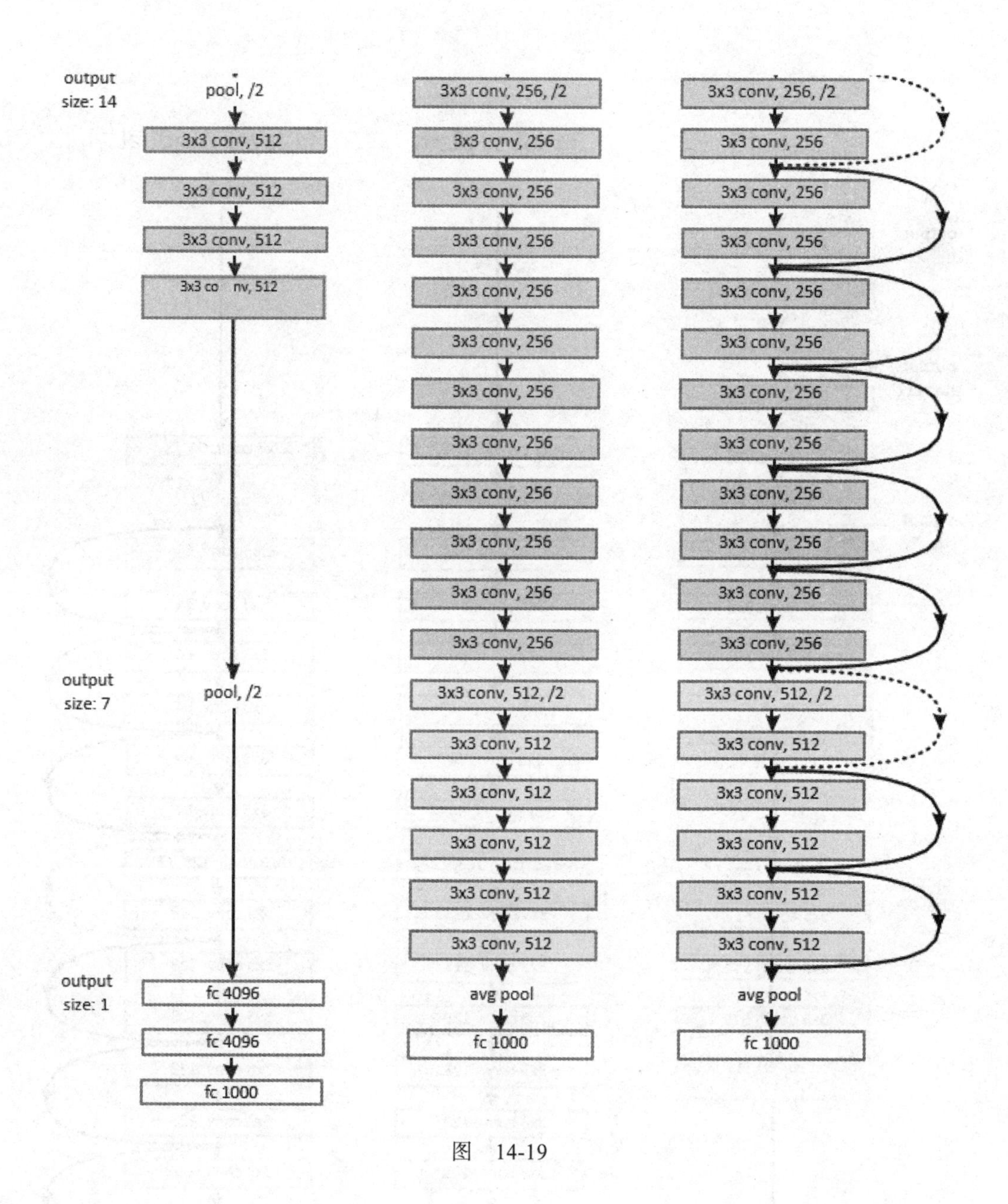

图　14-19

当然，所有的残差结构都是不一样的，但是大致思想都是通过处理残差信息来增加深层次网络的可训练性。

在第一种结构后面，紧接着微软研究院的执牛耳者又做了进一步的改进，于是第二

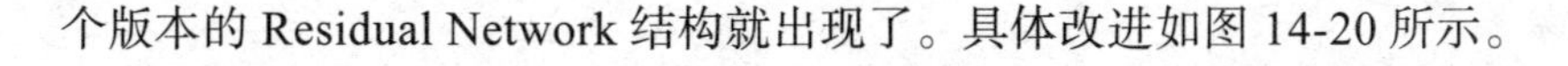

个版本的 Residual Network 结构就出现了。具体改进如图 14-20 所示。

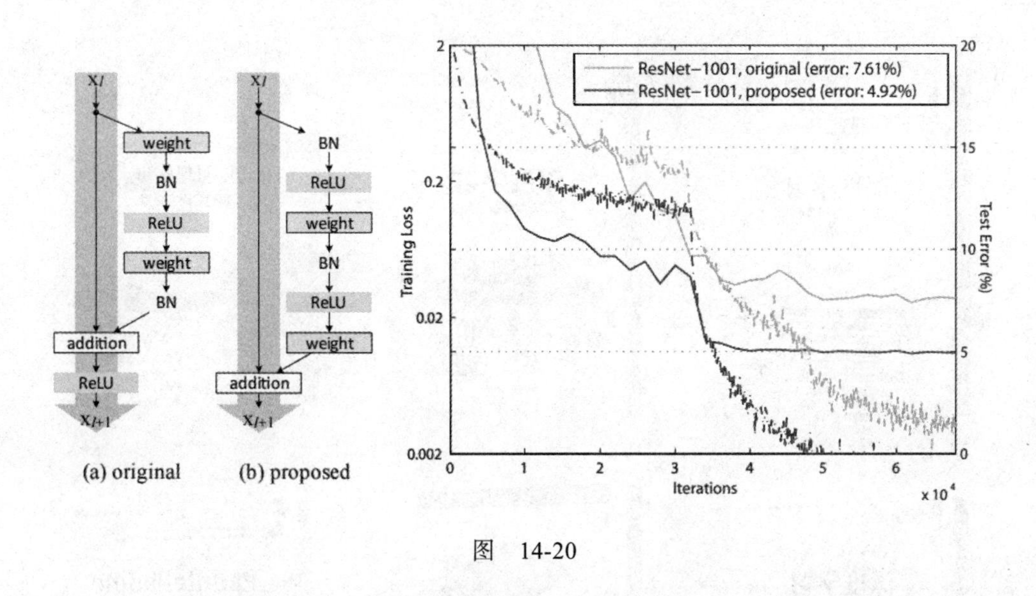

图　14-20

从图 14-20 中我们可以看到似乎只是进行了一些层的前后调整和修改，并没有太多的变化，但是这一改变可以使得出错率下降 3%，要知道在越接近百分之百的时候每一步的提升都是非常困难的。具体的理论分析大家可以参见文章“Identity Mappings in Deep Residual Networks”。

本书到这里就结束了，本书的内容暂时只能为大家带来这些粗浅的见解了。深度学习作为一个多学科融合产生的学科，可能需要大家补充多个学科的知识，能明显感觉到的如数学知识，因为会涉及求导、矩阵运算等知识。因为深度学习也是神经网络的延伸，所以也需要神经生物学的理论知识，如神经元、多层感知机等方面的知识。本书只是为大家带来一些个人粗浅的见解，希望能为大家的入门做一个简单的引导，受本人知识的局限，以及在当前理论不完备的情况下，本书给出的一些观点和经验希望大家批判地吸收，质疑和提出不一样的观点，寻找支撑自己的想法才是大家在这条路上前行的根本准则。祝大家都能在深度学习中找到自己所想要的。

推荐阅读

深度学习
核心技术、工具与案例解析

Deep Learning in Action
深度学习
主流框架和编程实战

自然语言处理与深度学习
通过C语言模拟

Java Deep Learning Essentials
深度学习
Java语言实现

O'REILLY
TensorFlow
学习指南
深度学习系统构建详解
Tom Hope Yehezkel S. Resheff Itay Lieder 著

Deep Learning by PaddlePaddle
PaddlePaddle
深度学习实战

Neural Network Methods
for Natural Language Processing
基于深度学习的
自然语言处理

Python自然语言处理实战
核心技术与算法

Deep Convolutional Neural Network
深度卷积网络
原理与实践